Hochschultext

Hellmuth Wolf

Lineare Systeme und Netzwerke

Eine Einführung

Zweite, korrigierte Auflage
Erster korrigierter Nachdruck

Mit 131 Abbildungen

Springer-Verlag
Berlin Heidelberg New York
London Paris Tokyo 1989

Dr.-Ing. HELLMUTH WOLF
o. Professor, Leiter des Instituts für Nachrichtensysteme
der Universität Karlsruhe

ISBN-13:978-3-540-15026-8   e-ISBN-13:978-3-642-82408-1
DOI: 10.1007/978-3-642-82408-1

CIP-Titelaufnahme der Deutschen Bibliothek
Wolf, Hellmuth:
Lineare Systeme und Netzwerke : eine Einführung / Hellmuth Wolf.
2., korr. Aufl., 1. korr. Nachdr.
Berlin ; Heidelberg ; New York ; London ; Paris ; Tokyo : Springer, 1989
  (Hochschultext)
  ISBN-13:978-3-540-15026-8

2160/3020-543210 – Gedruckt auf säurefreiem Papier

Vorwort zum Nachdruck der zweiten Auflage

Die zweite korrigierte Auflage aus dem Jahr 1985 wurde bis auf geringfügige Korrekturen unverändert übernommen.

Karlsruhe, im Januar 1989   H.W.

Vorwort zur ersten Auflage

Dieses Buch entspricht meiner Vorlesung "Theorie linearer Systeme
und Netzwerke" für Elektrotechniker im fünften Semester an der
Universität Karlsruhe. Es ist als Einführung für Studenten und
Ingenieure der Elektrotechnik und verwandter Fachgebiete gedacht.

Behandelt werden endliche Netzwerke aus konzentrierten Bauelementen
im Rahmen der Theorie linearer zeitunabhängiger Systeme. Ausgehend
von elementaren Berechnungsgrundlagen werden Analyseverfahren für
Netzwerke mit passiven und aktiven Bauelementen beschrieben. Die
Antwort eines Systems auf vorgegebene Erregung wird sowohl im
Frequenzbereich über die Systemfunktion oder Systemmatrix als auch
im Zeitbereich mit Hilfe der Superpositionsintegrale berechnet,
wobei das System beliebigen Anfangszustand sowie mehrere Ein- und
Ausgänge haben kann. Eigenschaften und Realisierbarkeitsbedingun-
gen verschiedener Klassen von Netzwerken werden anhand der Systemfunktion erörtert, wobei sich Hinweise auf elementare Syntheseverfahren ergeben. Auf einen Abriß der Vierpoltheorie und einen Überblick über Filter und Allpässe folgen schließlich Kriterien für
Passivität und für die absolute Stabilität von Netzwerken.

Die Darstellung entspricht nicht dem Stil herkömmlicher Lehrbücher.
Um in einer Grundlagenvorlesung einen Überblick über ein größeres
Teilgebiet geben zu können, mußte die meist isoliert und sehr
spezialisiert behandelte Netzwerktheorie in die allgemeine Theorie
der linearen Systeme eingeordnet werden. Es wurde versucht, die
wichtigsten Grundlagen hierfür unter fast völligem Verzicht auf

strenge Beweisführung zusammenzustellen. Die Darstellung bemüht sich vielmehr um Plausibilität, sinnvolle Reihenfolge, Hinweise auf Zusammenhänge und anschauliche Beispiele. Durch Zusammenfassungen, Übersichten und Tabellen soll nicht nur der Überblick gefördert, sondern auch die Anwendung der Theorie erleichtert und das Nachschlagen ermöglicht werden. Diese pragmatische Form dürfte für den Ingenieur heutzutage sinnvoller sein als eine in jedem Detail streng bewiesene Abhandlung, die zwar tiefere Einblicke, jedoch in begrenzter Zeit nicht die Fähigkeit vermitteln kann, mit dem Gelernten umzugehen.

Vorausgesetzt werden Kenntnisse der elementaren Grundlagen der Elektrotechnik. Die mathematischen Anforderungen sind dem derzeitigen Ausbildungsstand der Elektrotechniker im fünften Semester angepaßt. Matrizenrechnung sowie Grundkenntnisse der Laplace-Transformation sind erforderlich. Wegen Beschränkung auf rationale Funktionen im Frequenzbereich braucht jedoch das Umkehrintegral nicht verwendet zu werden, so daß elementare Kenntnisse von Funktionen einer komplexen Veränderlichen ausreichen.

Für die Hilfe bei den Korrekturen danke ich den Herren Dipl.-Ing. Norbert F l i e g e und Dipl.-Ing. Karl Hayo S i e m s e n , für Anregung und Kritik auch allen anderen Mitarbeitern.

Karlsruhe, im September 1970

           Hellmuth Wolf

Inhaltsverzeichnis

Verzeichnis der Tabellen und
zusammenfassenden Darstellungen

Tabelle

1. Allgemeine Systemeigenschaften

1.1. Systeme

Elektrische Netzwerke sind Zusammenschaltungen elektrischer Bau-
teile zu einem System. Ein System A ist allgemein eine Menge von
untereinander verbundenen Komponenten zur Erfüllung eines technischen Zweckes. Dieser besteht meist darin, eine oder mehrere
unabhängige Variable x_i am Eingang des Systems in eine oder mehrere abhängige Variable y_k am Ausgang des Systems in vorgeschriebener Weise umzuformen (Bild 1.1). Die Variablen sind physikalische
Größen (Strom, Spannung, Druck, Temperatur, Durchflußmengen u.a.)

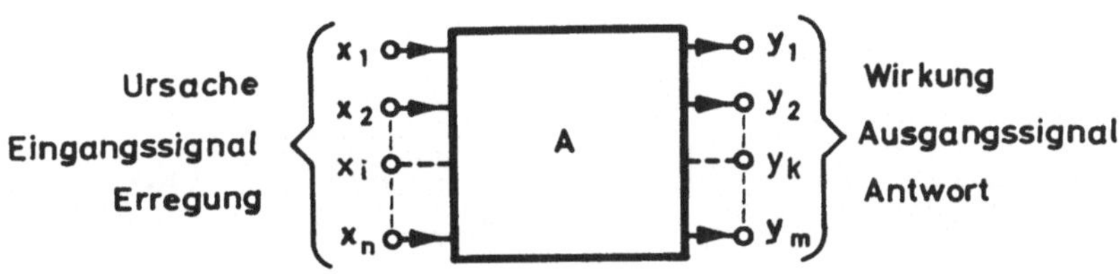

Bild 1.1. Allgemeine Darstellung eines Systems

und meistens Funktionen der Zeit t, d.h. $x_i = x_i(t)$ und
$y_k = y_k(t)$. Vereinfacht läßt sich das System nach Bild 1.2 dar-

Bild 1.2. Vereinfachte Darstellung eines Systems

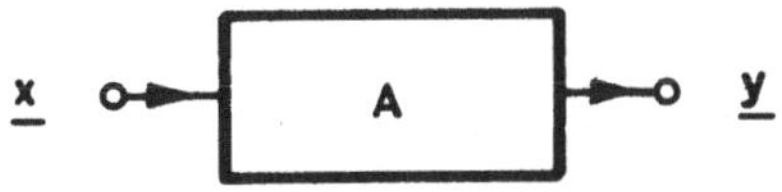

stellen. Dabei sind die Variablen in Matrizenschreibweise als
Spaltenvektoren

$$\underline{x} = \begin{pmatrix} x_1 \\ x_2 \\ \vdots \\ x_n \end{pmatrix} \quad ; \quad \underline{y} = \begin{pmatrix} y_1 \\ y_2 \\ \vdots \\ y_m \end{pmatrix} \qquad\qquad (1.1)$$

geschrieben, und es gilt:

$$\underline{y} = A\underline{x}. \qquad\qquad (1.2)$$

Dies bedeutet zunächst rein formal: Die Wirkung von A auf $\underline{x}$ erzeugt $\underline{y}$. A kennzeichnet ganz allgemein die Eigenschaften des Systems und ist eine Vorschrift zur Zuordnung der Variablen. A kann auch eine Funktion der Zeit sein: $A = A(t)$.

Beispiel 1.1

Das System bestehe aus einem zeitabhängigen Kondensator $C(t)$, Ein- und Ausgangssignal seien die Spannung $u(t)$ und der Strom $i(t)$. Es gilt dann mit $q = C.u$:

$$i = \frac{dq}{dt} = \frac{dC}{dt} u + C \frac{du}{dt} \, ,$$

$$\text{d.h.} \quad \underbrace{i(t)}_{y(t) =} = \underbrace{\left[\frac{dC(t)}{dt} + C(t) \frac{d}{dt} \right]}_{A(t)} \cdot \underbrace{u(t)}_{\cdot\, x(t)} \quad .$$

Für zeitunabhängigen Kondensator ist $\frac{dC}{dt} = 0$ und damit:

$$\underbrace{i(t)}_{y(t) =} = \underbrace{C \cdot \frac{d}{dt}}_{A} \cdot \underbrace{u(t)}_{\cdot\, x(t)} \quad .$$

In beiden Fällen stellt A einen Differentialoperator dar, zeitabhängig oder zeitunabhängig.

<u>Beispiel 1.2</u>

Ein einfaches Widerstandsnetzwerk werde durch die Spannungen x_1 und x_2 erregt. Die Spannung y_1 und der Strom y_2 seien die Antwort:

$$y_1 = R_2 G x_1 + R_1 G x_2$$
$$y_2 = -G x_1 + G x_2$$

oder:

$$\begin{pmatrix} y_1 \\ y_2 \end{pmatrix} = \begin{pmatrix} R_2 G & R_1 G \\ -G & G \end{pmatrix} \cdot \begin{pmatrix} x_1 \\ x_2 \end{pmatrix}$$

$$\underline{y} \quad = \quad \underline{A} \quad \cdot \quad \underline{x}$$

In diesem Fall ist A eine Matrix. Erregung und Antwort sind Vektoren.

1.2. Klassifizierung der Systeme

Systeme lassen sich nach bestimmten Merkmalen klassifizieren. Jede Klasse hat bestimmte gemeinsame Grundeigenschaften, die für das Verhalten des Systems und für die rechnerische Behandlung wichtig sind.

<u>1.2.1. Linearität</u>

Ein System ist genau dann linear, wenn es die beiden Bedingungen

$$A(\underline{x}_1 + \underline{x}_2 + \ldots) = A\underline{x}_1 + A\underline{x}_2 + \ldots \qquad \text{(Additivität)} \qquad (1.3)$$

$$A(c\underline{x}) = c \cdot A\underline{x} \qquad \text{(Homogenität)} \qquad (1.4)$$

erfüllt. Additivität bedeutet, daß die Antwort auf eine Summe von Erregungen gleich der Summe der Antworten auf die einzelnen Erregungen ist. Homogenität bedeutet, daß die Antwort auf die

c-fache Erregung gleich der c-fachen Antwort auf die Erregung
ist. (Für rationale c läßt sich zeigen, daß mit Gl. (1.3) auch
Gl. (1.4) erfüllt ist.) Ein lineares System gehorcht damit dem
sog. Superpositionsgesetz

$$A(c_1\underline{x}_1 + c_2\underline{x}_2 + ..) = c_1 A\underline{x}_1 + c_2 A\underline{x}_2 + ...$$

$$\text{oder}\quad A\sum_1^n c_i\underline{x}_i = \sum_1^n c_i A\underline{x}_i \quad . \tag{1.5}$$

Geht man von der Summe zum Integral über, so ergibt sich schließlich auch

$$A\int c(\lambda)\underline{x}(\lambda)d\lambda = \int c(\lambda)A\underline{x}(\lambda)d\lambda \quad , \tag{1.6}$$

wobei λ eine beliebige Integrationsvariable ist. Es ist also die
Antwort auf das Integral einer Erregung gleich dem Integral über
die Antwort auf die Erregung selbst.

Beispiel 1.3

a) Die Systeme in den Beispielen 1.1 und 1.2 sind linear, da A in
beiden Fällen als Faktor auftritt, d.h. y durch Multiplikation
von x mit A entsteht. Hier ist Gl. (1.5) automatisch durch das
distributive Gesetz der Multiplikation erfüllt, das auch für die
formale Multiplikation mit $\frac{d}{dt}$ und auch für Matrizen gilt. Sind
also in Beispiel 1.2 zwei Erregungen

$$\underline{x}_1 = \begin{pmatrix} x_{11} \\ x_{21} \end{pmatrix} \quad ; \quad \underline{x}_2 = \begin{pmatrix} x_{12} \\ x_{22} \end{pmatrix}$$

vorhanden, so wird

$$\begin{pmatrix} A \end{pmatrix}\begin{pmatrix} x_{11} + x_{12} \\ x_{21} + x_{22} \end{pmatrix} = \begin{pmatrix} A \end{pmatrix}\begin{pmatrix} x_{11} \\ x_{21} \end{pmatrix} + \begin{pmatrix} A \end{pmatrix}\begin{pmatrix} x_{12} \\ x_{22} \end{pmatrix} \quad ,$$

d.h. $A \cdot (\underline{x}_1 + \underline{x}_2) = A \cdot \underline{x}_1 + A \cdot \underline{x}_2$.

Gl. (1.3) ist damit erfüllt, und das System ist linear.

b) Nichtlinear dagegen ist z.B. ein Multiplizierer

$$y = A \begin{pmatrix} x_1 \\ x_2 \end{pmatrix} = x_1 \cdot x_2 \quad ,$$

denn es ist:

$$A \ c \cdot \begin{pmatrix} x_1 \\ x_2 \end{pmatrix} = A \begin{pmatrix} cx_1 \\ cx_2 \end{pmatrix} = c^2 x_1 x_2 \neq cx_1 x_2 \quad .$$

Gl. (1.4) ist nicht erfüllt, das System ist nichtlinear.

c) Reagiert ein System auf eine Erregung nach der linearen Beziehung

$$y = Ax = mx + b \quad ,$$

so gilt für die Summe zweier Erregungen:

$$A \ (x_1 + x_2) = mx_1 + mx_2 + b \neq Ax_1 + Ax_2 \quad .$$

Das System ist also nichtlinear. Handelt es sich dagegen um Änderungen bezogen auf einen Arbeitspunkt x_0, y_0

$$x = x_0 + \Delta x$$
$$y = y_0 + \Delta y \quad ,$$

so gilt: $\Delta y = m \Delta x \quad .$

Das System ist linear, sofern man die Änderungen als Variable betrachtet. ∎

In vielen Fällen ergibt sich die Antwort $\underline{y}(t)$ als Lösung einer Differentialgleichung für eine gegebene Erregung $\underline{x}(t)$. Ist diese Differentialgleichung linear, so gilt der Superpositionssatz, wonach die Lösung für eine Linearkombination von Erregungen gleich der Linearkombination der Lösungen für die einzelnen Erregungen ist. Das ist aber genau die Aussage der Gl. (1.5), und es folgt:

Satz 1.1: Jedes System, das durch eine lineare Differentialgleichung (beliebiger Ordnung mit konstanten oder nichtkonstanten Koeffizienten) beschrieben wird, ist linear.

Bei diesen Betrachtungen über die Linearität wird stillschweigend vorausgesetzt, daß das System vor Anlegen der Eingangssignale im energielosen Anfangszustand war. Hiervon abweichende Anfangsbedingungen werden jeweils getrennt berücksichtigt (vgl. Kapitel 8).

1.2.2. Passive und aktive Systeme

Ist p_ν ($\nu = 1 \ldots n$, $n + 1 \ldots n + m$) die von den Ein- und Ausgangssignalen eines Systems (Bild 1.1) zugeführte Augenblicksleistung (abgeführte Leistung ist negativ zu zählen), so besagt der Energiesatz:

$$\sum_\nu p_\nu = p + \frac{dw_i}{dt} \quad . \tag{1.7}$$

Hierbei ist w_i die im System gespeicherte Energie und p die Verlustleistung, d.h. die im System in andere Energieformen umgesetzte Leistung.

Ein System ist dann und nur dann passiv, wenn die von $t = -\infty$ bis zu einem beliebigen Zeitpunkt t insgesamt aufgenommene Energie für alle zulässigen p_ν nichtnegativ ist:

$$w = \int\limits_{-\infty}^{t} \sum_\nu p_\nu d\tau = \int\limits_{-\infty}^{t} p \, d\tau + w_i \geq 0 \quad . \tag{1.8a}$$

Andernfalls ist das System aktiv. Ein Sonderfall des passiven Systems ist das verlustfreie System. Ein System ist verlustfrei, wenn es passiv ist und wenn

$$p \equiv 0 \tag{1.8b}$$

ist, d.h. die Verlustleistung identisch verschwindet.

Aktive Systeme enthalten stets innere Energiequellen; passive Systeme können solche enthalten. Gl. (1.8a) stellt lediglich die Definition der Passivität dar. Kriterien für die Untersuchung von Systemen werden im Kapitel 13 gegeben.

Beispiel 1.4

a) Das System in Beispiel 1.1 mit $C = \mathrm{const}$ ist passiv, da keine inneren Energiequellen vorhanden sind. Außerdem ist es verlustfrei. Das System in Beispiel 1.2 ist passiv.

b) System mit gesteuerten Quellen (vgl. Abschnitt 2.2.3):

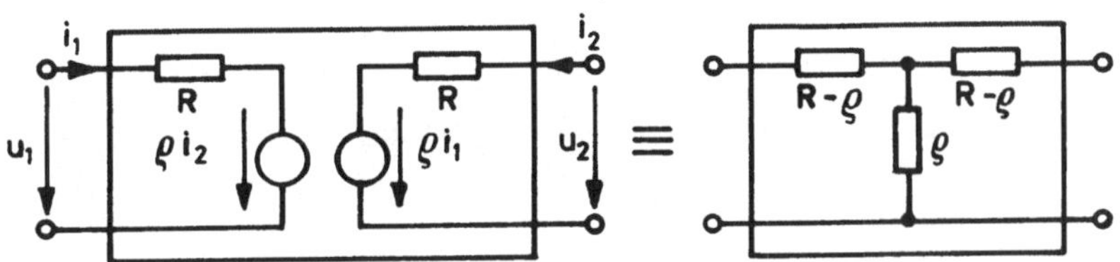

Die beiden Darstellungen sind nach Abschnitt 11.1. äquivalent. Aus den Kriterien für Passivität nach Abschnitt 13.1.2. folgt, daß das System für $|\rho| \leq R$ passiv ist, obwohl innere Quellen vorhanden sind. Für $0 < \rho < R$ läßt es sich entsprechend der Darstellung rechts aus drei passiven Widerständen aufbauen. ∎

1.2.3. Umkehrbarkeit (Reziprozität) und Symmetrie

Aus einem System A (Bild 1.1) werde eine einzige Erregung x_i herausgegriffen und alle anderen Erregungen unwirksam gemacht. Betrachtet werde eine beliebige Antwort y_k, und es sei hierfür:

$$y_k = A_1\, x_i \quad .$$

(1.9)

Nun werde die Erregung o h n e   Ä n d e r u n g   d e r   ä u ß e r e n   B e d i n g u n g e n   f ü r   d a s   S y s t e m von i nach k verlegt und die Antwort in i betrachtet (Bild 1.3):

$$y_i = A_2\, x_k \quad .$$

(1.10)

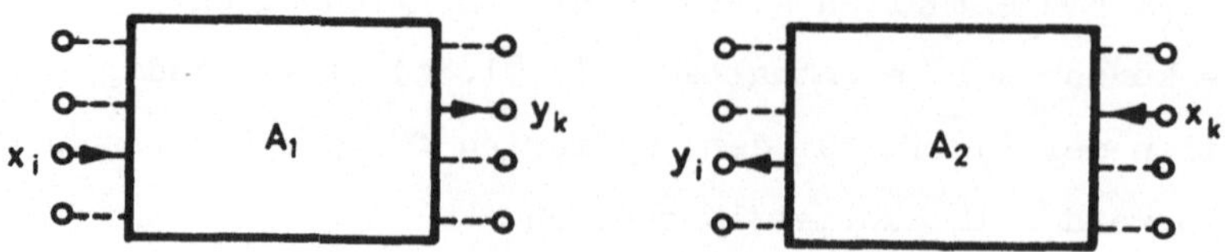

Bild 1.3. Zum Umkehrungssatz

Ein System heißt dann und nur dann u m k e h r b a r in i und k,
wenn

$$A_2 = A_1 \text{ für } x_k = x_i \quad . \tag{1.11}$$

<u>Satz 1.2:</u> (Umkehrungssatz, Reziprozitätstheorem): Vertauschen Ursache und Wirkung (ohne Änderung der äußeren Bedingungen) ihre Orte, so ist in einem umkehrbaren System bei gleicher Ursache auch die Wirkung gleich.

Für lineare Systeme folgt aus Gl. (1.4), daß Gl. (1.11) ohne die einschränkende Bedingung $x_k = x_i$ gilt, daß also

$$\frac{y_i}{x_k} = \frac{y_k}{x_i} \tag{1.12}$$

erfüllt ist, d.h. daß das Verhältnis von Wirkung zu Ursache ohne Rücksicht auf die Intensitäten erhalten bleibt.

<u>Beispiel 1.5</u>

a) Umkehrung bei gleichen äußeren Bedingungen. Zwei Fälle:

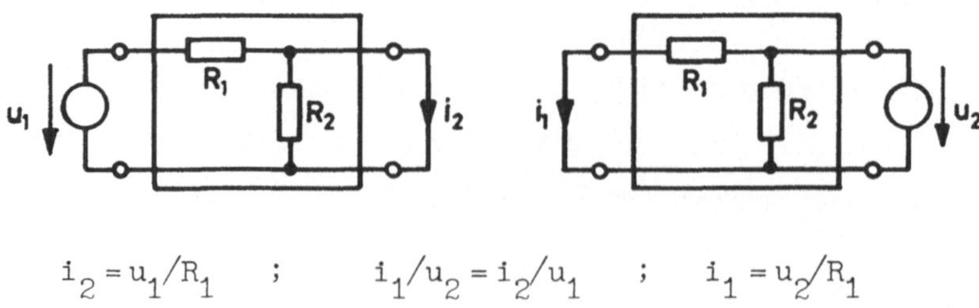

$$i_2 = u_1/R_1 \quad ; \quad i_1/u_2 = i_2/u_1 \quad ; \quad i_1 = u_2/R_1$$

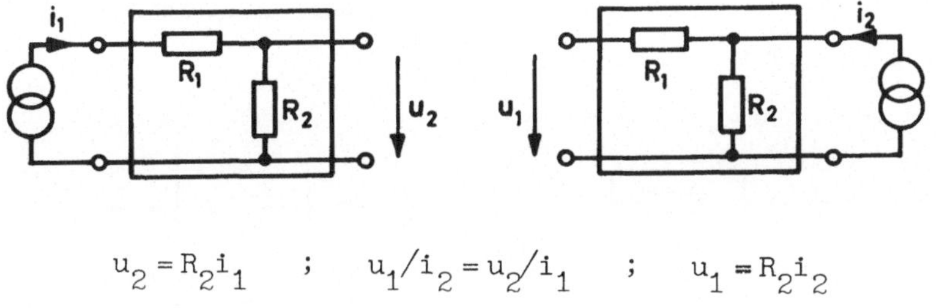

$$u_2 = R_2 i_1 \quad ; \quad u_1/i_2 = u_2/i_1 \quad ; \quad u_1 = R_2 i_2$$

In beiden Fällen wurden Ursache und Wirkung ohne Änderung der
äußeren Bedingungen vertauscht: Im ersten Fall unter Kurzschluß-
bedingungen (ideale Spannungsquelle hat Innenwiderstand Null), im
zweiten Fall unter Leerlaufbedingungen (ideale Stromquelle hat
Innenwiderstand ∞). Der Umkehrungssatz ist erfüllt, d.h. das
System ist umkehrbar.

b) Umkehrung desselben Systems bei geänderten äußeren Bedingungen:

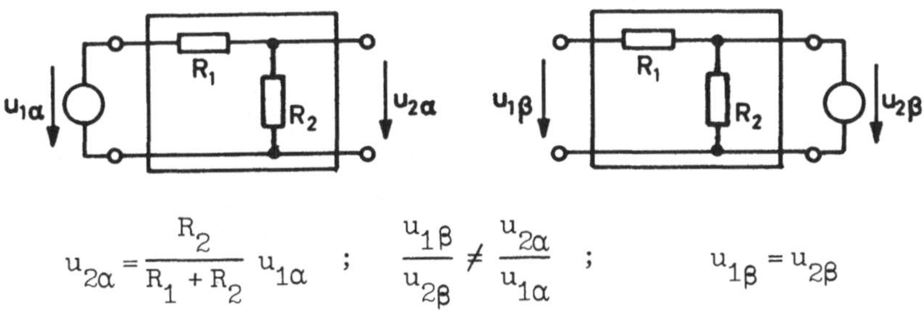

$$u_{2\alpha} = \frac{R_2}{R_1 + R_2}\, u_{1\alpha} \quad ; \quad \frac{u_{1\beta}}{u_{2\beta}} \neq \frac{u_{2\alpha}}{u_{1\alpha}} \quad ; \quad u_{1\beta} = u_{2\beta}$$

Der Umkehrungssatz ist in dieser Weise n i c h t anwendbar. Es
wurden die äußeren Bedingungen geändert, da beim Vertauschen von
Ursache und Wirkung die Klemmenpaare von Kurzschluß in Leerlauf
und umgekehrt übergegangen sind.

c) Beim Netzwerk in Beispiel 1.2 kann der Umkehrungssatz z.B. auf
die Größen x_2 und y_2 oder x_1 und y_2 (nicht aber y_1!) angewendet
werden. Falls x_2 gewählt wird, muß x_1 unwirksam gemacht, d.h. die
Klemmen müssen kurzgeschlossen werden, da es sich um eine ideale

Spannungsquelle handelt. (Eine ideale Stromquelle müßte abge-
trennt werden.) Es ergibt sich hierbei:

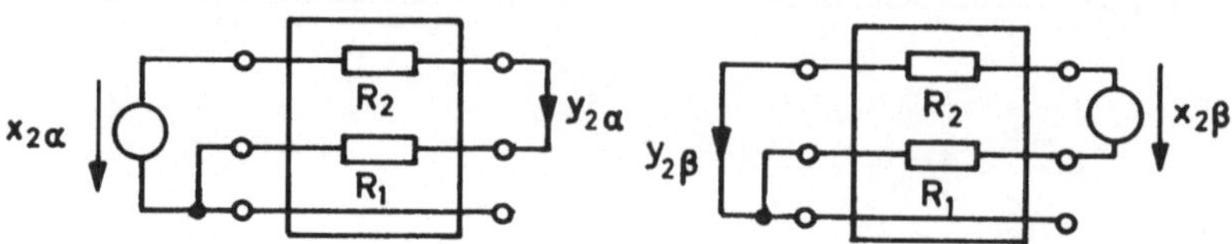

und es folgt in beiden Fällen $\frac{y}{x} = G$, d.h. der Umkehrungssatz ist
erfüllt.

d) Gegeben sei ein System mit gesteuerter Stromquelle:

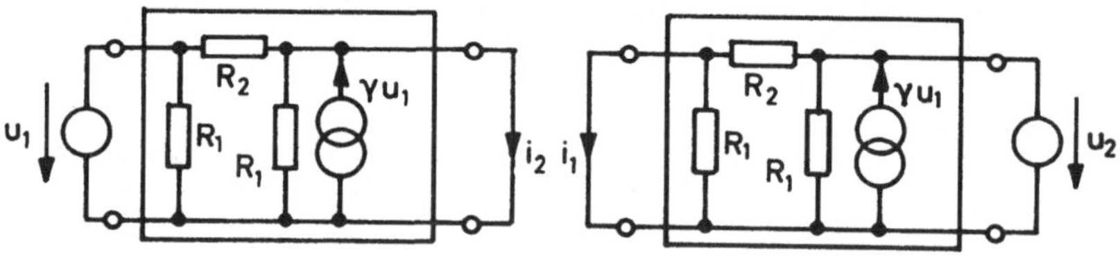

Hier ergibt sich bei richtiger Vertauschung von Ursache und Wirkung:

$$i_2 = \left(\gamma + \frac{1}{R_2}\right)u_1 \qquad ; \qquad i_1 = \frac{1}{R_2}u_2$$

$$i_1/u_2 \neq i_2/u_1 \quad .$$

Das System ist nicht umkehrbar, wie das bei Systemen mit gesteuerten Quellen in der Regel der Fall ist.   ■

Zu betonen ist, daß auch bei einem umkehrbaren System die Ströme
und Spannungen nach Verlegen der Ursache völlig anders verteilt
sind. Der Umkehrungssatz betrifft jeweils nur die beiden betrachteten Variablen.

Ein umkehrbares System heißt auch übertragungssymmetrisch. Diesen Ausdruck sollte man möglichst vermeiden, da Verwechslungen
mit dem folgenden Begriff der Symmetrie möglich sind: Ein System

heißt s y m m e t r i s c h , wenn die Quelle nach Verlegen die gleiche
Belastung erfährt wie vorher, vom Umkehren also "nichts merkt".
Hierzu ist nicht unbedingt eine symmetrische Struktur erforderlich. Jedoch sind symmetrische Strukturen stets symmetrisch in
diesem Sinne. Zum Unterschied von der Übertragungssymmetrie (Umkehrbarkeit) spricht man hierbei auch von Widerstandssymmetrie.

Symmetrie und Umkehrbarkeit sind also n i c h t dasselbe: So ist
z.B. das System in Beispiel 1.5a unsymmetrisch und umkehrbar, das
System in Beispiel 1.5d symmetrisch und nicht umkehrbar.

Ebenso entsprechen sich auch Passivität und Umkehrbarkeit zwar
sehr oft, aber n i c h t immer. Es gibt passive nicht umkehrbare
Systeme. Dieses folgt schon daraus, daß Systeme mit gesteuerten
Quellen durchaus passiv sein können, in der Regel aber nicht umkehrbar sind. Auch Systeme aus rein passiven Bauelementen können
nichtumkehrbar sein, wenn sie sog. Gyratoren enthalten [z.B. 3,
S. 236 ff.] (vgl. auch Beispiel 13.1c). Andererseits gibt es aktive
umkehrbare Systeme, nämlich symmetrische Anordnungen wie in Beispiel 1.4b.

1.2.4. Zeitunabhängige Systeme

Ein System $\underline{y}(t) = A\underline{x}(t)$ ist dann und nur dann zeitunabhängig (stationär), wenn

$$A\underline{x}(t - \tau) = \underline{y}(t - \tau) \tag{1.13}$$

für beliebige τ erfüllt ist. Das bedeutet, daß die Antwort auf eine zeitverschobene Erregung gleich der zeitverschobenen Antwort
auf die ursprüngliche Erregung sein muß (Bild 1.4).

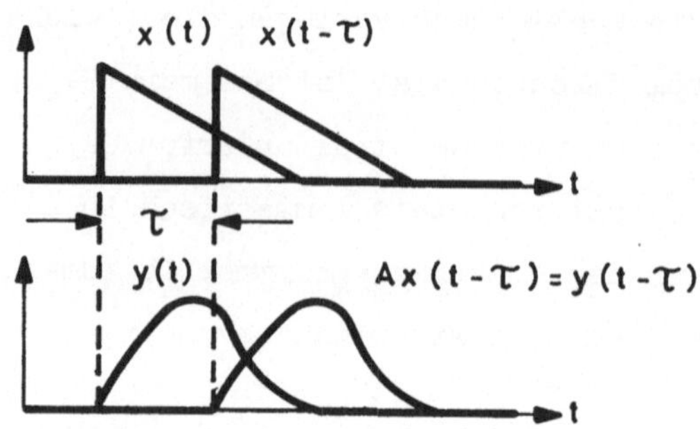

Bild 1.4. Erregung und Antwort eines zeitunabhängigen Systems

Ein lineares System

$$\underline{y}(t) = A(t) \cdot \underline{x}(t) \tag{1.14}$$

ist zeitunabhängig, wenn die Koeffizienten der linearen Differentialgleichung (nach Satz 1.1) konstant sind und damit $A(t) = A =$
$=$ const wird. Bei zeitabhängigen Koeffizienten ist das System in
der Regel auch zeitabhängig.

Beispiel 1.6

a) Das System in Beispiel 1.1 ist nur dann zeitunabhängig, wenn
$C(t) = C =$ const ist. Für zeitabhängiges C ist Gl. (1.13) nicht erfüllt.

b) Das System in Beispiel 1.2 ist stationär.   ■

1.2.5. Dynamische - nichtdynamische Systeme

Ein System $\underline{y}(t) = A\underline{x}(t)$ heißt nichtdynamisch, wenn die Antwort $\underline{y}(t)$
zur Zeit t nur von dem Wert $\underline{x}(t)$ der Erregung zur gleichen Zeit t
abhängt. Beim dynamischen System dagegen hängt die Antwort nicht
nur von augenblicklichen, sondern auch von vergangenen Werten
(beim nichtkausalen System auch von zukünftigen Werten) der Erregung ab. Man sagt auch, ein dynamisches System habe ein "Gedächtnis" der Dauer T, wenn die Antwort durch Werte der Erregung im
Intervall $t - T$ bis t vollständig bestimmt ist. Ein nichtdynami-

sches System hat demnach ein Gedächtnis der Dauer Null: A kann eine Funktion der Zeit sein, enthält jedoch keine Differential- und
Integraloperatoren.

Beispiel 1.7

a) Das System in Beispiel 1.1 ist dynamisch. Das Gedächtnis
ist jedoch von unendlich kurzer Dauer, da nur ein Differentialoperator auftritt.

b) Der Strom in einer Spule ist:

$$i(t) = \frac{1}{L} \cdot \int_{-\infty}^{t} u(\tau)\,d\tau; \qquad [i(-\infty) = 0] \quad .$$

Dieses System ist dynamisch mit unendlich langem Gedächtnis.

c) Das System in Beispiel 1.2 ist nichtdynamisch. Die Antwort
hängt nur von den momentanen Werten der Erregung ab.   ■

1.2.6. Kausalität

Bei einem kausalen System hängt die Antwort nur von gegenwärtigen
und vergangenen, nicht jedoch von zukünftigen Werten der Erregung
ab. Ein System ist dann und nur dann kausal, wenn für zwei Erregungen $\underline{x}_1$ und $\underline{x}_2$

$$\text{für } t \leq t_0 : A\underline{x}_1 = A\underline{x}_2 \text{ falls } \underline{x}_1 = \underline{x}_2 \qquad (1.15)$$

erfüllt ist, d.h. wenn die Antworten bis zu einem beliebigen Zeitpunkt t_0 sich nicht voneinander unterscheiden, sofern bis zu diesem Zeitpunkt auch die Erregungen gleich sind (Bild 1.5).

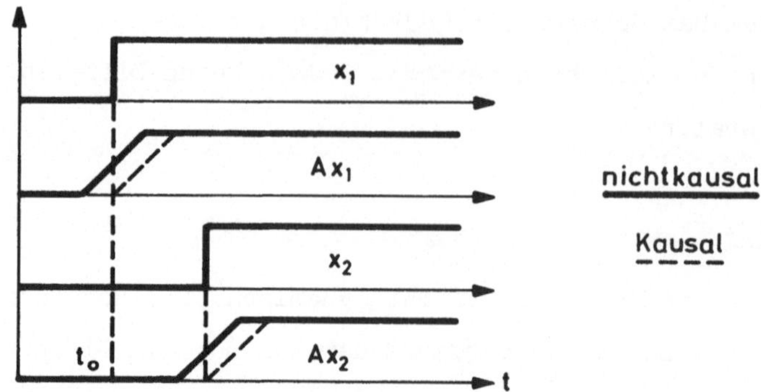

Bild 1.5. Nichtkausales und kausales System

Alle realisierbaren (physikalischen) Systeme sind kausal; die Wirkung kann nicht vor der Ursache eintreten. Die Bedingung der Kausalität bedeutet oft eine erhebliche Einschränkung bei der mathematischen Formulierung von Systemeigenschaften.

1.3. Signale

Die in der Systemtheorie interessierenden Signale lassen sich nach verschiedenen Gesichtspunkten unterteilen. Ein wichtiges Merkmal ist ihre Struktur in Amplituden- und Zeitrichtung (Bild 1.6):

Analoge Signale (a und b, Bild 1.6) können innerhalb eines Amplitudenbereiches jeden beliebigen Wert annehmen. Sie heißen daher auch amplituden- oder wertkontinuierlich. Digitale Signale (c und d) können dagegen nur bestimmte Amplitudenwerte annehmen, weswegen sie auch amplituden- oder wertdiskret heißen. Ein digitales kann aus einem analogen Signal durch sog. Quantisierung entstanden sein.

Zeitkontinuierliche Signale (a und c, Bild 1.6) sind zu jedem Zeitpunkt in einem Intervall erklärt. Zeitdiskrete Signale sind dagegen nur zu bestimmten, meist äquidistanten Zeitpunkten erklärt. Ein zeitdiskretes kann aus einem zeitkontinuierlichen Signal durch sog. Abstastung entstanden sein.

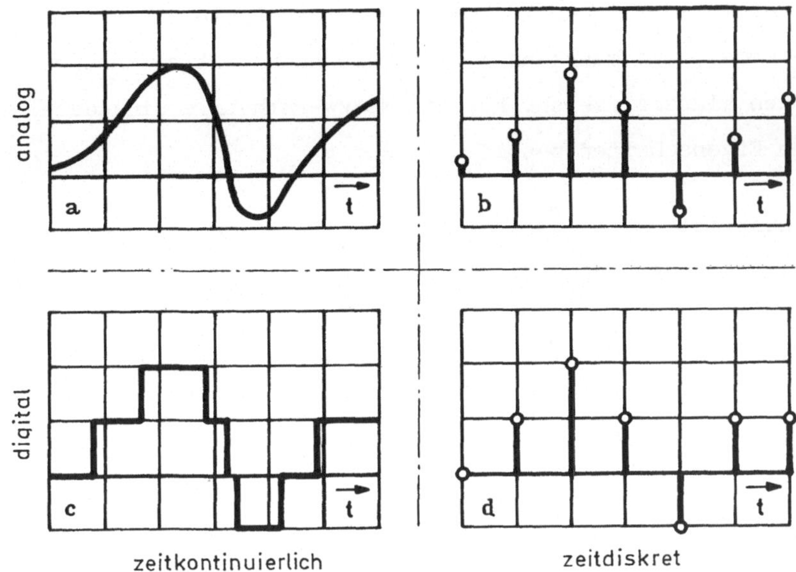

Bild 1.6. Signalarten

Schließlich ist noch eine wichtige Klasse von Signalen zu erwähnen,
die zwar weniger in der Netzwerktheorie, wohl aber bei der Nach-
richtenübertragung, bei der Systemanalyse und in der Regelungs-
technik eine große Rolle spielt. Es sind die sog. Zufallssignale,
deren Verlauf nicht explizit angebbar ist und die nur mit stati-
stischen Methoden beschrieben werden können. Ein Beispiel ist
das Rauschen.

1.4. Zusammenfassung

Im Kapitel 1 wurden in möglichst allgemeiner Form folgende Begriffe eingeführt:

    System

    Ursache = Eingangssignal = Erregung

    Wirkung = Ausgangssignal = Antwort.

Durch Gl. (1.2) ist ein allgemeiner Zusammenhang zwischen Erregung
und Antwort gegeben, wobei die Systemeigenschaften durch einen
nicht näher definierten Operator A beschrieben werden.

Je nach der tatsächlichen Beschaffenheit des Systems kann A prä-
zisiert werden, und man kann die Systeme nach bestimmten Grundeigenschaften klassifizieren. Für die Netzwerktheorie sind dabei die
folgenden Eigenschaften besonders wichtig:

    Linearität

    Zeitunabhängigkeit

    Kausalität.

Die im folgenden zu behandelnden Netzwerke haben mit gewissen ide-
alisierenden Voraussetzungen diese Eigenschaften. Sie können dann
zusätzlich

    passiv (verlustfrei) oder aktiv

    umkehrbar oder nichtumkehrbar

    symmetrisch oder unsymmetrisch

sein. Erregung und Antwort schließlich werden in der Regel konti-
nuierliche Signale sein.

Im folgenden Kapitel wird die Beschaffenheit der hier interessierenden Systeme, nämlich der elektrischen Netzwerke, näher betrachtet.

2. Elemente der Netzwerktheorie

2.1. Aufgabe der Netzwerktheorie

Gemäß Bild 1.2 bzw. Gl. (1.2) hat es die Netzwerktheorie im wesentlichen mit 3 Begriffen zu tun, nämlich mit dem Netzwerk A, der Erregung $\underline{x}$ und der Antwort $\underline{y}$. Wenn zwei dieser Größen gegeben sind, kann die dritte ermittelt werden. Hieraus ergeben sich folgende Probleme:

a) Gegeben ist das Netzwerk und die Erregung, gesucht ist die Antwort. Diese Aufgabe löst die N e t z w e r k a n a l y s e .

b) Gegeben ist die Erregung und die gewünschte Antwort, gesucht ist das Netzwerk. Dies ist die Aufgabe der N e t z w e r k s y n - t h e s e .

c) Gegeben ist das Netzwerk und die Antwort, gesucht ist die Erregung. Hierfür gibt es keinen bestimmten Namen. Das Problem tritt selten auf.

Die Vorlesung wird im wesentlichen die A n a l y s e behandeln, die auch die Grundlage für die Synthese darstellt. Auf Probleme der Synthese kann nur in den einfachsten Fällen hingewiesen werden.

2.2. Idealisierte Netzwerkselemente

Elektrische Vorgänge in der Natur spielen sich in Form von bewegten Ladungen sowie veränderlichen elektrischen und magnetischen Feldern ab. Eine genaue Analyse müßte alle diese physikalischen

Erscheinungen im einzelnen nach Ort und Zeit erfassen, was in den meisten Fällen praktisch nicht durchführbar ist.

Man ist also gezwungen, die Wirklichkeit durch M o d e l l e zu approximieren. Diese Modelle sind um so komplizierter, je genauer die tatsächlichen Vorgänge nachgebildet werden sollen. Man ist bestrebt, das Wesentliche mit möglichst einfachen Modellen zu erfassen. Sekundäre Effekte können dann ggf. durch eine zusätzliche Rechnung berücksichtigt werden. Die elektrischen Netzwerke sind solche Modelle.

Man versucht, die Modelle so weit wie möglich aus sog. k o n z e n - t r i e r t e n   E l e m e n t e n aufzubauen. Das sind i d e a l i s i e r - t e Elemente, deren Verhalten vollständig durch einen einfachen Zusammenhang zwischen den leicht meßbaren Größen Spannung und Strom an ihren Klemmen beschrieben wird und die in ihren Abmessungen klein gegen die Wellenlänge der vorkommenden Schwingungen sind. Netzwerke aus konzentrierten Elementen werden durch g e - w ö h n l i c h e   D i f f e r e n t i a l g l e i c h u n g e n beschrieben. Solche Netzwerke werden im folgenden behandelt.

2.2.1. Schreibweise der Netzwerksgleichungen

Die im folgenden auftretenden Beziehungen zwischen Erregung und Antwort, Spannungen und Strömen usw. sind gewöhnliche Differentialgleichungen zwischen zeitabhängigen Größen, die als Zeitfunktionen mit kleinen Buchstaben bezeichnet werden: $x(t)$, $y(t)$, $u(t)$, $i(t)$.

Für die auftretenden Differentialquotienten wird die formale Schreibweise

$$\frac{d^i}{dt^i} = s^i \tag{2.1a}$$

$$\text{mit} \quad s = \sigma + j\omega \tag{2.1b}$$

verwendet, wobei die Variablen Funktionen von s werden und mit
Großbuchstaben bezeichnet sind, z.B.:

$$u(t) = L \frac{di(t)}{dt} \qquad\qquad U(s) = LsI(s)$$

$$u(t) = \frac{1}{C} \int i(\tau)d\tau \qquad\qquad U(s) = \frac{1}{Cs} I(s)$$

$$y(t) = \frac{d^2 x(t)}{dt^2} \qquad\qquad Y(s) = s^2 X(s)$$

Der Parameter s wird später noch ausführlich erörtert. Vorläufig
läßt er sich auf folgende Arten erklären:

a) Als Operator für Differentiation und Integration im Sinne der
Gl. (2.1). Eine in s geschriebene Gleichung kann bei Bedarf in
eine Differentialgleichung zurückverwandelt werden.

b) Als unabhängige Variable (komplexe Frequenz) im Unterbereich
(Frequenzbereich) der Laplace-Transformation. Die von s abhängigen Variablen sind dann ebenfalls Transformierte, und die in s
geschriebene algebraische Gleichung stellt die Laplace-Transformierte der entsprechenden Differentialgleichung für e n e r g i e -
l o s e n A n f a n g s z u s t a n d dar. Zum Auffinden der Zeitfunktion
ist Rücktransformation (inverse Laplace-Transformation) erforderlich (vgl. Kapitel 5).

c) Als Frequenzvariable für den sog. Erregeranteil der Netzwerk-
antwort (vgl. Kapitel 5) bei Erregung mit Zeitfunktionen vom Typ
e^{st}. Die von s abhängigen Variablen sind dann komplexe Amplituden.
Die in s geschriebene Gleichung liefert bei Realteilbildung die
dazugehörige Lösung im Zeitbereich. Insbesondere wird mit $\sigma = 0$
die Variable zu $s = j\omega$, der Erregeranteil wird bei stabilen Netzwerken zum stationären Anteil, und die Gleichungen entsprechen
vollständig denen der komplexen Wechselstromrechnung (vgl. Abschnitt 7.1.3.).

Beispiel 2.1

Für das einfache Netzwerk gilt:

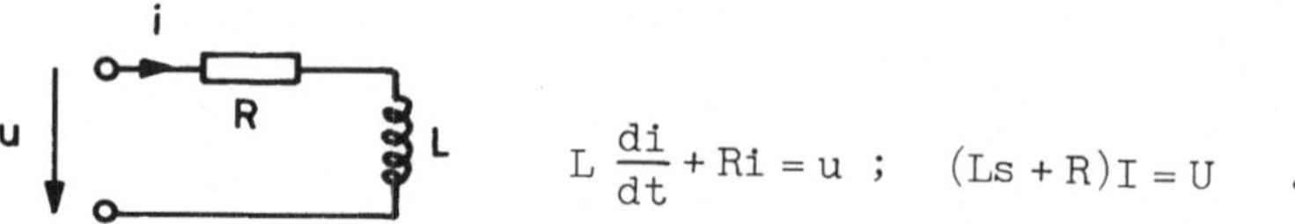

$$L \frac{di}{dt} + Ri = u \quad ; \quad (Ls + R)I = U \quad .$$

a) Die in s geschriebene Gleichung stellt lediglich eine Kurzschreibweise für die Differentialgleichung dar.

b) Die Gleichung ist die Laplace-Transformierte der Differentialgleichung für energielosen Anfangszustand. Auflösung nach I ist
möglich, da es sich um eine algebraische Gleichung handelt:

$$I = \frac{U}{Ls + R} \quad .$$

Ist die Erregung z.B. eine Sprungfunktion, so wird:

$$U = U_0 / s \quad ,$$

$$I = \frac{U_0}{L} \frac{1}{s(s + \frac{R}{L})} = \frac{U_0}{R} \left(\frac{1}{s} - \frac{1}{s + \frac{R}{L}} \right) \quad .$$

Die Rücktransformation liefert die Lösung im Zeitbereich:

$$i = \frac{U_0}{R} (1 - e^{-\frac{R}{L} t}) .$$

Zu diesem Ergebnis hätte auch die Lösung der Differentialgleichung
geführt.

c) Aus $I = \frac{U}{R + Ls}$ wird mit $s = j\omega$: $\quad I = \frac{U}{R + j\omega L} \quad .$

Diese Gleichung ergibt sich auch aus der komplexen Wechselstromrechnung. U und I sind komplexe Amplituden (Zeiger). Die Lösung

im Zeitbereich folgt durch Multiplikation mit $e^{j\omega t}$ und Realteilbildung:

$$i(t) = \mathrm{Re}\left[\frac{U}{R + j\omega L}\, e^{j\omega t}\right]\quad.\qquad\blacksquare$$

2.2.2. Passive Netzwerkselemente

2.2.2.1. Übersicht. Widerstand R, Kondensator C, Spule L und gekoppelte Spulen $\underline{L}$ (Übertrager) stellen die wichtigsten passiven Elemente dar (Tab. 2.1). Der Zusammenhang zwischen Strom und Spannung an den Klemmen dieser idealisierten konzentrierten Elemente wird durch lineare Differentialgleichungen beschrieben. Folglich gilt mit Satz 1.1 und den Ausführungen im Abschnitt 1.2.3., 1.2.4. und 2.2.:

> Satz 2.1: Jedes Netzwerk, das nur aus den zeitunabhängigen Elementen Widerstand, Kondensator, Spule und Übertrager besteht, ist l i n e a r und u m k e h r b a r. Es wird durch gewöhnliche lineare Differentialgleichungen mit konstanten Koeffizienten beschrieben.

Die Umkehrbarkeit folgt daraus, daß die Elemente selbst umkehrbar sind.

Für den Fall zeitabhängiger Elemente gilt im Gegensatz zu Tab. 2.1:

$$\text{für } R:\quad u = R(t)i \qquad (2.2)$$

$$\text{für } C:\quad i = \frac{d}{dt}\left[C(t)u\right] = \frac{dC(t)}{dt}\,u + C(t)\,\frac{du}{dt} \qquad (2.3)$$

$$\text{für } L:\quad u = \frac{d}{dt}\left[L(t)i\right] = \frac{dL(t)}{dt}\,i + L(t)\,\frac{di}{dt}\quad. \qquad (2.4)$$

Diese Differentialgleichungen sind immer noch linear, die Koeffizienten sind jedoch nicht konstant. Ein entsprechendes Netzwerk wäre zwar linear, jedoch zeitabhängig.

Tabelle 2.1. Passive Netzwerkselemente

Element	Strom-Spannungs-Beziehungen	Gespeicherte Energie	Eigenschaften	
Widerstand R	$u = Ri$ $\qquad$ $U = RI$ $\qquad$ $G = \frac{1}{R}$ $i = Gu$ $\qquad$ $I = GU$			verlustbe-haftet, nicht dynamisch
Kondensator C	$u = \frac{1}{C}\int i\,dt$ $\qquad$ $U = \frac{1}{Cs}I$ $i = C\frac{du}{dt}$ $\qquad$ $I = CsU$	$w_e = \frac{1}{2}Cu^2$	linear, passiv, umkehrbar, zeit-unabhängig	
Spule L	$u = L\frac{di}{dt}$ $\qquad$ $U = LsI$ $i = \frac{1}{L}\int u\,dt$ $\qquad$ $I = \frac{1}{Ls}U$	$w_m = \frac{1}{2}Li^2$		
Gekoppelte Spulen (Übertrager) $\underline{L}$	$\underline{u} = \underline{L}\frac{d}{dt}\underline{i}$ $\qquad$ $\underline{U} = \underline{L}s\underline{I}$ $\underline{i} = \underline{\Gamma}\int\underline{u}\,dt$ $\qquad$ $\underline{I} = \underline{\Gamma}\frac{1}{s}\underline{U}$ $\underline{L} = \begin{pmatrix} L_{11}L_{12} & & L_{1n} \\ L_{21}L_{22} & \cdots & L_{2n} \\ \vdots & & \vdots \\ L_{n1} & \cdots\cdots & L_{nn} \end{pmatrix}; L_{ik} = L_{ki}$ $\underline{\Gamma} = \underline{L}^{-1}$ $\qquad$ $\Gamma_{ik} = \Gamma_{ki}$	$w_m = \frac{1}{2}\underline{i}^T\underline{L}\,\underline{i}$		verlustfrei, dynamisch

Schließlich sind die Elemente C, L und $\underline{L}$ v e r l u s t f r e i , R dagegen v e r l u s t b e h a f t e t . Entsprechendes gilt für die daraus
aufgebauten Netzwerke. Ferner sind sie d y n a m i s c h , sobald sie
C und L enthalten.

<u>2.2.2.2. Gekoppelte Spulen.</u> Die Berechnung gekoppelter Spulen nach
Tab. 2.1 bedarf noch einiger Erläuterungen. Es gilt formal die
gleiche Beziehung wie bei einer Einzelspule, wenn man die Matrixgleichung

$$\underline{U} = \underline{L} \, s \, \underline{I} \tag{2.5a}$$

verwendet. Für z.B. drei gekoppelte Spulen folgt

$$\begin{pmatrix} U_1 \\ U_2 \\ U_3 \end{pmatrix} = \begin{pmatrix} L_{11} & L_{12} & L_{13} \\ L_{21} & L_{22} & L_{23} \\ L_{31} & L_{32} & L_{33} \end{pmatrix} \cdot s \begin{pmatrix} I_1 \\ I_2 \\ I_3 \end{pmatrix} \quad ; \quad L_{ki} = L_{ik} \tag{2.5b}$$

oder ausgeschrieben:

$$\begin{aligned}
U_1 &= L_{11}sI_1 + L_{12}sI_2 + L_{13}sI_3 \\
U_2 &= L_{21}sI_1 + L_{22}sI_2 + L_{23}sI_3 \\
U_3 &= L_{31}sI_1 + L_{32}sI_2 + L_{33}sI_3 \quad .
\end{aligned} \tag{2.5c}$$

Dabei bedeuten die L_{ii} die Selbstinduktivitäten der drei Spulen
und die $L_{ik} = L_{ki}$ die Gegeninduktivitäten zwischen den Spulen. Für
deren Vorzeichen gilt folgende Regel (Bild 2.1):

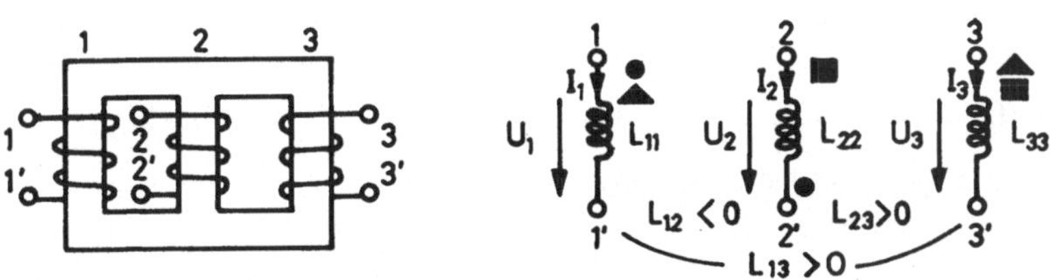

Bild 2.1. Drei gekoppelte Spulen [zu Gl. (2.5c)]

a) Man greift zwei beliebige Spulen heraus und denkt sich die übrigen leerlaufend. Man markiert "gleichsinnige" Klemmen mit einem
gemeinsamen Zeichen, d.h. Klemmen, von denen aus die Wicklung den
magnetischen Fluß im gleichen Sinne umkreist. Diese Entscheidung
kann nur aufgrund einer räumlichen Darstellung (wie in Bild 2.1)
getroffen werden, andernfalls muß die Markierung schon vorgegeben
sein. Die Markierung muß für alle vorkommenden Spulenpaare gemacht
werden, wobei im allgemeinen für jedes Paar ein anderes gemeinsa-
mes Zeichen (● ▲ ■) erforderlich ist.

b) Man setzt die Zählpfeile zunächst so, daß an jeder Spule der
Strom mit der Spannung gleichsinnig verläuft (Bild 2.1) und setzt
Gl. (2.5) mit lauter positiven Vorzeichen an. Dadurch erhalten
alle L_{ii} positiven Zahlenwert, wie es physikalisch sinnvoll ist.
Die L_{ik} hingegen erhalten positiven oder negativen Zahlenwert
(nicht mit dem Vorzeichen in der Gleichung verwechseln!), je
nachdem,ob die Ströme I_i und I_k bezüglich der Markierungen für das
betreffende Spulenpaar gleich- oder gegensinnig fließen.

c) Sobald das Vorzeichen der Zahlenwerte der L_{ik} festliegt, kann
man bei Bedarf die Vorzeichen in Gl. (2.5) so abändern, daß die
Zahlenwerte der L_{ik} alle positiv werden. Man kann weiterhin die
Zählpfeile beliebig ändern, wenn man ebenfalls die entsprechenden
Vorzeichen ändert.

Die Markierung der Klemmen ist also nur durch die räumliche Anordnung gegeben und unabhängig von den gewählten Zählrichtungen. Die
Vorzeichen in der Gleichung und die Vorzeichen der Zahlenwerte der
Gegeninduktivitäten hängen dagegen von den Zählrichtungen ab und
sind entsprechend austauschbar. Hier zeigt sich besonders deutlich,
daß eine Gleichung nur im Zusammenhang mit einem Schaltbild und
festgelegten Zählrichtungen einen Sinn hat.

Liegen alle Spulen (im Gegensatz zu Bild 2.1) auf einem u n v e r -
z w e i g t e n Kern, so genügt ein einziges Zeichen zur Kennzeich-

nung der Kopplungen (Bild 2.2):

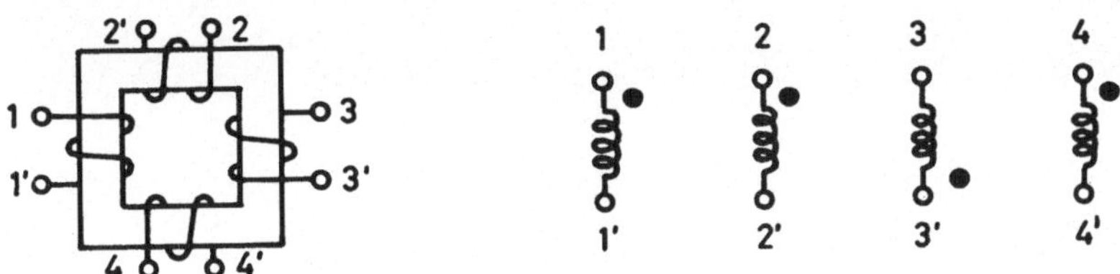

Bild 2.2. Unverzweigter Kern

<u>Beispiel 2.2</u>

Gewünscht wird die Gleichung eines Übertragers für folgende Zählrichtungen, wobei die Gegeninduktivität positiven Zahlenwert haben
soll:

$$L_{11} = L_1 \quad ,$$
$$L_{22} = L_2 \quad ,$$
$$L_{12} = L_{21} = M \quad .$$

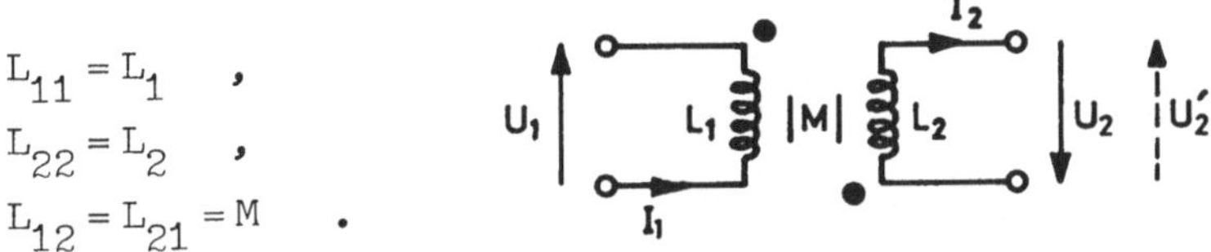

a) Markierung der Klemmen ist vorgegeben.

b) Zunächst wird U'_2 verwendet, damit Strom und Spannung an jeder
Spule gleichsinnig sind. Ansatz mit positiven Vorzeichen:

$$U_1 = L_1 s I_1 + M s I_2$$
$$U'_2 = M s I_1 + L_2 s I_2 \qquad M = -|M| \quad .$$

Die Gegeninduktivität hat negativen Zahlenwert, da die Ströme bezüglich der Markierung gegensinnig fließen.

c) Die Gegeninduktivität soll positiven Zahlenwert erhalten.
Mit $M' = -M$ wird:

$$U_1 = L_1 s I_1 - M's\, I_2$$
$$U'_2 = -M's\, I_1 + L_2 s I_2$$

$$M' = +|M| \quad .$$

U'_2 wird durch U_2 ersetzt. Mit $U'_2 = -U_2$ wird:

$$U_1 = L_1 s I_1 - M's\, I_2$$
$$U_2 = M's\, I_1 - L_2 s I_2$$

$$M' = +|M| \quad .$$

Dies ist das Gleichungssystem in der gewünschten Form. ▮

In Gl. (2.5) sind die Spannungen als Funktion der Ströme dargestellt. Im umgekehrten Fall

$$\underline{I} = \underline{L}^{-1} \cdot \frac{1}{s}\,\underline{U} = \underline{\Gamma} \cdot \frac{1}{s}\,\underline{U} \tag{2.6}$$

bedarf es einer Auflösung des Gleichungssystems (2.5) nach den
Strömen. Dabei tritt die Kehrmatrix $\underline{L}^{-1}$ auf, die man zweckmäßigerweise gesondert bezeichnet (Gamma):

$$\underline{L}^{-1} = \underline{\Gamma} \quad . \tag{2.7}$$

Gl. (2.6) läßt sich entsprechend ausführlich schreiben wie Gl.
(2.5b) oder (2.5c). Die Auflösung erfolgt nach der Cramerschen Regel, woraus sich auch die Regel für die Bildung der Kehrmatrix $\underline{\Gamma}$
ergibt. Für deren Elemente gilt

$$\Gamma_{ik} = \frac{|L_{ki}|}{|L|} \quad , \tag{2.8}$$

wobei $|L|$ die Determinante der Matrix $\underline{L}$ und $|L_{ki}|$ die zum Element
L_{ki} gehörende Adjunkte (Unterdeterminante einschließlich des Vor-
zeichens) ist. Man beachte die Vertauschung der Indizes! Diese
spielt hier jedoch keine Rolle, da wegen $L_{ki} = L_{ik}$ auch $\Gamma_{ki} = \Gamma_{ik}$
ist.

Man nennt die L_{ik} Induktivitätskoeffizienten, $\underline{L}$ ist die Induktivitätsmatrix. Entsprechend heißen die Γ_{ik} reziproke Induktivitätskoeffizienten und $\underline{\Gamma}$ reziproke Induktivitätsmatrix.

Für ungekoppelte Spulen verschwinden alle L_{ik} und Γ_{ik} für $i \neq k$, die Matrizen $\underline{L}$ und $\underline{\Gamma}$ werden zu Diagonalmatrizen, und für diesen Fall wird $\Gamma_{ii} = 1/L_{ii}$, d.h. die reziproken Induktivitätskoeffizienten sind in diesem Fall die Kehrwerte der Selbstinduktivitäten.

Für streuungsfrei gekoppelte Spulen ist $L_{ik} = \sqrt{L_{ii} L_{kk}}$. In diesem Fall ist die Induktivitätsmatrix $\underline{L}$ singulär, d.h. ihre Determinante verschwindet, und die Kehrmatrix $\underline{\Gamma}$ existiert nicht. Eine Auflösung nach den Strömen ist nicht mehr möglich. Dieser Fall ist nur theoretisch denkbar, praktisch jedoch nicht zu realisieren. Gleichwohl werden streuungsfreie und ideale Übertrager (unendlich große Induktivitäten) bei theoretischen Überlegungen und näherungsweisen Berechnungen sehr oft verwendet.

Beispiel 2.3

Für einen Übertrager gilt mit $L_{11} = L_1$; $L_{22} = L_2$; $L_{12} = L_{21} = M$:

$$U_1 = L_1 s I_1 + M s I_2$$
$$U_2 = M s I_1 + L_2 s I_2 \quad . \tag{*}$$

Das Vorzeichen des Zahlenwertes von M interessiert hier nicht. Aus der Induktivitätsmatrix und deren Determinante

$$\underline{L} = \begin{pmatrix} L_1 & M \\ M & L_2 \end{pmatrix} ; \quad |L| = L_1 L_2 - M^2$$

folgt die reziproke Induktivitätsmatrix

$$\underline{\Gamma} = \frac{1}{|L|} \begin{pmatrix} L_2 & -M \\ -M & L_1 \end{pmatrix} ,$$

und damit

$$I_1 = \frac{L_2}{|L|} \frac{1}{s} U_1 - \frac{M}{|L|} \frac{1}{s} U_2$$

$$I_2 = -\frac{M}{|L|} \frac{1}{s} U_1 + \frac{L_1}{|L|} \frac{1}{s} U_2 \quad .$$

Für ungekoppelte Spulen wird $M = 0$, $\Gamma_{11} = \frac{1}{L_1}$, $\Gamma_{22} = \frac{1}{L_2}$ und $\Gamma_{12} = \Gamma_{21} = 0$.

Für streuungsfrei gekoppelte Spulen wird $M = \sqrt{L_1 L_2}$. Es ergibt sich dann aus dem Gleichungssystem (*) das sog. Übersetzungsverhältnis $U_1/U_2 = \sqrt{L_1/L_2}$ des Übertragers, dessen Zahlenwert das gleiche Vorzeichen wie der Zahlenwert der Gegeninduktivität hat. Eine Auflösung nach den Strömen ist unmöglich, da die Determinante verschwindet. Man kann lediglich aus der Gleichung (*)

$$I_1 = \frac{U_1}{L_1 s} - \sqrt{\frac{L_2}{L_1}} I_2 \qquad\qquad (**)$$

angeben. Geht man jedoch vom streuungsfreien Übertrager zum i d e - a l e n Ü b e r t r a g e r über, bei dem alle Induktivitäten gegen Unendlich gehen, so fällt das erste Glied der Gleichung (**) weg, und man erhält für die Ströme das Übersetzungsverhältnis $I_1/I_2 = -\sqrt{L_2/L_1} = -U_2/U_1$. ∎

2.2.3. Aktive Netzwerkselemente

2.2.3.1. Unabhängige und gesteuerte Quellen. Die aktiven Elemente mit ihren wichtigsten Eigenschaften sind in Tab. 2.2 zusammengestellt.

Eine Quelle kann grundsätzlich entweder als Spannungsquelle (Leerlaufspannung U_q, Innenwiderstand Z_q) oder als Stromquelle (Kurzschlußstrom I_q, Innenleitwert Y_q) dargestellt werden.

Tabelle 2.2. Aktive Netzwerkselemente

Element	Strom-, Spannungs-Beziehungen	Eigenschaften
	$U=U_q-Z_q I$ $I=I_q-Y_q U$ $\left\{ \begin{array}{l} U_q=Z_q I_q \\ I_q=Y_q U_q \end{array}\right.$ $Z_q=\dfrac{1}{Y_q}=\dfrac{U_q}{I_q}$	"ideale" Spannungs-quelle: $Z_q=0$ "ideale" Strom-quelle: $Y_q=0$
Unabhängige Quellen	U_q und I_q als unabhängige Variable gegeben (d.h. nicht von U_1 oder I_1 abhängig)	
Gesteuerte (abhängige) Quellen	$U_q = \mu U_1$ spannungsgesteuerte ————— Spannungsquelle	linear
	$U_q = \rho I_1$ stromgesteuerte	aktiv
	$I_q = \gamma U_1$ spannungsgesteuerte ————— Stromquelle	nicht umkehrbar
	$I_q = \alpha I_1$ stromgesteuerte	zeitunabhängig

Beide Darstellungen sind ä q u i v a l e n t und können je nach Zweck-mäßigkeit ineinander umgewandelt werden.

Bezieht man Z_q oder Y_q in das übrige passive Netzwerk ein, so bleiben i d e a l e Q u e l l e n mit $Z_q = 0$ bzw. $Y_q = 0$ übrig. Dies wird in der Netzwerkanalyse oft getan.

Bei den u n a b h ä n g i g e n Q u e l l e n sind Leerlaufspannung und Kurzschlußstrom gegebene Funktionen der Zeit. Sie stellen die E r - r e g u n g des Netzwerks dar.

Bei den g e s t e u e r t e n Q u e l l e n hängen Leerlaufspannung und Kurzschlußstrom von Spannung oder Strom in irgendeinem anderen Teil des Netzwerks ab. Diese Quellen sind die aktiven Elemente (z.B. Verstärker) im Netzwerk. In der Form, wie sie in Tab. 2.2 aufgeführt sind, sind sie l i n e a r. Für konstante Steuerkoeffizienten μ, ρ, γ und α sind sie z e i t u n a b h ä n g i g. Netzwerke mit gesteuerten Quellen sind jedoch, von Sonderfällen abgesehen, n i c h t u m k e h r b a r (vgl. Abschnitt 1.2.3.).

2.2.3.2. Darstellung gekoppelter Spulen mit Hilfe von gesteuerten Quellen. Für die Netzwerkanalyse empfiehlt es sich, die Kopplung zwischen Spulen durch gesteuerte Quellen zu ersetzen. Man hat dann außer den passiven Elementen R, C und L lediglich noch gesteuerte Quellen zu berücksichtigen, von denen möglicherweise ohnehin schon einige im Netzwerk enthalten sind. Die Darstellung erfolgt am Beispiel der drei gekoppelten Spulen nach Gl. (2.5) und Gl. (2.6).

Der Zusammenhang Gl. (2.5) läßt sich durch Bild 2.3 ausdrücken.

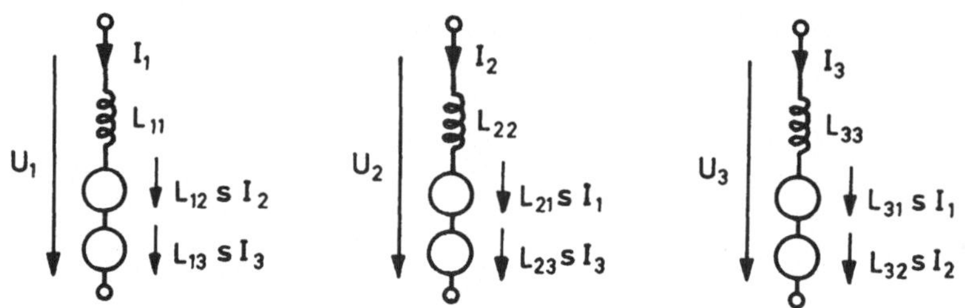

Bild 2.3. Kopplungen durch stromgesteuerte
Spannungsquellen ersetzt

Die Zweige enthalten die Selbstinduktivitäten L_{ii} *, sind jedoch n i c h t m e h r miteinander gekoppelt, da die Kopplungen durch stromgesteuerte Spannungsquellen ersetzt wurden. Der Zusammenhang Gl. (2.6), d.h. die Auflösung der Gl. (2.5) nach den Strömen, läßt sich entsprechend durch Bild 2.4 ausdrücken. Die Zweige enthalten

---

* auch Leerlauf-Induktiväten genannt, da sie an einem Klemmenpaar genau dann auftreten, wenn alle anderen Klemmenpaare leerlaufen ($I = 0$).

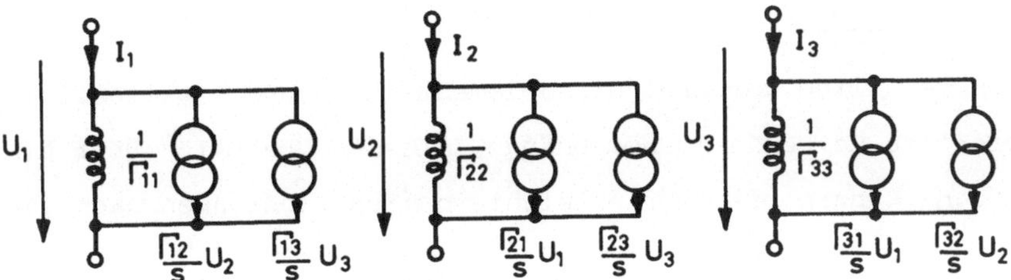

Bild 2.4. Kopplungen durch spannungsgesteuerte
Stromquellen ersetzt

die Induktivitäten $1/\Gamma_{ii}$ *, und sind ebenfalls n i c h t   m e h r
untereinander gekoppelt, da die Kopplungen durch spannungsgesteuerte Stromquellen ersetzt wurden.

Beispiel 2.4

Für den Übertrager aus Beispiel 2.3 sind damit folgende äquivalente Darstellungen möglich:

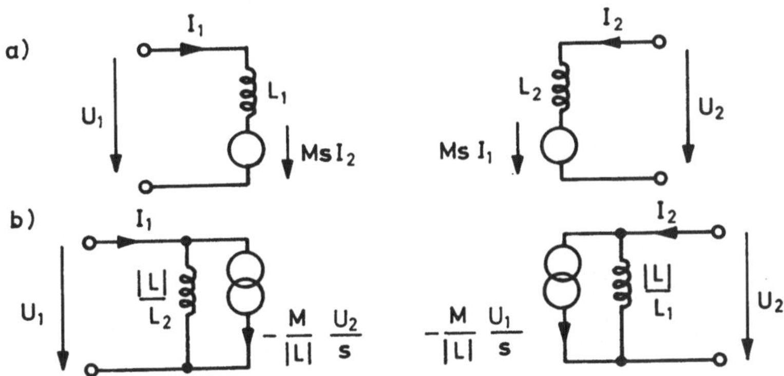

Durch die Verwendung gesteuerter Quellen wird ein System gekoppelter Spulen keinesfalls zu einem aktiven System; es bleibt stets
passiv und verlustfrei im Sinne des Abschnittes 1.2.2. Auch die
Umkehrbarkeit nach Abschnitt 1.2.3. bleibt wegen $L_{ik} = L_{ki}$ und
$\Gamma_{ik} = \Gamma_{ki}$ trotz Verwendung aktiver Elemente erhalten. Die gesteuerten Quellen dienen hier lediglich als Hilfsmittel für die Analyse
komplizierterer Netzwerke mit gekoppelten Spulen.

---

* auch Kurzschluß-Induktivitäten genannt, da sie an einem Klemmenpaar genau dann auftreten, wenn alle anderen Klemmenpaare
kurzgeschlossen sind $(U = 0)$.

2.2.4. Übersicht

Für das Verhalten der drei Grundelemente R, C und L gelten folgende leicht zu merkende Zusammenhänge, die den Überblick über einfache Schaltungen oft sehr erleichtern (Zählrichtungen nach Tab. 2.1):

a) Widerstand: $u = Ri$. Spannung und Strom sind einander stets proportional.

b) Kondensator: $i = C \frac{du}{dt}$. Die Spannung am Kondensator kann nicht springen, da hierzu ein (nur theoretisch denkbarer) unendlich hoher Strom erforderlich wäre. Gegenüber sprunghaften Änderungen der Spannung verhält sich demnach ein Kondensator im ersten Moment wie ein Kurzschluß.

c) Spule: $u = L \frac{di}{dt}$. Der Strom in der Spule kann nicht springen, da hierzu eine (nur theoretisch denkbare) unendlich hohe Spannung erforderlich wäre. Gegenüber sprunghaften Änderungen des Stromes verhält sich demnach eine Spule im ersten Moment wie ein Leerlauf.

Bei gekoppelten Spulen gilt für die gespeicherte magnetische Energie nach Tab. 2.1:

$$2w_m = \underline{i}^T \underline{L}\, \underline{i} \quad , \tag{2.9}$$

wobei $\underline{i}$ ein Spaltenvektor nach Gl. (1.1) und $\underline{i}^T$ der transponierte (Zeilen und Spalten vertauscht) Spaltenvektor, d.h. ein Zeilenvektor ist:

$$\underline{i}^T = (i_1,\ i_2 \ldots i_n) \quad . \tag{2.10}$$

Explizit lautet Gl. (2.9) damit:

$$2w_m = (i_1, i_2 \ldots i_n)
\begin{pmatrix}
L_{11} & L_{12} & \cdots & L_{1n} \\
L_{21} & & & \vdots \\
\vdots & & & \vdots \\
L_{n1} & \cdots & \cdots & L_{nn}
\end{pmatrix}
\begin{pmatrix}
i_1 \\ i_2 \\ \vdots \\ i_n
\end{pmatrix} \quad . \tag{2.11}$$

Man nennt dies eine quadratische Form, da die Variablen stets
nur in Produkten zu zwei Faktoren vorkommen. So ergibt sich z.B.
für drei gekoppelte Spulen:

$$2w_m = L_{11}\,i_1^{\,2} + L_{12}i_1i_2 + L_{13}\,i_1i_3 +$$
$$+ L_{21}\,i_2i_1 + L_{22}i_2^{\,2} + L_{23}\,i_2i_3 +$$
$$+ L_{31}\,i_3i_1 + L_{32}i_3i_2 + L_{33}i_3^{\,2} \quad .$$

Die gespeicherte magnetische Energie kann niemals negativ werden;
sie muß für beliebige Stromvektoren $\underline{i}$ stets größer oder gleich
Null sein. Das bedeutet, daß die quadratische Form Gl. (2.11) und
damit deren Matrix p o s i t i v s e m i d e f i n i t sein muß [z.B. 8,
S. 257; 9, S. 134]. Kriterien für definite Matrizen sind im Kapitel 13 erwähnt. Die Induktivitätsmatrix praktisch realisierbarer
Systeme ist (abgesehen vom Trivialfall verschwindender Induktivitäten) stets positiv definit, d.h. die magnetische Energie ist
stets positiv. Eine notwendige Bedingung für eine positiv definite Matrix ist, daß sie nichtsingulär ist, d.h. daß ihre Determinante nicht verschwinden darf. Im theoretischen Grenzfall der
streuungsfreien Kopplung (vgl. Abschnitt 2.2.2.2.) verschwindet
die Determinante; die Induktivitätsmatrix wird semidefinit. Die
gespeicherte magnetische Energie kann auch Null, jedoch nicht negativ werden.

Beispiel 2.5

Für die magnetische Energie des Übertragers aus Beispiel 2.3
folgt mit Gl. (2.9):

$$2w_m = L_1 i_1^{\,2} + 2Mi_1 i_2 + L_2 i_2^{\,2} \quad .$$

Bei realisierbaren Übertragern muß die Induktivitätsmatrix positiv
definit sein (vgl. Kapitel 13):

$$L_1 > 0 \; ; \; L_2 > 0 \; ; \; L_1 L_2 - M^2 > 0 \quad .$$

Es muß also stets die Gegeninduktivität $M^2 < L_1 L_2$ sein, d.h. für den sog. Kopplungsfaktor $k = M/\sqrt{L_1 L_2}$ muß stets $|k| < 1$ gelten. Im Grenzfall der streuungsfreien Kopplung wird gerade $M^2 = L_1 L_2$ oder $|k| = 1$; die Matrix wird semidefinit. ∎

Die gespeicherte magnetische Energie läßt sich auch aus den magnetischen Flüssen Ψ und der reziproken Induktivitätsmatrix nach Gl. (2.7) mit Hilfe der wenig gebräuchlichen Formel

$$2w_m = \underline{\Psi}^T \; \underline{\Gamma} \; \underline{\Psi} \tag{2.12}$$

berechnen.

Ein Analogon zu den gekoppelten Spulen gibt es zwar auch bei Kondensatoren; solche Anordnungen brauchen jedoch nicht getrennt betrachtet zu werden. Sie lassen sich stets durch eine entsprechende Anzahl von positiven Einzelkondensatoren ersetzen und realisieren, während eine entsprechende Ersatzschaltung für gekoppelte Spulen teilweise aus Spulen mit negativer Selbstinduktivität bestehen müßte. Für die in Kondensatoren gespeicherte elektrische Energie ist daher stets die einfache Beziehung nach Tab.2.1 verwendbar, wobei man die elektrische Energie auch durch die Ladung q ausdrücken kann:

$$2w_e = Cu^2 = \frac{1}{C} q^2 \quad . \tag{2.13}$$

2.3. Berechnungsgrundlagen

2.3.1. Kirchhoffsche Regeln

Grundlage aller Netzwerksberechnungen sind, neben den in Tab. 2.1 angegebenen Beziehungen zwischen Strom und Spannung an den Bauelementen, die beiden Kirchhoffschen Regeln:

a) Kirchhoffsche Spannungsregel (Schleifenregel):

$$\sum_{i=1}^{n} U_i = 0 \quad ,$$

$$\text{d.h. } U_1 - U_2 - U_3 \ldots + U_n = 0 \quad . \tag{2.14}$$

Die Summe der Spannungen entlang eines beliebigen geschlossenen
Weges (Schleife) ist Null. Dabei sind die durch willkürliche Zählrichtungen festzulegenden Spannungen mit unterschiedlichen Vorzeichen einzusetzen, je nachdem, ob sie in Richtung oder in Gegen-
richtung zu dem willkürlichen Umlaufsinn liegen.

b) Kirchhoffsche Stromregel (Knotenregel):

$$\sum_{i=1}^{n} I_i = 0 \quad ,$$

$$\text{d.h. } I_1 - I_2 + I_3 \ldots - I_n = 0 \quad . \tag{2.15}$$

Die Summe der Ströme in einem Verzweigungspunkt (Knoten) ist Null.
Dabei sind die durch willkürliche Zählrichtungen festzulegenden
Ströme mit unterschiedlichen Vorzeichen einzusetzen, je nachdem,
ob sie zu- oder abfließen.

Mit diesen Regeln lassen sich Netzwerke einfacher Struktur unmittelbar berechnen.

Beispiel 2.6

Gegeben seien der Strom I_q und die Spannung U_q, gesucht ist der
Strom I und die Spannung U.

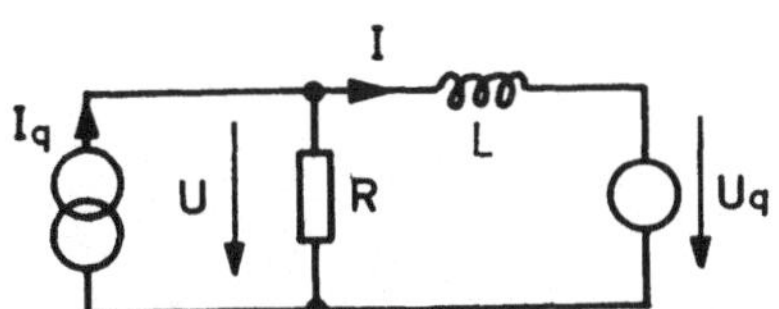

Aus der Spannungsregel folgt: $LsI + U_q - U = 0$.

Aus der Stromregel folgt: $I_q - \dfrac{U}{R} - I = 0$.

Aus diesen beiden Gleichungen lassen sich I und U berechnen. ∎

2.3.2. Umwandlung der Quellen

Die Berechnung komplizierter Netzwerke wird erleichtert, wenn - je nach verwendeter Methode - entweder nur Spannungsquellen oder nur Stromquellen vorhanden sind.

Bei unabhängigen Quellen läßt sich die Umwandlung leicht nach den in Tab. 2.2 angegebenen Beziehungen vornehmen.

Bei gesteuerten Quellen ist es zweckmäßig, entweder stromgesteuerte Spannungsquellen oder spannungsgesteuerte Stromquellen zu haben, d.h. nötigenfalls über die Strom - Spannungs-Beziehung im steuernden Zweig umzurechnen. Für gekoppelte Spulen verwendet man daher entweder die Darstellung nach Bild 2.3 oder die nach Bild 2.4.

Beispiel 2.7

a) In der Schaltung nach Beispiel 2.6 kann entweder die Strom- in eine Spannungsquelle oder die Spannungs- in eine Stromquelle verwandelt werden. Es entstehen dann folgende Darstellungen, die bezüglich der jeweils ungeänderten Restschaltung gleichwertig sind:

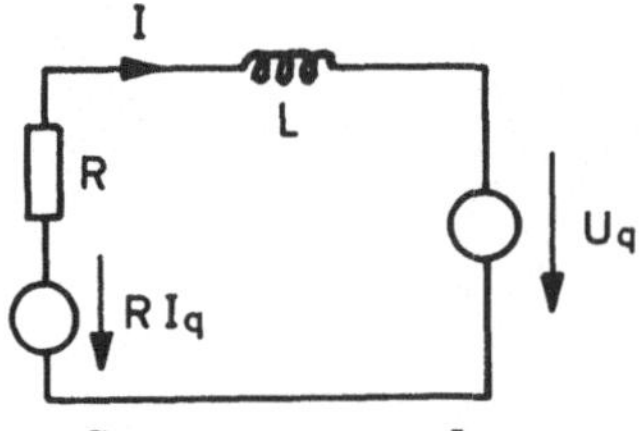

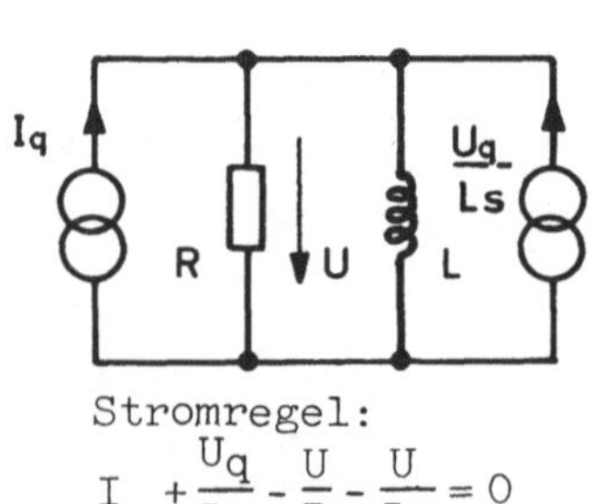

Spannungsregel:

$$LsI + U_q - RI_q + RI = 0 \; ,$$

daraus I .

Stromregel:

$$I_q + \dfrac{U_q}{Ls} - \dfrac{U}{R} - \dfrac{U}{Ls} = 0 \; ,$$

daraus U .

b) Ist nach Tab. 2.2 eine spannungsgesteuerte Spannungsquelle U_q = μU_1 gegeben, so kann man sie mit $U_1 = Z_1 I_1$ in die gewünschte stromgesteuerte Spannungsquelle $U_q = \mu Z_1 I_1$ umwandeln. Entsprechend kann $I_q = \alpha I_1$ in $I_q = \dfrac{\alpha}{Z_1} U_1$ umgewandelt werden.   ■

Die Umwandlung zwischen Spannungs- und Stromquellen nach Tab. 2.2 und Beispiel 2.7a ist nur dann direkt möglich, wenn in Reihe zur Spannungsquelle und parallel zur Stromquelle ein Bauelement vorhanden ist, das man bei der Umwandlung als Innenwiderstand betrachten kann. Ideale Quellen mit $Z_q = 0$ bzw. $Y_q = 0$ lassen sich nicht ineinander umwandeln, da die Ersatzgrößen dabei nicht mehr endlich bleiben.

Treten solche idealen Quellen allein für sich in einem Zweig eines Netzwerkes auf, so müssen sie erst verlegt werden, bevor eine Umwandlung möglich wird. Dies ist in Bild 2.5 für eine Spannungs- und eine Stromquelle gezeigt.

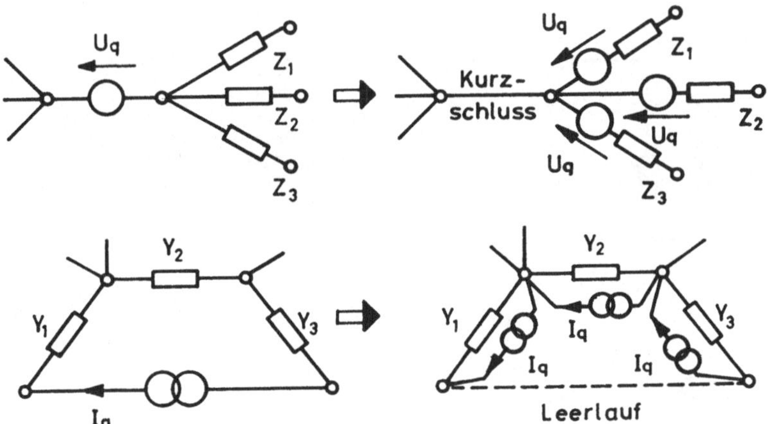

Bild 2.5. Verlegen idealer Spannungs- und Stromquellen

Nach dieser Verlegung, durch die an den Verhältnissen im übrigen Netzwerk nichts geändert wird, ist die Umwandlung leicht möglich.

Schließlich ist noch zu erwähnen, daß Bauelemente parallel zu
i d e a l e n Spannungsquellen und in Reihe zu i d e a l e n Stromquellen ohne Konsequenzen für das übrige Netzwerk weggelassen
werden können (Bild 2.6):

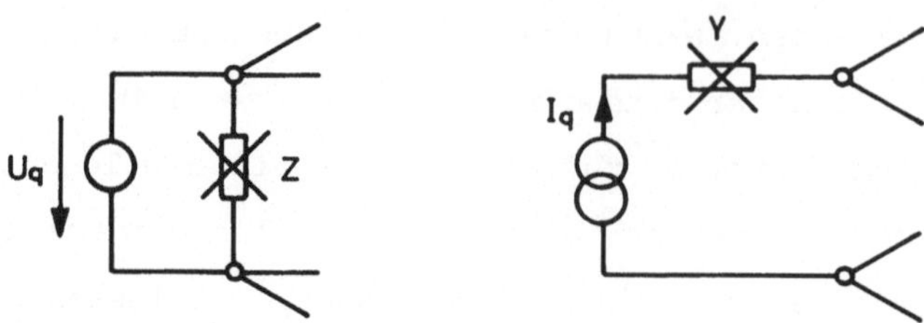

Bild 2.6. Weglassen von Elementen bei idealen Quellen

Beispiel 2.8

a) Verlegen einer idealen Spannungsquelle und Umwandeln in Stromquellen:

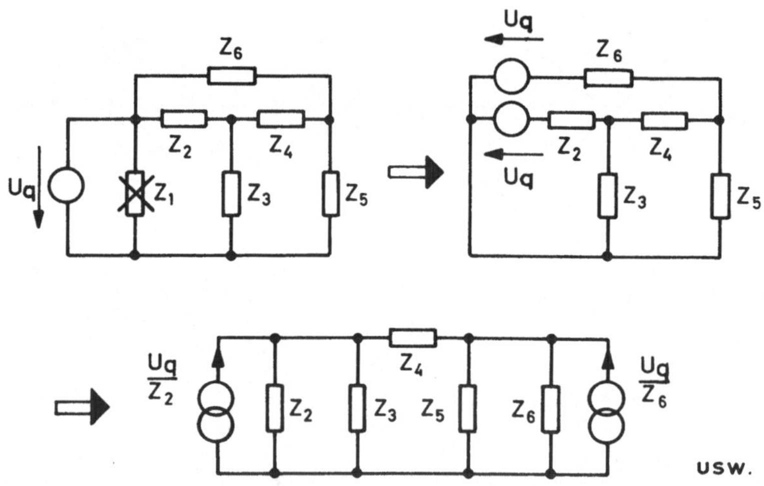

Z_1 kann weggelassen werden, da es parallel zur idealen Spannungsquelle liegt. Durch Zusammenfassen von Bauelementen und weitere
Umwandlungen läßt sich das Netzwerk bei Bedarf weiter vereinfachen.

b) Verlegen einer idealen Stromquelle und Umwandeln in Spannungsquellen:

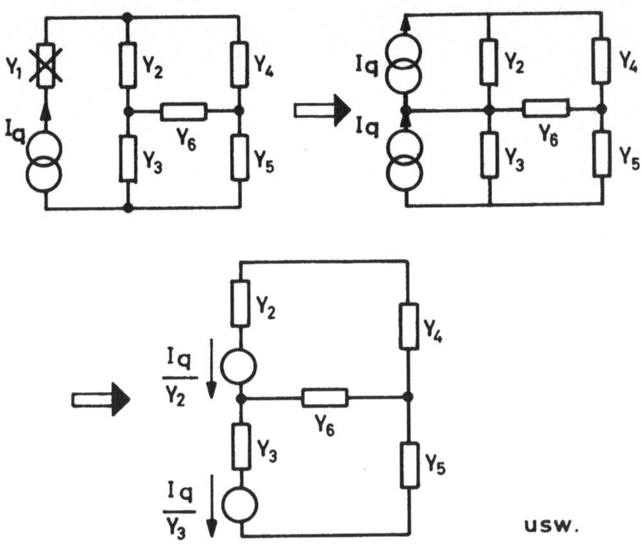

Hier kann Y_1 weggelassen werden, da es in Reihe zu einer idealen
Stromquelle liegt. Auch hier sind bei Bedarf weitere Vereinfachungen möglich. ∎

Bei den folgenden Netzwerksberechnungen wird vorausgesetzt, daß

    entweder nur Spannungsquellen (unabhängige oder s t r o m -
    gesteuerte)
    oder nur Stromquellen (unabhängige oder s p a n n u n g s -
    gesteuerte)

im Netzwerk enthalten sind.

2.4. Zusammenfassung

Physikalische Netzwerke bedürfen zu ihrer mathematischen Behandlung der Reduktion auf ein Modell, das sich aus wenigen Typen von

Grundelementen zusammensetzt. Dies ist eine notwendige Idealisie-
rung. Die hier betrachteten Netzwerke enthalten konzentrierte Elemente vom Typ

    Widerstand R

    Kondensator C

    Spule L .

Neben diesen passiven Elementen kommen noch die aktiven Elemente

    unabhängige Quellen

    gesteuerte Quellen

vor, die sowohl Spannungs- oder Stromquellen sein können und die
von einer Spannung oder einem Strom gesteuert werden. Gekoppelte
Spulen lassen sich mit Hilfe gesteuerter Quellen auf einfache
Elemente zurückführen.

Die genannten Grundelemente kann man durch eine geeignete Formel-
sprache sehr einfach beschreiben. Besonders wichtig ist dabei der
Parameter s, durch den gewöhnliche Differentialgleichungen in algebraische Gleichungen umgewandelt werden. Diese Tatsache spielt
später bei der Lösung der Netzwerksgleichungen mit der Laplace-
Transformation eine große Rolle.

Sobald die Strom-Spannungs-Beziehungen für die einzelnen Elemente
bekannt sind, bedarf man zur Berechnung einer beliebig komplizierten Zusammeschaltung lediglich noch der beiden Kirchhoffschen
Regeln:

    Spannungsregel (Schleifenregel)

    Stromregel (Knotenregel).

Die Berechnung wird einfacher, wenn nicht alle Typen von Netz-
werkselementen vorhanden sind. Bei den passiven Elementen muß man
die gegebene Typenzahl hinnehmen. Aktive Elemente lassen sich

jedoch ineinander umwandeln und dadurch in ihrer Typenzahl reduzieren.

Das folgende Kapitel befaßt sich mit der Untersuchung der Struktur
eines Netzwerkes und den daraus folgenden Vorschriften für die
sinnvolle Anwendung der Kirchhoffschen Regeln.

3. Struktur des Netzwerkes und Anzahl der Variablen

Bei komplizierten Netzwerken ist nicht ohne weiteres zu erkennen, in welcher Weise die Kirchhoffschen Regeln anzuwenden sind, damit ein möglichst geringer Aufwand zur Berechnung aller interessierenden Größen führt. Durch zielloses Probieren riskiert man langwieriges Suchen und triviale Ergebnisse. Durch Berücksichtigen der Struktur des Netzwerkes läßt sich der Lösungsansatz systematisieren.

3.1. Topologische Beschreibung

Topologie ist die Lehre von der Lage und Anordnung geometrischer Gebilde im Raum. Ersetzt man in der zeichnerischen Darstellung die Elemente eines Netzwerkes durch einfache Linien, so ergibt sich der sog. G r a p h des Netzwerks. Er besteht aus einer Anzahl von Zweigen, die über Knoten verbunden sind und damit eine Anzahl von Maschen bilden, stellt also ein Skelett des Netzwerks dar (Bild 3.1a)* Während man unter einer Schleife einen beliebigen geschlossenen Weg im Graphen versteht, stellt eine Masche die einfachste Schleife dar, die von keinen anderen Zweigen durchkreuzt wird.

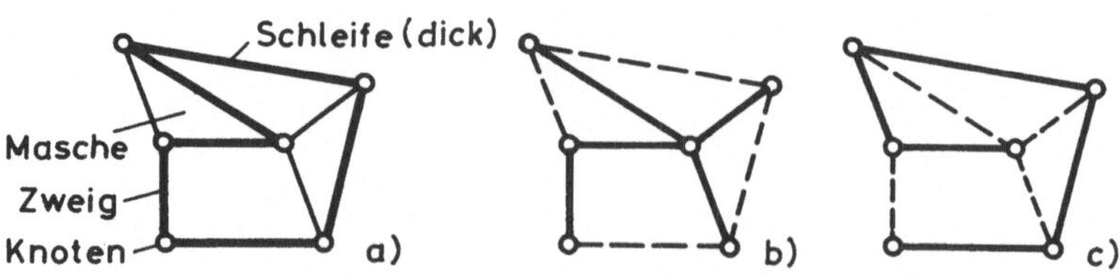

Bild 3.1. Beispiel für einen Graph

---

* Ideale Spannungsquellen faßt man dabei als Kurzschluß, ideale Stromquellen als Leerlauf auf.

Ein Graph enthält

    z Zweige;   k Knoten

in gegebener Anordnung; hier ist $z = 9$ und $k = 6$. Die Topologie befaßt sich nur mit denjenigen Eigenschaften eines Gebildes, die
bei sog. homöomorpher (gleichgestaltiger) Transformation unverändert bleiben, die sich also beim **Dehnen,** Stauchen, Drehen und Ver-
winden nicht ändern. Hier betrifft das die Zahl der Knoten und
ihre Verbindung durch Zweige, nicht jedoch die Konfiguration des
Graphen und die Länge der Zweige. So sind z.B. die drei Graphen
in Bild 3.2 topologisch völlig identisch:

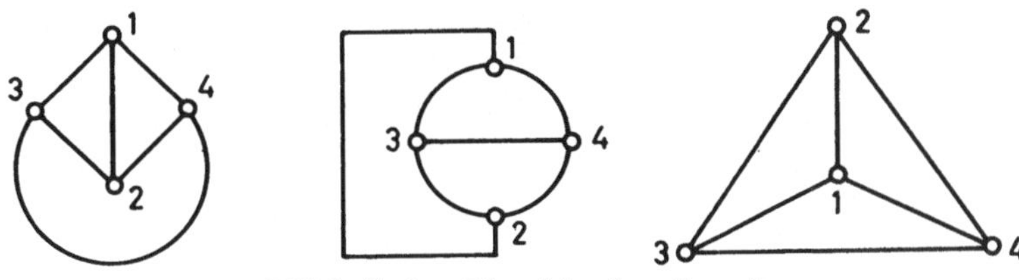

Bild 3.2. Identische Graphen

Aus einem Graphen entsteht ein T e i l g r a p h durch Entfernen von
Zweigen. Ein für die Netzwerksberechnungen wichtiger Teilgraph
ist der B a u m (Bild 3.1b und c). Er enthält alle Knoten des ursprünglichen Graphen, die auch noch alle miteinander verbunden
sind, jedoch so, daß keine geschlossenen Schleifen mehr auftreten.
Es gibt i.a. viele mögliche Bäume zu einem Graphen. Die entfern-
ten Zweige (gestrichelt in Bild 3.1) nennt man G l i e d e r .

Die Anzahl b der Zweige eines Baumes beträgt

$$b = k - 1 \quad , \tag{3.1}$$

die Anzahl g der Glieder

$$g = z - b = z - k + 1 \quad . \tag{3.2}$$

Für Bild 3.1 ist damit $b = 5$ und $g = 4$.

Man nennt einen Graphen e b e n (planar), wenn er sich in einer
Ebene ohne Überkreuzung von Zweigen zeichnen läßt. Andernfalls
spricht man von einem n i c h t e b e n e n Graphen. In Bild 3.3 ist
ein nichtebener Graph, ein sog. vollständiges Fünfeck,dargestellt.
Das vollständige Viereck nach Bild 3.2 ist dagegen noch eben.

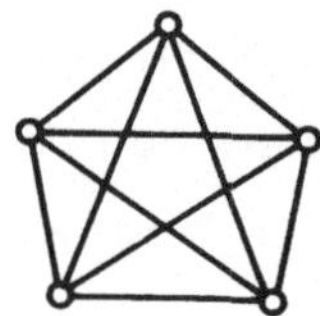

Bild 3.3. Nichtebener Graph

Zu einem Netzwerk mit ebenem Graphen läßt sich stets ein d u a -
l e s Netzwerk angeben [5, S.78; 7, S.42; 10, S.444].

Beispiel 3.1

Zwei Netzwerke mit den zugehörigen Graphen, Bäumen und Gliedern.

a)

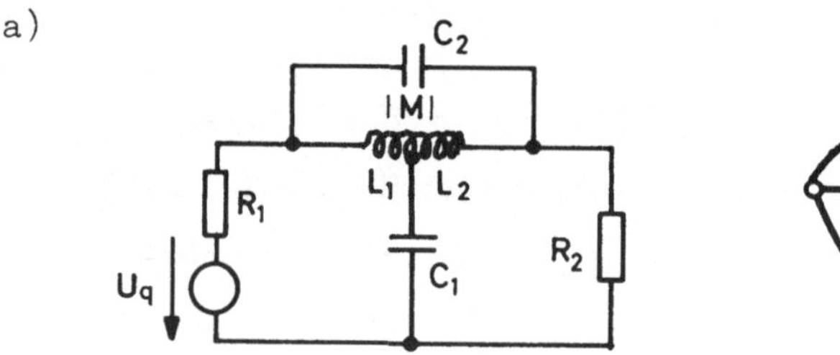

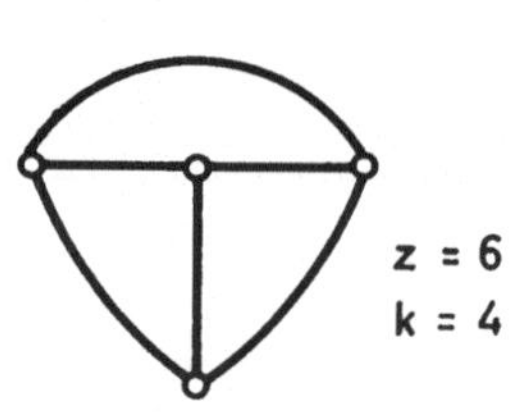

Drei Beispiele aus den insgesamt 16 möglichen Bäumen:

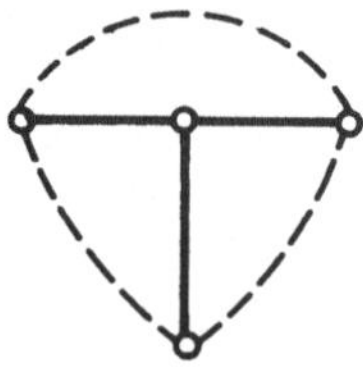 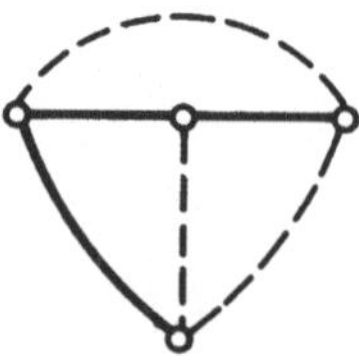 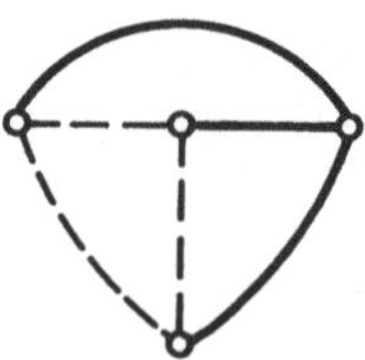

Nach Gl.(3.1) und (3.2) ist b = 3 und g = 3   .

b)

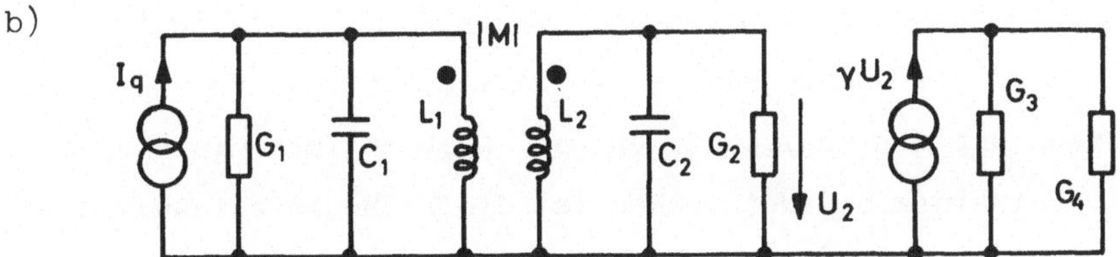

Der Graph zerfällt in mehrere Teile, die lediglich in einem Knoten zusammenhängen.

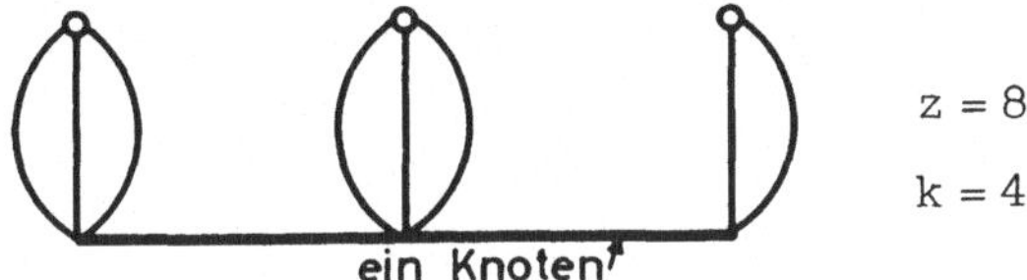

Ein möglicher Baum ist z.B.:

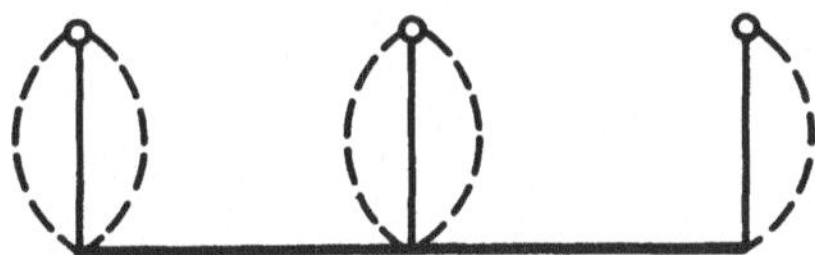

Nach Gl. (3.1) und (3.2) ist $b = 3$ und $g = 5$.

3.2. Anzahl der Variablen

Zur vollständigen Beschreibung eines Netzwerkes mit z Zweigen
ist die Kenntnis aller Zweigströme und Zweigspannungen erforderlich. Es treten also zunächst 2 z Unbekannte auf. Mit Hilfe der
Strom-Spannungs-Beziehungen lassen sich z Unbekannte eliminieren,
so daß z Unbekannte verbleiben, beispielsweise alle Zweigströme
oder alle Zweigspannungen. Hierfür ließen sich z Gleichungen mit
Hilfe der Schleifen- und Knotenregel angeben.

Diese Anzahl von Variablen ist meist größer als erforderlich. Das
entsprechende Gleichungssystem wäre dann nicht eindeutig lösbar,

da die Gleichungen z.T. voneinander a b h ä n g i g sind. Es ist
daher wichtig, die Unbekannten so zu wählen, daß man zur vollständigen Berechnung mit möglichst wenigen, unabhängigen Gleichungen
auskommt. Bei einfachen Netzwerken ist die Sache leicht zu beurteilen; bei komplizierten Strukturen hilft nur eine gewisse Syste-
matik. Zwei Möglichkéiten hierfür, die auf praktische und vielge-
brauchte Berechnungsverfahren führen, werden im Kapitel 4 behandelt. Als Vorbereitung dient die beschriebene Zerlegung des Graphen in Baum und Glieder (Bild 3.4):

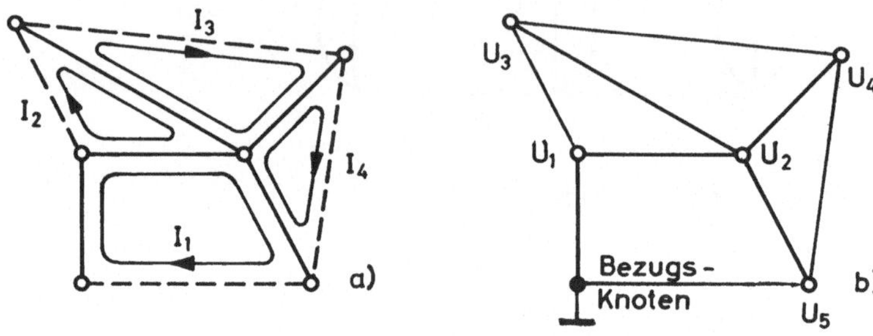

Bild 3.4. Schleifenströme und Knotenspannungen

a) Denkt man sich in jedem Glied eines Graphen einen Strom
$I_1 \dots I_4$ fließen (Bild 3.4a), der sich über den Baum schließt,
so sieht man, daß für jeden Strom eine eindeutige Schleife zur
Verfügung steht, weil der Baum selbst keine geschlossenen Schleifen hat. Man nennt daher die Gliedströme auch Schleifenströme.
Sind diese bekannt, so sind damit auch alle Zweigströme als Line-
arkombinationen aus den Schleifenströmen angebbar.

Satz 3.1: Die in den Gliedern eines Netzwerkes fließenden
Schleifenströme sind ein geeigneter Satz von Unbekannten
zur vollständigen Berechnung des Netzwerkes. Die Anzahl der
Unbekannten und auch der Gleichungen ist gleich der Anzahl
der Glieder nach Gl.(3.2). Das dazugehörige Berechnungsverfahren nennt man S c h l e i f e n a n a l y s e.

b) Kennt man die K n o t e n s p a n n u n g e n eines Netzwerkes, d.h.
die Spannungen $U_1 \dots U_5$ eines jeden Knotens gegenüber einem Be-

zugsknoten (Bild 3.4b, Zählpfeile alle auf Bezugsknoten gerichtet
zu denken), so sind damit auch alle Zweigspannungen als Differenz
zweier Knotenspannungen angebbar.

> Satz 3.2: Die K n o t e n s p a n n u n g e n eines Netzwerkes,
> d.h. die Spannungen aller Knoten gegenüber einem willkür-
> lich wählbaren Bezugsknoten, sind ein geeigneter Satz von
> Unbekannten zur vollständigen Berechnung eines Netzwerkes.
> Die Anzahl der Unbekannten und der Gleichungen ist gleich
> der Anzahl der Zweige des Baumes nach Gl.(3.1). Das dazuge-
> hörige Berechnungsverfahren nennt man K n o t e n a n a l y s e .

Bei der Knotenanalyse ist eine Unterteilung des Graphen in Baum
und Glieder nicht erforderlich, es sei denn, man will die Anzahl
der erforderlichen Gleichungen gegenüber der Schleifenanalyse beurteilen.

Beispiel 3.2

Für das Netzwerk in Beispiel 3.1a lassen sich die Unbekannten auf
verschiedene Art ansetzen. Für die Schleifenanalyse gilt je nach
dem gewählten Baum:

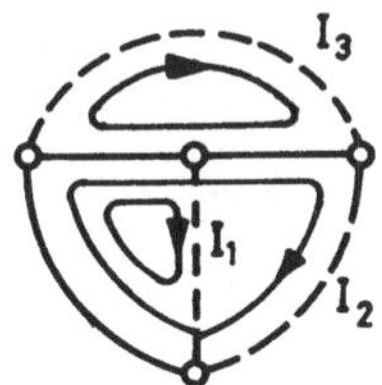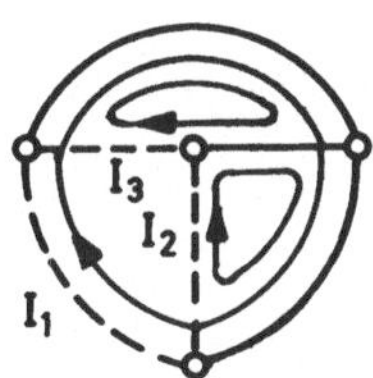

Im ersten Fall sind alle Schleifenströme gleichzeitig auch Maschen-
ströme.

Für die Knotenanalyse erfolgt der Ansatz je nach gewähltem Bezugsknoten (⏚):

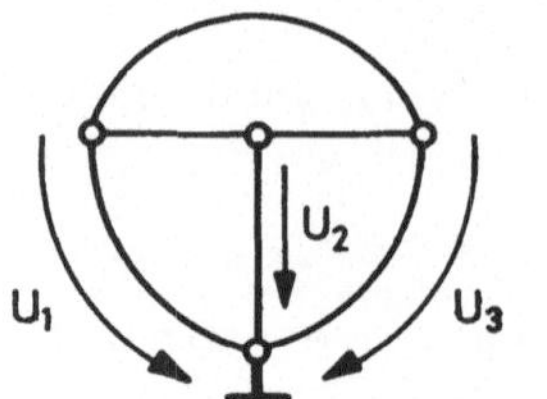 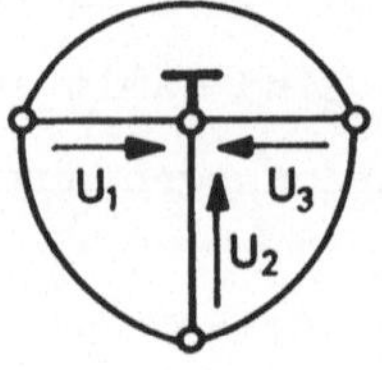

Im Beispiel 3.1b sind entsprechend entweder 5 Schleifenströme oder 3 Knotenspannungen einzuführen.   ■

Man wählt von den vielen möglichen Ansätzen den zweckmäßigsten im Hinblick auf die gegebenen und gesuchten Größen.

3.3. Zusammenfassung

Eine sinnvolle Anwendung der Kirchhoffschen Regeln bei einem komplizierten Netzwerk ist nur dann möglich, wenn aus der Struktur des Netzwerkes ein geeigneter Satz von Unbekannten abgeleitet wird. Auf diese Weise kommt man mit minimalem Rechenaufwand zu dem gewünschten Ergebnis.

Von den vielen Möglichkeiten, die Variablen zu wählen, wurden hier lediglich zwei dargestellt. Durch Unterteilung des Graphen eines Netzwerks in einen Baum und die Glieder, wofür es mehrere Möglichkeiten gibt, findet man zwei Sätze von Unbekannten, nämlich

  die Schleifenströme

  die Knotenspannungen ,

die man wahlweise zur Berechnung verwenden kann. Die Entscheidung zwischen diesen beiden Sätzen kann z.B. nach der Anzahl der Unbekannten (und damit der zu lösenden Gleichungen) erfolgen.

Im folgenden Kapitel werden die dazugehörigen Analyseverfahren behandelt.

4. Analyseverfahren

Wie schon erwähnt, gibt es mehrere Möglichkeiten, einen geeigneten
Satz´ von Unbekannten und damit ein Analyseverfahren zu wählen
(vgl. z.B.[10, Kap.10 und 11]). Zwei Grundverfahren sind die
Schleifenanalyse (engl. "loop analysis") und die dazu duale
Schnittmengenanalyse (engl. "cut-set analysis"). Sie basieren beide auf der Zerlegung des Graphen in Baum und Glieder und lassen
sich auch bei nichtebenen Netzwerken anwenden. Abarten dieser Verfahren sind die Maschenanalyse (engl. "mesh analysis") und die dazu
duale Knotenanalyse (engl. "node analysis"). Bei diesen Verfahren
ist eine Zerlegung des Graphen in Baum und Glieder nicht erforderlich. Die Maschenanalyse läßt´ sich allerdings nur bei ebenen Netzwerken anwenden.

Wie in Kapitel 3 erwähnt, wird im folgenden die S c h l e i f e n -
a n a l y s e und die K n o t e n a n a l y s e behandelt, obwohl diese
Verfahren nicht dual zueinander sind. Die Schleifenanalyse wurde
gewählt, obwohl sie etwas komplizierter als die Maschenanalyse
ist, da sie auch die nichtebenen Netzwerke umfaßt. Bei ebenen
Netzwerken mag es vorteilhaft sein, mit der Maschenanalyse zu ar-
beiten, die zudem bei einfachen Netzwerken mit der Schleifenanalyse identisch sein kann, vgl. auch Beispiel 3.2. Bei der Maschenanalyse eines ebenen Netzwerkes wird ohne Rücksicht auf einen Baum
in jeder Masche ein Maschenstrom angesetzt und genau wie bei der
Schleifenanalyse verfahren. Bei den dualen Verfahren dagegen besteht keine Notwendigkeit, die kompliziertere und unanschauliche

Schnittmengenanalyse zu verwenden, da die Knotenanalyse ebenso
universell ist.

Ein weiteres Analyseverfahren bedient sich der sog. Z u s t a n d s -
v a r i a b l e n (engl. "state variables", vgl. z.B. [1, Kap.2, 3
u. 4; 10, Kap.12; 23, S.37 ff.]). Es eignet sich insbesondere für
zeitabhängige und nichtlineare Netzwerke sowie für die Analyse
mit Rechnern. Hierauf kann in diesem Rahmen nicht eingegangen werden. Bei Bedarf können jedoch die Zustandsgleichungen auch mit
Hilfe eines der beschriebenen Verfahren gewonnen werden.

4.1. Schleifenanalyse

Das Aufstellen der Netzwerksgleichungen geht in folgenden Schrit-
ten vor sich:

a) Man wandle alle Quellen in Spannungsquellen um. Gesteuerte
Quellen, einschließlich derer bei gekoppelten Spulen, sollen zudem stromgesteuert sein.

b) Man zeichne den Graphen, wähle einen Baum und die Glieder.

c) Man führe durch jedes der Glieder und die dazugehörige Schleife
einen Schleifenstrom I_i beliebiger Richtung ein.

d) Man drücke den Steuerstrom der gesteuerten Quellen in diesen
Schleifenströmen aus.

e) Man schreibe ebenso viele Gleichungen an, wie Schleifenströme
vorhanden sind, indem man für einen vollständigen Umlauf in Richtung eines jeden Schleifenstroms die Schleifenregel Gl.(2.14) anwendet und dabei die Spannungsabfälle an den passiven Elementen
mit Hilfe der Schleifenströme ausdrückt. Die Quellenspannungen
schreibt man mit entsprechend geänderten Zeichen auf die rechte
Seite. Das Gleichungssystem lautet dann:

$$\underline{Z}' \cdot \underline{I} = \underline{U} + \underline{\rho} \cdot \underline{I} \quad , \qquad (4.1a)$$

$$\begin{pmatrix} Z'_{11} & Z'_{12} \cdots Z'_{1g} \\ Z'_{21} & \\ \vdots & \\ Z'_{g1} & \cdots\cdots Z'_{gg} \end{pmatrix} \cdot \begin{pmatrix} I_1 \\ I_2 \\ \vdots \\ I_g \end{pmatrix} =$$

$$= \begin{pmatrix} U_1 \\ U_2 \\ \vdots \\ U_g \end{pmatrix} + \begin{pmatrix} \rho_{11} & \rho_{12} \cdots \rho_{1g} \\ \rho_{21} & \\ \vdots & \\ \rho_{g1} & \cdots\cdots \rho_{gg} \end{pmatrix} \cdot \begin{pmatrix} I_1 \\ I_2 \\ \vdots \\ I_g \end{pmatrix} \qquad (4.1b)$$

Die Zahl der Gleichungen ist gleich der Zahl der Glieder $g = z - k + 1$ nach Gl.(3.2). Darin bedeuten $(i = 1..g;\ k = 1...g)$:

I_i Schleifenstrom in Schleife i

Z'_{ik} von Schleifenstrom I_i und I_k gemeinsam durchflossene Impedanz, bei gleicher Stromrichtung mit positivem, andernfalls mit negativem Vorzeichen einzusetzen. Für $k = i$ wird

Z'_{ii} Summe der Impedanzen in Schleife i

U_i Summe der unabhängigen Quellenspannungen in Schleife i, g e g e n die Richtung des Schleifenstromes I_i positiv gezählt

ρ_{ik} Koeffizienten der Gleichung $\sum\limits_{k=1}^{g} \rho_{ik} I_k$, d.h. der Summe der gesteuerten Quellenspannungen in Schleife i, g e - g e n die Richtung des Schleifenstromes I_i positiv ge- zählt.

Gl.(4.1a) läßt sich umstellen und formal nach den g unbekannten Schleifenströmen I_i auflösen:

$$\underline{Z}' - \underline{\rho} \cdot \underline{I} = \underline{U} \quad .$$

Definiert man $\qquad \underline{Z}' - \rho = \underline{Z}$,   (4.2)

so wird: $\qquad \underline{Z} \cdot \underline{I} = \underline{U} \quad ; \quad \underline{I} = \underline{Z}^{-1} \cdot \underline{U}$.   (4.3)

Diese Gleichung entspricht formal dem Ohmschen Gesetz.

Die Anwendung läßt sich an einer herausgegriffenen Schleife
eines beliebigen Netzwerkes zeigen (Bild 4.1):

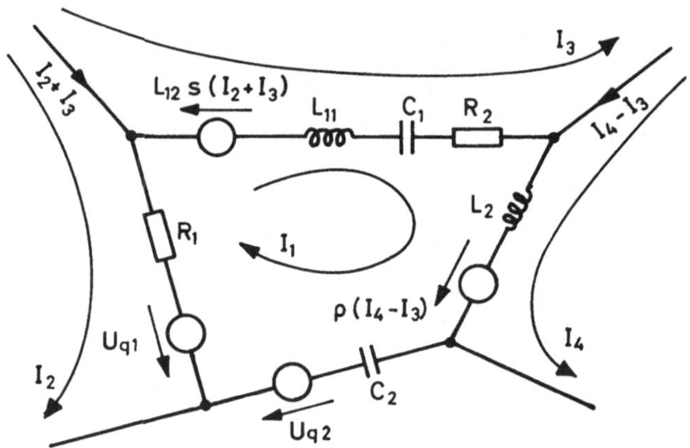

Bild 4.1. Beispiel für Schleifenanalyse

$$
\begin{pmatrix}
(R_1 + R_2) + (L_{11} + L_2)s + (\dfrac{1}{C_1} + \dfrac{1}{C_2})\dfrac{1}{s} & \vdots & -R_1 & \vdots & R_2 + L_{11}s + \dfrac{1}{C_1 s} & \vdots & L_2 s \\
\cdot & \vdots & \cdot & \vdots & \cdot & \vdots & \cdot \\
\cdot & \vdots & \cdot & \vdots & \cdot & \vdots & \cdot \\
\cdot & \vdots & \cdot & \vdots & \cdot & \vdots & \cdot
\end{pmatrix}
\cdot
\begin{pmatrix} I_1 \\ I_2 \\ I_3 \\ I_4 \end{pmatrix} =
$$

$$
=
\begin{pmatrix} U_{q1} - U_{q2} \\ \cdot \\ \cdot \\ \cdot \end{pmatrix}
+
\begin{pmatrix}
0 & \vdots & L_{12}s & \vdots & L_{12}s + \rho & \vdots & -\rho \\
\cdot & \vdots & \cdot & \vdots & \cdot & \vdots & \cdot \\
\cdot & \vdots & \cdot & \vdots & \cdot & \vdots & \cdot \\
\cdot & \vdots & \cdot & \vdots & \cdot & \vdots & \cdot
\end{pmatrix}
\cdot
\begin{pmatrix} I_1 \\ I_2 \\ I_3 \\ I_4 \end{pmatrix} .
\qquad (4.4)
$$

Das Beispiel zeigt lediglich das Aufstellen der ersten Zeile der
Gl.(4.1b), da das restliche Netzwerk in Bild 4.1 nicht gegeben ist.
Bei vollständig bekanntem Netzwerk ergeben sich die übrigen Zeilen
in analoger Weise.

Zum gleichen Ergebnis gelangt man auch ohne schematischen Ansatz der Gl.(4.1b), indem man direkt die Schleifenregel Gl.(2.14) auf Bild 4.1 anwendet:

$$- U_{q1} + R_1 (I_1 - I_2) - L_{12}s(I_2 + I_3) + (L_{11}s + \frac{1}{C_1 s} + R_2)\,(I_1 + I_3) +$$

$$+ L_2 s(I_1 + I_4) + \rho(I_4 - I_3) + \frac{1}{C_2 s}\,I_1 + U_{q2} = 0 \quad . \tag{4.5}$$

Ordnet man diese Gleichung, so ergibt sich die erste Zeile der Gl.(4.4). Das schematische Verfahren Gl.(4.1b) spart lediglich Zeit und erleichtert den systematischen Überblick.

Gl.(4.1) hat folgende Struktur: $\underline{Z}'$ ist die S c h l e i f e n i m p e - d a n z m a t r i x des p a s s i v e n k o p p l u n g s f r e i e n Netzwer- kes. Ein solches Netzwerk wäre durch diese Matrix bereits voll- ständig beschrieben. Treten Kopplungen und/oder aktive Elemente (gesteuerte Quellen) auf, so kommt noch die Matrix $\underline{\rho}$ der Steuer- koeffizienten hinzu. Das Netzwerk wird dann durch die Schleifen- impedanzmatrix $\underline{Z}$ entsprechend Gl.(4.2) vollständig beschrieben. Allerdings gibt es zu einem Netzwerk mehrere mögliche Matrizen, da der Ansatz je nach dem gewählten Baum verschieden ist. Die Eigenschaften der Schleifenimpedanzmatrix und die Auflösung des Gleichungssystems werden später beschrieben.

Beispiel 4.1

a) Gesucht seien die Netzwerksgleichungen für das Netzwerk in Bei- spiel 3.1a nach dem Verfahren der Schleifenanalyse. Ersatzschal- tung für die gekoppelten Spulen nach Abschnitt 2.2.3.2.:

I_1' L_1
I_2' L_2
U_1'
U_2'
I_1' L_1
L_2 I_2'
$Ms\,I_2'$
$Ms\,I_1'$
$M > 0$

Netzwerk mit Graph, Baum und Gliedern:

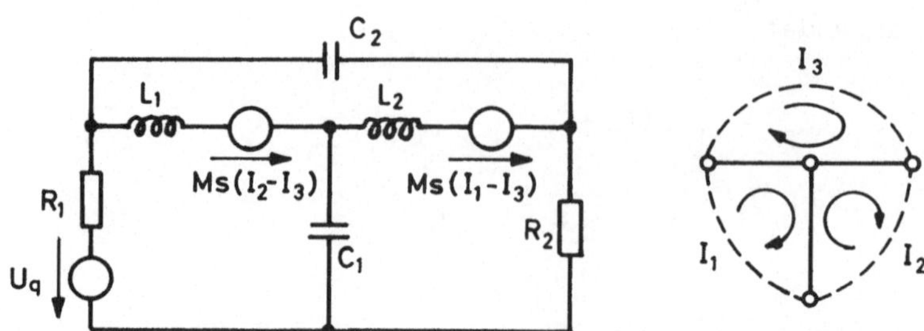

Nach Wahl der Schleifenströme können die gesteuerten Quellen in diesen Strömen ausgedrückt werden: $I_1' = I_1 - I_3$ und $I_2' = I_2 - I_3$. Dann läßt sich Gl.(4.1) aufstellen:

$$\begin{pmatrix} R_1 + L_1 s + \dfrac{1}{C_1 s} & -\dfrac{1}{C_1 s} & -L_1 s \\[2mm] -\dfrac{1}{C_1 s} & R_2 + L_2 s + \dfrac{1}{C_1 s} & -L_2 s \\[2mm] -L_1 s & -L_2 s & (L_1 + L_2)s + \dfrac{1}{C_2 s} \end{pmatrix} \cdot \begin{pmatrix} I_1 \\[2mm] I_2 \\[2mm] I_3 \end{pmatrix} =$$

$$= \begin{pmatrix} Uq \\ 0 \\ 0 \end{pmatrix} + \begin{pmatrix} 0 & -Ms & Ms \\ -Ms & 0 & Ms \\ Ms & Ms & -2Ms \end{pmatrix} \cdot \begin{pmatrix} I_1 \\ I_2 \\ I_3 \end{pmatrix} .$$

b) Das Netzwerk aus Beispiel 3.1b, wegen b < g eher zur Berechnung mit der Knotenanalyse geeignet, soll hier trotzdem mit der Schleifenanalyse behandelt werden. Hierzu werden die Quellen und die gekoppelten Spulen umgeformt:

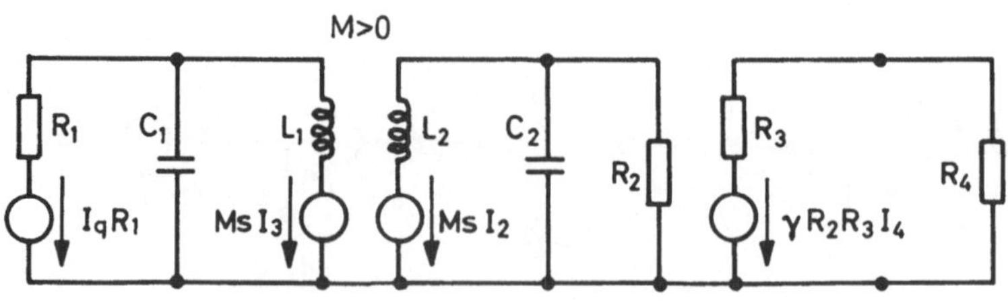

Wählt man einen Baum und die Schleifenströme,

so wird Gl.(4.1):

$$
\begin{pmatrix}
R_1 + 1/(C_1 s) & -1/(C_1 s) & 0 & 0 & 0 \\
-1/(C_1 s) & L_1 s + 1/(C_1 s) & 0 & 0 & 0 \\
0 & 0 & L_2 s + 1/(C_2 s) & 1/(C_2 s) & 0 \\
0 & 0 & 1/(C_2 s) & R_2 + 1/(C_2 s) & 0 \\
0 & 0 & 0 & 0 & R_3 + R_4
\end{pmatrix}
\cdot
\begin{pmatrix}
I_1 \\ I_2 \\ I_3 \\ I_4 \\ I_5
\end{pmatrix}
=
$$

$$
=
\begin{pmatrix}
I_q R_1 \\ 0 \\ 0 \\ 0 \\ 0
\end{pmatrix}
+
\begin{pmatrix}
0 & 0 & 0 & 0 & 0 \\
0 & 0 & -Ms & 0 & 0 \\
0 & -Ms & 0 & 0 & 0 \\
0 & 0 & 0 & 0 & 0 \\
0 & 0 & 0 & \gamma R_2 R_3 & 0
\end{pmatrix}
\cdot
\begin{pmatrix}
I_1 \\ I_2 \\ I_3 \\ I_4 \\ I_5
\end{pmatrix} .
$$

Man erkennt schon an den vielen Gleichungen mit wenig Inhalt, daß
hier die Schleifenanalyse nicht sehr geeignet ist.   ∎

In beiden Beispielen fällt auf, daß die Schleifenimpedanzmatrix
$\underline{Z}'$ des passiven kopplungsfreien Netzwerkes symmetrisch - d.h.
gleich ihrer Transponierten - ist: zugehörige Zeilen und Spalten
sind gleich; durch Vertauschen von Zeilen und Spalten oder Spiege-
lung an der Hauptdiagonale ändert sich die Matrix nicht. Dies
folgt aus der Umkehrbarkeit des passiven Netzwerkes und wird später noch besprochen. Ebenso ist die Matrix $\underline{\rho}$ symmetrisch, sofern
nur Kopplungen, jedoch keine sonstigen gesteuerten Quellen vorhan-
den sind. Dann ist auch die Matrix $\underline{Z} = \underline{Z}' - \underline{\rho}$ symmetrisch, das Netzwerk umkehrbar.

4.2. Knotenanalyse

Die Netzwerksgleichungen werden folgendermaßen aufgestellt:

a) Man wandle alle Quellen in Stromquellen um. Gesteuerte Quellen, einschließlich derer bei gekoppelten Spulen, sollen zudem spannungsgesteuert sein.

b) Man wähle einen beliebigen Bezugsknoten.

c) Man führe von jedem der übrigen Knoten zum Bezugsknoten eine Knotenspannung U_i ein.

d) Man drücke die Steuerspannung der gesteuerten Quellen in diesen Knotenspannungen aus.

e) Man schreibe ebenso viele Gleichungen an, wie Knotenspannungen vorhanden sind, indem man für jeden der zugehörigen Knoten die Knotenregel Gl.(2.15) anwendet und dabei die abfließenden Ströme in den passiven Elementen durch die Knotenspannungen ausdrückt. Die Quellenströme schreibt man mit entsprechenden Vorzeichen auf die rechte Seite. Das Gleichungssystem lautet dann:

$$\underline{Y}' \cdot \underline{U} = \underline{I} + \underline{\gamma}\,\underline{U} \quad , \tag{4.6a}$$

oder ausführlicher geschrieben:

$$
\begin{pmatrix} Y'_{11} & Y'_{12} & \cdots & Y'_{1b} \\ Y'_{21} & & & \vdots \\ \vdots & & & \vdots \\ \vdots & & & \vdots \\ Y'_{b1} & \cdots\cdots & & Y'_{bb} \end{pmatrix} \cdot \begin{pmatrix} U_1 \\ U_2 \\ \vdots \\ \vdots \\ U_b \end{pmatrix} =
$$

$$
= \begin{pmatrix} I_1 \\ I_2 \\ \vdots \\ I_b \end{pmatrix} + \begin{pmatrix} Y_{11} & Y_{12} & \cdots & Y_{1b} \\ Y_{21} & & & \vdots \\ \vdots & & & \vdots \\ \vdots & & & \vdots \\ Y_{b1} & \cdots\cdots & & Y_{bb} \end{pmatrix} \cdot \begin{pmatrix} U_1 \\ U_2 \\ \vdots \\ \vdots \\ U_b \end{pmatrix} \quad . \tag{4.6b}
$$

Die Zahl der Gleichungen ist gleich der Zahl der Baumzweige $b = k - 1$
nach Gl.(3.1). Darin bedeuten $(i = 1 \ldots b;\ k = 1 \ldots b)$:

U_i Knotenspannung vom Knoten i zum Bezugsknoten

Y'_{ik} Zwischen den Knoten i und k liegende Admittanz, mit

negativem Vorzeichen einzusetzen. Für $k = i$ wird

Y'_{ii} Summe aller vom Knoten i ausgehenden Admittanzen

I_i Summe der unabhängigen Quellenströme an Knoten i,

z u f l i e ß e n d positiv gezählt

γ_{ik} Koeffizienten der Gleichung $\displaystyle\sum_{k=1}^{b} \gamma_{ik}\, U_k$, d.h. der Sum-

me der gesteuerten Quellenströme an Knoten i, z u -

f l i e ß e n d positiv gezählt.

Gl.(4.6a) läßt sich umstellen und formal nach den b unbekannten
Knotenspannungen U_i auflösen:

$$\underline{Y}' - \gamma \cdot \underline{U} = \underline{I} \quad .$$

Definiert man $\quad \underline{Y}' - \gamma = \underline{Y} \quad ,$ (4.7)

so wird $\quad \underline{Y} \cdot \underline{U} = \underline{I} \quad ; \quad \underline{U} = \underline{Y}^{-1} \cdot \underline{I} \quad .$ (4.8)

Diese Gleichung entspricht formal dem Ohmschen Gesetz.

Die Anwendung läßt sich an einem herausgegriffenen Knoten eines
beliebigen Netzwerkes zeigen (Bild 4.2):

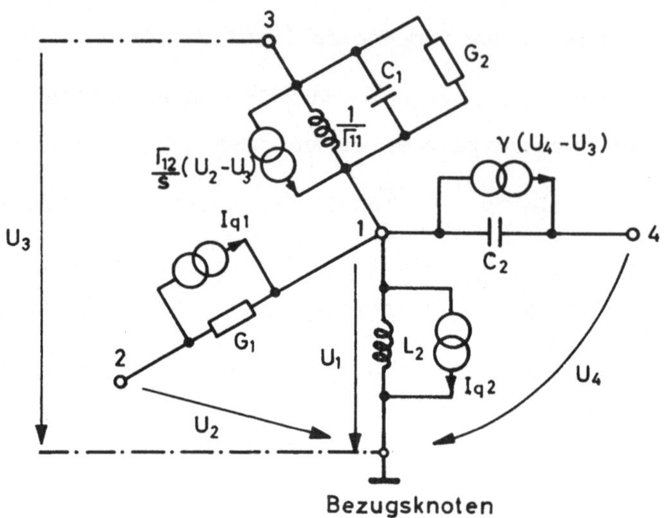

Bild 4.2. Beispiel für Knotenanalyse

$$\begin{pmatrix} (G_1 + G_2) + (C_1 + C_2)s + \left(\Gamma_{11} + \dfrac{1}{L_2}\right)\dfrac{1}{s} & -G_1 & -G_2 - C_1 s - \dfrac{\Gamma_{11}}{s} & -C_2 s \\ \cdot & \cdot & \cdot & \cdot \\ \cdot & \cdot & \cdot & \cdot \\ \cdot & \cdot & \cdot & \cdot \end{pmatrix} \cdot \begin{pmatrix} U_1 \\ U_2 \\ U_3 \\ U_4 \end{pmatrix} =$$

$$= \begin{pmatrix} I_{q1} - I_{q2} \\ \cdot \\ \cdot \\ \cdot \end{pmatrix} + \begin{pmatrix} 0 & \dfrac{\Gamma_{12}}{s} & \gamma - \dfrac{\Gamma_{12}}{s} & -\gamma \\ \cdot & \cdot & \cdot & \cdot \\ \cdot & \cdot & \cdot & \cdot \\ \cdot & \cdot & \cdot & \cdot \end{pmatrix} \cdot \begin{pmatrix} U_1 \\ U_2 \\ U_3 \\ U_4 \end{pmatrix} \cdot \qquad (4.9)$$

Das Beispiel zeigt lediglich das Aufstellen der ersten Zeile der
Gl.(4.6b). Bei vollständig bekanntem Netzwerk ergeben sich die
übrigen Zeilen in gleicher Weise.

Man kommt auch zum Ziel, indem man einfach die Knotenregel Gl.
(2.15) auf Knoten 1 in Bild 3.2 anwendet:

$$-I_{q1} + G_1(U_1 - U_2) - \frac{\Gamma_{12}}{s}(U_2 - U_3) + \left(C_1 s + \frac{\Gamma_{11}}{s} + G_2\right)(U_1 - U_3) +$$

$$+C_2 s(U_1 - U_4) + \gamma(U_4 - U_3) + \frac{1}{L_2 s} U_1 + I_{q2} = 0 \quad . \tag{4.10}$$

Ordnet man diese Gleichung, so ergibt sich die erste Zeile der Gl.(4.9).

Ein Vergleich zwischen Gl.(4.6) und Gl.(4.1) zeigt völlig gleiche Struktur: $\underline{Y}'$ ist jetzt die Knotenadmittanzmatrix des passiven kopplungsfreien Netzwerkes. Treten Kopplungen und/oder aktive Elemente (gesteuerte Quellen) auf, so kommt noch die Matrix $\underline{\gamma}$ der Steuerkoeffizienten hinzu. Das Netzwerk wird dann durch die Knotenadmittanzmatrix $\underline{Y} = \underline{Y}' - \underline{\gamma}$ entsprechend Gl.(4.7) beschrieben. Auch hier gibt es je nach gewähltem Bezugsknoten verschiedene mögliche Matrizen. Ihre Gemeinsamkeiten werden später besprochen.

Der Vergleich zwischen Gl.(4.8) und Gl.(4.3) darf nicht zu der Annahme verleiten, die Knotenadmittanzmatrix sei gleich der invertierten Schleifenimpedanzmatrix. Das kann schon deswegen nicht stimmen, weil in beiden Gleichungen formal gleiche Vektoren $\underline{U}$ und $\underline{I}$ in Wirklichkeit völlig verschiedene Bedeutungen haben. Es ist also

$$\underline{Y} \neq \underline{Z}^{-1} \quad . \tag{4.11}$$

Beispiel 4.2

Zum Vergleich der beiden Verfahren werden die beiden Netzwerke aus Beispiel 4.1 mit der Knotenanalyse behandelt.

a) Ersatzschaltung für die gekoppelten Spulen nach Abschnitt 2.2.3.2.:

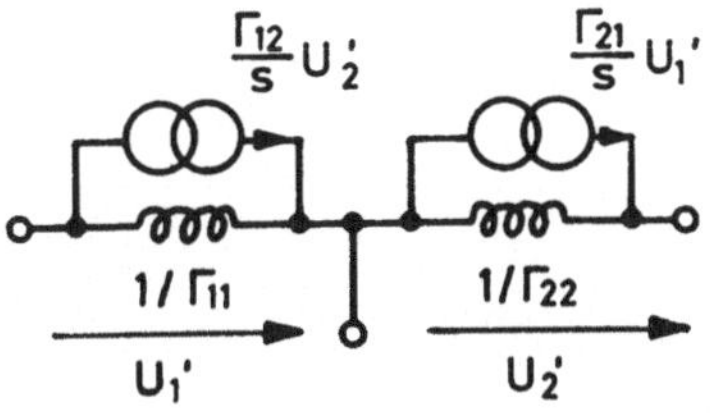

$$\Gamma_{11} = \frac{L_2}{|L|} \quad ; \quad \Gamma_{22} = \frac{L_1}{|L|}$$

$$\Gamma_{12} = \Gamma_{21} = -\frac{M}{|L|} < 0$$

$$|L| = L_1 L_2 - M^2 \; .$$

Wandelt man noch die Spannungsquelle in eine Stromquelle um, so
erhält man folgendes Netzwerk:

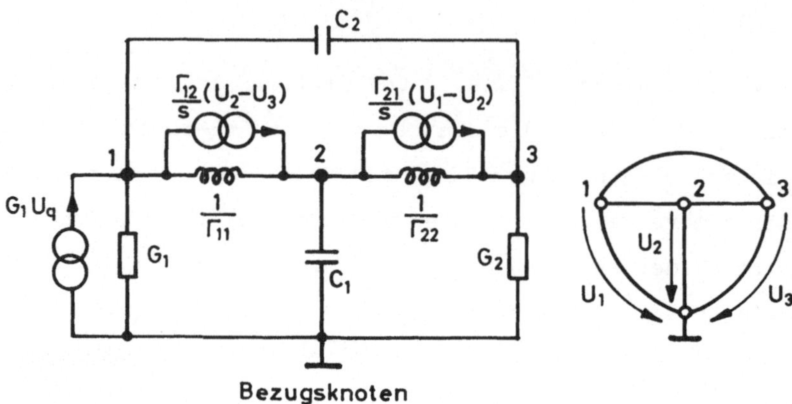

Nach Wahl des Bezugsknotens können die gesteuerten Quellen in den
Knotenspannungen ausgedrückt werden: $U_2' = U_2 - U_3$ und $U_1' = U_1 - U_2$.
Dann läßt sich Gl.(4.6) aufstellen:

$$
\begin{pmatrix}
G_1 + C_2 s + \dfrac{\Gamma_{11}}{s} & -\dfrac{\Gamma_{11}}{s} & -C_2 s \\[2ex]
-\dfrac{\Gamma_{11}}{s} & C_1 s + (\Gamma_{11} + \Gamma_{22})\dfrac{1}{s} & -\dfrac{\Gamma_{22}}{s} \\[2ex]
-C_2 s & -\dfrac{\Gamma_{22}}{s} & G_2 + C_2 s + \dfrac{\Gamma_{22}}{s}
\end{pmatrix}
\cdot
\begin{pmatrix} U_1 \\[2ex] U_2 \\[2ex] U_3 \end{pmatrix}
=
$$

$$
=
\begin{pmatrix} G_1 U_q \\[2ex] 0 \\[2ex] 0 \end{pmatrix}
+
\begin{pmatrix}
0 & -\dfrac{\Gamma_{12}}{s} & \dfrac{\Gamma_{12}}{s} \\[2ex]
-\dfrac{\Gamma_{21}}{s} & \dfrac{2\Gamma_{12}}{s} & -\dfrac{\Gamma_{12}}{s} \\[2ex]
\dfrac{\Gamma_{21}}{s} & -\dfrac{\Gamma_{21}}{s} & 0
\end{pmatrix}
\cdot
\begin{pmatrix} U_1 \\[2ex] U_2 \\[2ex] U_3 \end{pmatrix}
\quad ; \quad \Gamma_{21} = \Gamma_{12} \quad .
$$

b) Das Netzwerk kann wie in Beispiel 3.1b belassen werden, wenn
lediglich die gekoppelten Spulen als Ersatzschaltung gezeichnet
werden:

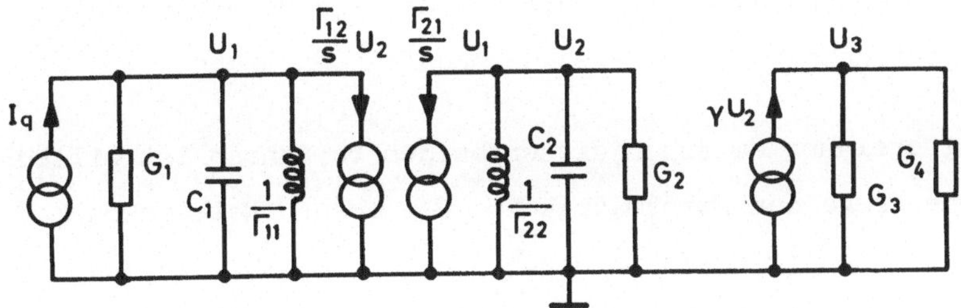

Dann folgt Gl.(4.6) zu:

$$
\begin{pmatrix}
G_1 + C_1 s + \dfrac{\Gamma_{11}}{s} & 0 & 0 \\[2ex]
0 & G_2 + C_2 s + \dfrac{\Gamma_{22}}{s} & 0 \\[2ex]
0 & 0 & G_3 + G_4
\end{pmatrix}
\cdot
\begin{pmatrix}
U_1 \\[1ex] U_2 \\[1ex] U_3
\end{pmatrix}
=
$$

$$
=
\begin{pmatrix}
I_q \\[1ex] 0 \\[1ex] 0
\end{pmatrix}
+
\begin{pmatrix}
0 & -\dfrac{\Gamma_{12}}{s} & 0 \\[2ex]
-\dfrac{\Gamma_{21}}{s} & 0 & 0 \\[2ex]
0 & \gamma & 0
\end{pmatrix}
\cdot
\begin{pmatrix}
U_1 \\[1ex] U_2 \\[1ex] U_3
\end{pmatrix}.
$$

Ein Vergleich mit Beispiel 4.1 zeigt, daß bei a) die Zahl der
Gleichungen und damit der Aufwand für beide Verfahren etwa gleich
ist, während bei b) die Knotenanalyse eindeutig überlegen ist. ∎

Die gleichen Symmetrieeigenschaften wie bei der Schleifenimpedanzmatrix beobachtet man auch bei der Knotenadmittanzmatrix, einschließlich der durch Kopplungen bedingten Erweiterungen.

4.3. Zusammenfassung

Es gibt mehrere Möglichkeiten zum Aufstellen geeigneter Netzwerksgleichungen. Zwei dieser Möglichkeiten wurden hier besprochen, nämlich

Schleifenanalyse (Schleifenströme als Unbekannte)

Knotenanalyse (Knotenspannungen als Unbekannte).

Die Entscheidung zwischen diesen beiden Verfahren ist willkürlich und eine Frage der Zweckmäßigkeit. Bei ebenen Netzwerken kann auch die eingangs erwähnte Maschenanalyse gewählt werden.

In allen Fällen ist nach der Wahl der Unbekannten, die sich aus der Topologie des Netzwerkes ergibt, i.a. eine "Vorbereitung" des Netzwerkes erforderlich. Man muß ggf. Quellen verlegen und umwandeln und gekoppelte Spulen ersetzen.

Dann lassen sich die Netzwerksgleichungen nach einem einfachen und durchsichtigen Schema aufstellen. Mit etwas mehr Arbeit kann man auch auf das Schema verzichten und die Kirchhoffschen Regeln direkt anwenden. Nach geeignetem Umstellen der Gleichungen kommt man zum selben Ergebnis.

Die gefundenen Gleichungen müssen nun nach den gewünschten Unbekannten aufgelöst werden. Die Lösung der Netzwerksgleichungen wird im nächsten Kapitel behandelt.

5. Lösung der Netzwerksgleichungen

5.1. Anfangszustand des Netzwerkes

Die im Kapitel 4 besprochenen Analyseverfahren liefern die linearen Gleichungssysteme (4.1) oder (4.6) zur Berechnung der Unbekannten (Schleifenströme oder Knotenspannungen) als Funktion der durch die unabhängigen Quellen (Spannungs- oder Stromquellen) gegebenen Erregungen. Für die Auflösung der Gleichungssysteme sind folgende Voraussetzungen wichtig:

a) Die Erregungen sind i.a. beliebige Funktionen der Zeit. Wie in Kapitel 6 ausgeführt wird, kann ohne Einschränkung der Allgemeingültigkeit vorausgesetzt werden, daß alle Erregungen nur für $t \geq 0$ existieren, für $t < 0$ jedoch identisch verschwinden

$$g(t) \equiv 0 \quad \text{für } t < 0 \quad , \tag{5.1}$$

wobei an der Stelle $t = 0$ Unstetigkeitsstellen auftreten können.

b) Weiterhin wird vorausgesetzt, daß das Netzwerk sich kurz vor Beginn der Erregungen, d.h. also zum Zeitpunkt $t = 0^-$, im e n e r - g i e l o s e n Z u s t a n d befindet, daß also alle Spulen stromlos und alle Kondensatoren ungeladen sind. Für die im Netzwerk gespeicherte Energie w_i soll also gelten:

$$w_i = 0 \quad \text{für } t = 0^-. \tag{5.2}$$

Hiervon abweichende Anfangsbedingungen werden stets getrennt berücksichtigt (vgl. Kapitel 8).

Alle weiteren Ausführungen gelten unter diesen Voraussetzungen,
sofern nichts Gegenteiliges gesagt wird.

5.2. Lösungsverfahren

Schreibt man die Gleichungen (4.1) oder (4.6) nach Abschnitt 2.2.1.
und Gl.(2.1) als Differentialgleichungen, so stellen sie je ein
System linearer Differentialgleichungen mit konstanten Koeffizienten für die gesuchten Unbekannten (Schleifenströme oder Knotenspannungen) dar.

Die direkte Lösung solcher Gleichungssysteme (vgl. z.B. [2, S.391
ff.]) wird hier nicht behandelt. Sie wird in der Theorie linearer
Systeme und Netzwerke selten angewendet, da sie zu umständlich
ist und da besonders die Berücksichtigung der Anfangsbedingungen
oft sehr zeitraubend ist. (Eine Ausnahme hiervon stellt lediglich
der Fall der im Kapitel 4 erwähnten Beschreibung eines Systems
mit Hilfe der Zustandsvariablen dar.) Man bedient sich vielmehr
zur Lösung der Gleichungssysteme des Hilfsmittels der Laplace-
Transformation. Da die Laplace-Transformation einen Übergang vom
Zeitbereich in den Frequenzbereich darstellt, spricht man in diesem Fall auch von der Lösung im Frequenzbereich (vgl.
Kapitel 7), bei der sich zusätzlich noch umfangreiche Möglichkeiten zur Darstellung und Formulierung der Systemeigenschaften ergeben (vgl. Kapitel 10). Selbst bei der sog. Lösung im Zeitbereich (vgl. Kapitel 7) handelt es sich nicht um die direkte
Lösung der Differentialgleichungen für beliebige Erregungen, sondern für typische Erregungen (vorzugsweise Impuls oder Sprung,
vgl. Kapitel 6), und selbst hierbei benutzt man in der Regel die
Laplace-Transformation.

5.3. Lösung mit Laplace-Transformation

Faßt man den Parameter s in Gl. (4.1) oder (4.6) nach Gl. (2.1b) als komplexe Variable im Frequenzbereich der Laplace-Transformation auf, so hat man bereits die transformierten Differentialgleichungen des Netzwerks für energielosen Anfangszustand. Die wichtigsten Operationen und Korrespondenzen der Laplace-Transformation sind in Tab. 5.1 zusammengestellt. Dabei ist die einseitige Transformation

$$F(s) = \int_{0^-}^{\infty} f(t) \cdot e^{-st} dt \qquad (5.3)$$

zugrundegelegt, deren u n t e r e r I n t e g r a t i o n s g r e n z e besondere Bedeutung zukommt. Man kann sie entweder bei $t = 0^+$ oder

Tabelle 5.1. Laplace-Transformation

Operationen	$f(t) \circ\!\!-\!\!\bullet F(s)$	Korrespondenzen $f(t) \circ\!\!-\!\!\bullet F(s)$
Linearität	$\sum\limits_{i} c_i f_i(t) \circ\!\!-\!\!\bullet \sum\limits_{i} c_i F_i(s)$	i ganz, a beliebig
Differentiation und Integration im Zeitbereich	$f^{(i)}(t) \circ\!\!-\!\!\bullet s^i \cdot F(s)$	$\delta_i(t) \cdot e^{at} \quad\bigm|\quad (s-a)^i$
$i > 0$: i-fache Differentiation, z.B.	$df(t)/dt \circ\!\!-\!\!\bullet s \cdot F(s)$	k > 0 ganz, a beliebig
$i < 0$: i-fache Integration, z.B.	$\int_{0^-}^{t^+} f(\tau)d\tau \circ\!\!-\!\!\bullet (1/s) \cdot F(s)$	$\delta_{-k}(t) \cdot e^{at} = \dfrac{t^{k-1} e^{at}}{(k-1)!} \quad\bigm|\quad 1/(s-a)^k$
Verschiebung im Zeitbereich (Verzögerung) $a \geq 0$	$f(t-a) \circ\!\!-\!\!\bullet e^{-as} F(s)$	z.B. $a = 0$
Verschiebung im Frequenzbereich (Modulation) a beliebig komplex	$f(t)e^{at} \circ\!\!-\!\!\bullet F(s-a)$	$\delta_0(t) \quad\bigm|\quad 1$ $\delta_{-1}(t) = 1 \quad\bigm|\quad 1/s$
Maßstabsänderung (Ähnlichkeit) $a > 0$	$f(\tfrac{t}{a}) \circ\!\!-\!\!\bullet a \cdot F(as)$	$\delta_{-2}(t) = t \quad\bigm|\quad 1/s^2$ $\delta_{-3}(t) = \tfrac{1}{2}t^2 \quad\bigm|\quad 1/s^3$
Faltung (f_1 und f_2 vertauschbar)		$a \neq 0$
$f_1(t) * f_2(t) = \int_{0^-}^{t^+} f_1(\tau)f_2(t-\tau)d\tau \circ\!\!-\!\!\bullet F_1(s) \cdot F_2(s)$		$e^{at} \quad\bigm|\quad 1/(s-a)$ $te^{at} \quad\bigm|\quad 1/(s-a)^2$
Grenzwertsätze (falls Grenzwerte existieren)	$\lim\limits_{\substack{t\to 0 \\ t\to\infty}} f(t) = \lim\limits_{\substack{s\to\infty \\ s\to 0}} [s \cdot F(s)]$	$\tfrac{1}{2}t^2 e^{at} \quad\bigm|\quad 1/(s-a)^3$
Laplace-Transformation bei $t = 0^-$ beginnend. Alle Zeitfunktionen nur für $t \geq 0$ existent, d.h. $f(t) \equiv 0$ für $t < 0$. Damit auch Anfangswerte $f(0^-) = 0$. Für $t = 0$ hat die Zeitfunktion eine Unstetigkeitsstelle, falls $f(0^+) \neq 0$. Diese ist (z.B. bei Differentiation) stets zu berücksichtigen.		$t \geq 0$

$t = 0^-$ festlegen, muß dann aber selbstverständlich auch den Anfangszustand des Systems in Übereinstimmung mit der gewählten unteren
Grenze definieren. Dies wird in der Literatur oft uneinheitlich gehandhabt und zuweilen gar nicht berücksichtigt, wodurch sich Wider-
sprüche ergeben. Im Gegensatz zu der üblichen (wenn überhaupt ge-
troffenen) Festlegung der Grenze bei 0^+ wird hier nach Gl. (5.3)
stets die Grenze 0^- zugrundegelegt, da sie bei den in der Systemtheorie benutzten Zeitfunktionen (vgl. Kapitel 6) zweckmäßiger
ist. Da zum Zeitpunkt $t = 0^-$ das System nach Gl. (5.2) voraussetzungsgemäß energielos ist, ergeben sich einfache und leicht über-
blickbare Verhältnisse. Man muß lediglich die bei $t = 0$ möglicherweise vorhandenen Unstetigkeitsstellen der Zeitfunktionen stets
berücksichtigen.

Die Lösung wird am Beispiel der aus der Schleifenanalyse gewonnenen Gl. (4.1) besprochen. Gl. (4.1) stellt ein lineares algebraisches Gleichungssystem dar, dessen Lösung formal bereits durch
Gl. (4.3) gegeben ist. Bezeichnet man mit $\underline{Z}$ die Schleifenimpedanzmatrix nach Gl. (4.2), so folgt aus der Matrixinversion bzw. Cramerschen Regel für einen beliebigen Schleifenstrom I_i:

$$
I_i = \frac{|Z|_i}{\cdot |Z|} = \frac{\begin{vmatrix} Z_{11} & \cdot & U_1 & \cdot & Z_{1g} \\ \cdot & \cdot & \cdot & & \cdot \\ \cdot & & \cdot & \cdot & \\ \cdot & & \cdot & \cdot & \cdot \\ Z_{g1} & \cdot & U_g & \cdot & Z_{gg} \end{vmatrix}}{\begin{vmatrix} Z_{11} & \cdot & \cdot & \cdot & Z_{1g} \\ \cdot & & & & \cdot \\ \cdot & & & & \cdot \\ \cdot & & & & \cdot \\ Z_{g1} & \cdot & \cdot & \cdot & Z_{gg} \end{vmatrix}} = \frac{1}{|Z|} \sum_{k=1}^{g} |Z_{ki}| \, U_k \; . \tag{5.4}
$$

(Spalte i markiert die Spalte i des Zählers.)

Darin bedeuten:

$|Z|$ Determinante des Gleichungssystems, d.h. der Schleifenimpedanzmatrix

$|Z|_i$ wie oben, jedoch Spalte i durch den Vektor $\underline{U}$ der Quellenspannungen ersetzt

$|Z_{ki}|$ Adjunkte des Elementes Z_{ki} (Determinante nach Streichen von Zeile k und Spalte i, Vorzeichen $(-1)^{k+i}$).

Jeder Schleifenstrom ergibt sich also als Summe aus den Wirkungen der Quellenspannungen. Sind alle Schleifenströme bekannt, kann man auch jeden beliebigen anderen Strom oder jede gewünschte Spannung im Netzwerk angeben. Ganz entsprechend ergeben sich bei Lösung der aus der Knotenanalyse gewonnenen Gl. (4.6) die Knotenspannungen als Superposition der Wirkungen der Quellenströme. Bei Kenntnis aller Knotenspannungen ist das Netzwerk ebenfalls vollständig berechnet.

Beispiel 5.1

Gegeben sei das Netzwerk aus Beispiel 4.1a, jedoch mit folgenden Vereinfachungen:

$$L_1 = L_2 = L \qquad\qquad M = 0 \text{ (keine Kopplung)}$$
$$R_1 = R_2 = R \; ; \quad \frac{L}{R} = T \qquad I_3 = 0 \text{ (kein Brückenzweig)}$$
$$C_1 = C \quad ; \quad CR = 2T$$

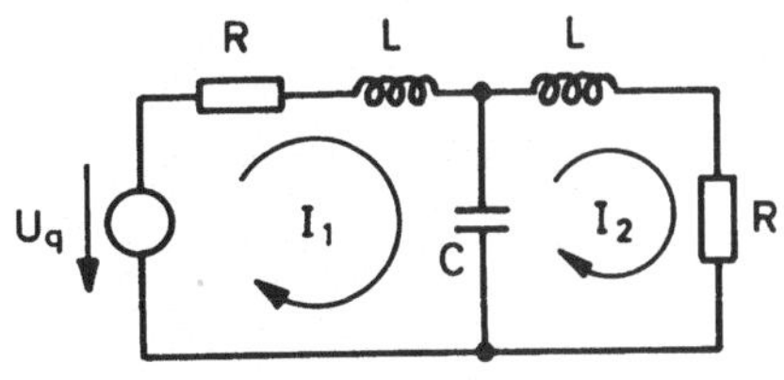

Gesucht I_2 als Funktion von U_q .

Die Netzwerksgleichungen vereinfachen sich damit zu

$$\left(Ts + 1 + \frac{1}{2Ts}\right)I_1 - \frac{1}{2Ts}\,I_2 = \frac{U_q}{R} \; ,$$

$$- \frac{1}{2Ts} \, I_1 + \left(Ts + 1 + \frac{1}{2Ts} \right) I_2 = 0 \quad ,$$

wobei mit R durchdividiert wurde. Löst man das System nach Gl. (5.4)
für den Strom I_2 auf, so ergibt sich :

$$I_2 = \frac{\begin{vmatrix} \left(Ts + 1 + \dfrac{1}{2Ts} \right) & \dfrac{U_q}{R} \\[2ex] -\dfrac{1}{2Ts} & 0 \end{vmatrix}}{\begin{vmatrix} \left(Ts + 1 + \dfrac{1}{2Ts} \right) & -\dfrac{1}{2Ts} \\[2ex] -\dfrac{1}{2Ts} & \left(Ts + 1 + \dfrac{1}{2Ts} \right) \end{vmatrix}} = \frac{\dfrac{1}{2RTs}}{\left(Ts + 1 + \dfrac{1}{2Ts} \right)^2 - \left(\dfrac{1}{2Ts} \right)^2} \cdot U_q \quad .$$

Es tritt hier nur ein Summand auf, da nur eine Quellenspannung
vorhanden ist. Nach einigen Umrechnungen wird:

$$I_2 = \frac{\dfrac{1}{2R}}{T^3 s^3 + 2T^2 s^2 + 2Ts + 1} \cdot U_q \quad .$$

In der Praxis wird man bei mehr als zwei Unbekannten nicht die
Matrixinversion oder die Cramersche Regel, sondern ein Elimina-
tionsverfahren anwenden.   ■

Aus Gl. (5.4) erkennt man, warum bei umkehrbaren Netzwerken die
Schleifenimpedanzmatrix $\underline{Z}$ (sowie auch die Knotenadmittanzmatrix $\underline{Y}$)
symmetrisch ist ($Z_{ik} = Z_{ki}$). Wenn eine Erregung U_k in der Schleife
k einen Strom I_i in der Schleife i erzeugt, so muß bei Verlegen
der Erregung nach Schleife i in Schleife k ein gleich großer Strom
fließen. Wie man durch Indexvertauschung in Gl. (5.4) erkennt, muß
dann für die Adjunkten gelten: $\left| Z_{ik} \right| = \left| Z_{ki} \right|$. Dies ist aber nur bei
symmetrischen Matrizen der Fall.

Denkt man sich in Gl. (5.4) nur eine Erregung $U_k = U$ wirkend und interessiert man sich nur für einen Strom $I_i = I$ als Antwort, so läßt
sich der Zusammenhang folgendermaßen darstellen:

$$I(s) = A(s) \cdot U(s) \tag{5.5}$$

$$\text{mit } A(s) = \frac{P(s)}{Q(s)} = \frac{p_m s^m + p_{m-1} s^{m-1} + \ldots p_1 s + p_0}{q_n s^n + q_{n-1} s^{n-1} + \ldots q_1 s + q_0} \quad . \tag{5.6}$$

$A(s)$ stellt das Verhältnis von Antwort zu Erregung dar und wird
S y s t e m f u n k t i o n (auch Netzwerks-, Übertragungs-, Wirkungs-
funktion) genannt. Sie ist die zentrale Größe zur Beschreibung der
Systemeigenschaften für eine durch die gewählte Antwort und Erregung festgelegte Betriebsart. Ihre Bedeutung und ihre Eigenschaften werden noch ausführlich in den Kapiteln 7 und 10 erörtert. Bei
den hier behandelten Netzwerken läßt sie sich nach Gl.(5.6) stets
als gebrochen rationale Funktion, d.h. als Quotient zweier Polynome in s, darstellen. Da s komplex ist, handelt es sich also um
Funktionen komplexer Variabler. Die Koeffizienten p_i und q_i der
Polynome sind durch die Bauelemente des Netzwerks gegeben und
stets reell.

Besondere Bedeutung kommt dem Nennerpolynom $Q(s)$ in Gl.(5.6) zu.
Man nennt es c h a r a k t e r i s t i s c h e s   P o l y n o m, und es ist
identisch mit dem Polynom, das bei der Lösung der homogenen Differentialgleichung mit dem Ansatz $i = e^{st}$ auftritt. Die Wurzeln s_i
dieses Polynoms ergeben sich als Lösungen der c h a r a k t e r i -
s t i s c h e n   G l e i c h u n g:

$$Q(s) = q_n s^n + q_{n-1} s^{n-1} + \ldots + q_1 s + q_0 = 0 \quad . \tag{5.7}$$

Nach dem Fundamentalsatz der Algebra treten insgesamt n Wurzeln s_i
auf, wenn n der Grad des Polynoms $Q(s)$ ist, wobei jedoch mehrfache
Wurzeln mit der Vielfachheit r_i vorhanden sein können (vgl. Abschnitt 7.1.1). Die Wurzeln sind entweder reell oder paarweise
konjugiert komplex, da die Koeffizienten q_i des Polynoms stets
reell sind. Kennt man die Wurzeln s_i, so läßt sich das Polynom
$Q(s)$ aus den sog. Wurzelfaktoren zusammensetzen

$$Q(s) = q_n (s - s_1)^{r_1} \cdot (s - s_2)^{r_2} \ldots (s - s_1)^{r_1} \quad , \tag{5.8}$$

wobei r_i die Vielfachheit der Wurzeln und l die Anzahl der voneinander verschiedenen Wurzeln ist. Man nennt die Wurzeln auch P o l e
oder E i g e n f r e q u e n z e n (natürliche Frequenzen) des Systems.
(Zu der Bezeichnung "Frequenz" für die Größe s vgl. Abschnitt 6.2.
und Kapitel 7.)

Beispiel 5.2

In Beispiel 5.1 war U_q als Erregung und I_2 als Antwort gegeben.
Die Systemfunktion für diesen Fall lautet daher nach Gl. (5.5)
und (5.6):

$$A(s) = \frac{\dfrac{1}{2R}}{T^3 s^3 + 2T^2 s^2 + 2Ts + 1} = \frac{P(s)}{Q(s)} \quad .$$

Während das Zählerpolynom $P(s) = 1/(2R)$ hier sehr einfach ist, hat
man im Nenner ein Polynom 3. Grades. Die charakteristische Gleichung nach Gl. (5.7)

$$Q(s) = T^3 s^3 + 2T^2 s^2 + 2Ts + 1 = 0$$

muß mindestens eine reelle Wurzel liefern. Man findet sie hier
leicht durch Probieren zu $s_1 = -\dfrac{1}{T}$. Man dividiert nun $Q(s)$ durch
den Wurzelfaktor $(s - s_1) = (s + \dfrac{1}{T})$ und erhält:

$$(T^3 s^3 + 2T^2 s^2 + 2Ts + 1) : (s + \frac{1}{T}) = T^3 s^2 + T^2 s + T \quad .$$

Die verbleibende quadratische Gleichung läßt sich leicht lösen;
die drei Eigenfrequenzen (Vielfachheit 1) lauten also:

$$s_1 = -\frac{1}{T} \quad ; \quad s_{2;3} = -\frac{1}{2T} \pm j \frac{\sqrt{3}}{2T} \quad .$$

Mit diesen Werten kann man nach Gl. (5.8) für das charakteristische
Polynom schreiben:

$$Q(s) = T^3 (s - s_1)(s - s_2)(s - s_3) \quad .$$

Die Übereinstimmung läßt sich durch Einsetzen und Ausmultiplizieren leicht nachprüfen.

Die Kenntnis der Pole und die Zusammensetzung des Polynoms aus Wurzelfaktoren ist Grundlage für die Beschreibung der Systemeigenschaften im Frequenzbereich (Kapitel 7 und 10) und für die Rücktransformation der Systemantwort Gl.(5.5) in den Zeitbereich. Hierzu muß zunächst die gegebene Erregung in den Frequenzbereich transformiert werden:

$$u(t) \; \circ\!\!-\!\!\bullet \; U(s) = \frac{P_q(s)}{Q_q(s)} \qquad . \qquad\qquad\qquad (5.9)$$

Es werden dabei nur solche Erregungen betrachtet, deren Laplace-Transformierte ebenfalls rationale Funktionen ergeben, sich also ebenfalls als Quotient zweier Polynome darstellen lassen.

Dann folgt aus Gl.(5.5):

$$I(s) = \frac{P(s)}{Q(s)} \cdot \frac{P_q(s)}{Q_q(s)} = \frac{P_{ges}(s)}{Q_{ges}(s)} \qquad . \qquad\qquad\qquad (5.10)$$

Das Nennerpolynom $Q_{ges}(s)$ ist jetzt i.a. von höherem Grad als das charakteristische Polynom $Q(s)$; zu den Polen oder Eigenfrequenzen des Systems kommen noch die Pole oder Eigenfrequenzen der Erregung hinzu. Der Gesamtausdruck Gl.(5.10) läßt sich nun ggf. mit Hilfe von Korrespondenztabellen in den Zeitbereich zurücktransformieren. In der Regel wird man ihn jedoch so umformen, daß sich einfache und leicht zu merkende Transformationen ergeben. Hierzu verwendet man vorzugsweise die Partialbruchzerlegung, deren wichtigste Beziehungen in Tab. 5.2 zusammengestellt sind. Voraussetzung für die Partialbruchzerlegung ist, daß der Zählergrad niedriger als der Nennergrad ist, d.h. daß die Funktion echt gebrochen ist, wofür man ggf. durch Abspalten von Gliedern mit Hilfe einer teilweisen algebraischen Division sorgen muß. Sieht man von solchen Gliedern ab, so ergibt sich nach der Partialbruchzerlegung anstelle der Gl.(5.10):

$$I(s) = \sum_{i=1}^{l} \sum_{k=1}^{r_i} \frac{K_{ik}}{(s-s_i)^k} \qquad (5.11a)$$

Die ausführliche Schreibweise dieser Gleichung und die Regeln für die Berechnung der Partialbruchkoeffizienten sind in Tab. 5.2 an-

---

Tabelle 5.2. Partialbruchzerlegung

Gegeben eine echt gebrochene (n > m) rationale Funktion in s, deren Pole s_i [Nullstellen des Nennerpolynoms Q(s)] der Vielfachheit r_i bekannt sind:

$$F(s) = \frac{P(s)}{Q(s)} = \frac{\sum\limits_{i=0}^{m} p_i s^i}{\sum\limits_{i=0}^{n} q_i s^i} = \frac{P(s)}{q_n \prod\limits_{i=1}^{l}(s-s_i)^{r_i}} \qquad \text{mit} \quad \sum_{i=1}^{l} r_i = n \qquad \text{Grad des Nennerpolynoms}$$

Partialbruchzerlegung

a) für Pole beliebiger Vielfachheit r_i:

$$\begin{aligned}
F(s)=\sum_{i=1}^{l}\sum_{k=1}^{r_i}\frac{K_{ik}}{(s-s_i)^k} &= \frac{K_{11}}{s-s_1} + \frac{K_{12}}{(s-s_1)^2} + \cdots + \frac{K_{1r_1}}{(s-s_1)^{r_1}}\\
&+ \frac{K_{21}}{s-s_2} + \frac{K_{22}}{(s-s_2)^2} + \cdots + \frac{K_{2r_2}}{(s-s_2)^{r_2}}\\
&+ \cdots\\
&+ \frac{K_{l1}}{s-s_l} + \frac{K_{l2}}{(s-s_l)^2} + \cdots + \frac{K_{lr_l}}{(s-s_l)^{r_l}}
\end{aligned}$$

mit

$$K_{ik} = \frac{1}{(r_i-k)!}\,\frac{d^{\,r_i-k}}{ds^{\,r_i-k}}\left[F(s)(s-s_i)^{r_i}\right]\Big|_{s=s_i}$$

z.B.

$$K_{ir_i} = \left[F(s)(s-s_i)^{r_i}\right]\Big|_{s=s_i}$$

$$K_i(r_i-1) = \frac{d}{ds}\left[F(s)(s-s_i)^{r_i}\right]\Big|_{s=s_i}$$

$$K_i(r_i-2) = \frac{1}{2}\,\frac{d^2}{ds^2}\left[F(s)(s-s_i)^{r_i}\right]\Big|_{s=s_i}$$

b) für einfache Pole (alle $r_i = 1$; $l = n$):

$$F(s)=\sum_{i=1}^{n}\frac{K_i}{s-s_i} = \frac{K_1}{s-s_1} + \frac{K_2}{s-s_2} + \cdots + \frac{K_n}{s-s_n}$$

mit

$$K_i = \left[F(s)(s-s_i)\right]\Big|_{s=s_i}$$

gegeben. Besonders einfache Verhältnisse liegen dann vor, wenn alle Pole s_i (von System und Erregung) die Vielfachheit 1 haben. Es ist dann

$$I(s) = \sum_{i=1}^{n} \frac{k_i}{s - s_i} \; . \tag{5.11b}$$

In der Terminologie der Funktionentheorie (Funktionen komplexer Variabler) stellen Gl. (5.11a) und (5.11b) die Entwicklung der Funktion $I(s)$ in eine Summe von sog. Laurent-Reihen an ihren Polen dar. Den Partialbruchkoeffizienten des jeweils ersten Gliedes (vgl. Tab.5.2), d.h. des Gliedes mit $(s - s_i)^1$ im Nenner, nennt man das R e s i d u u m der Funktion $I(s)$ am Pol $s = s_i$. Die Residuen der einzelnen Pole sind demnach die Koeffizienten K_{i1} in Gl.(5.11a) und alle Koeffizienten K_i in Gl.(5.11b).

Die einzelnen Summanden der Gl.(5.11a) und (5.11b) lassen sich nun leicht mit Hilfe der in Tab. 5.1 angegebenen Korrespondenzen in den Zeitbereich zurücktransformieren. Es ergibt sich für Gl.(5.11a):

$$i(t) = \sum_{i=1}^{1} e^{s_i t} \sum_{k=1}^{r_i} \frac{K_{ik}}{(k-1)!} \, t^{k-1} \tag{5.12a}$$

$$= \left(K_{11} + K_{12} t + \frac{1}{2} K_{13} t^2 + \dots + \frac{1}{(r_1-1)!} K_{1r_1} t^{r_1-1} \right) \cdot e^{s_1 t} +$$

$$+ \left(K_{21} + K_{22} t + \frac{1}{2} K_{23} t^2 + \dots + \frac{1}{(r_2-1)!} K_{2r_2} t^{r_2-1} \right) \cdot e^{s_2 t} +$$

$$+ \quad \dots \quad +$$

$$+ \left(K_{11} + K_{12} t + \frac{1}{2} K_{13} t^2 + \dots + \frac{1}{(r_1-1)!} K_{1r_1} t^{r_1-1} \right) \cdot e^{s_1 t} \; .$$

Im Falle einfacher Pole nach Gl.(5.11b) lautet die Transformation:

$$i(t) = \sum_{i=1}^{n} K_i e^{s_i t} = K_1 e^{s_1 t} + K_2 e^{s_2 t} + \ldots + K_n e^{s_n t} \quad . \qquad (5.12b)$$

Damit liegt die vollständige Lösung im Zeitbereich vor. Eine Bestimmung von Konstanten, wie es bei Lösung der Differentialgleichung notwendig wäre, ist hier nicht erforderlich, da die Partialbruchkoeffizienten keine willkürlichen Konstanten sind, sondern
durch die Partialbruchzerlegung bereits fest vorgegeben wurden.
Die Erregung ist bereits in der Lösung enthalten.

Unterteilt man die Lösung entweder im Frequenzbereich [Gl.(5.11)]
oder im Zeitbereich [Gl.(5.12)] in einen Anteil, der nur die Pole
des Systems enthält und einen Anteil, der nur die Pole der Erregung enthält, so erkennt man, daß sich die Antwort aus zwei charakteristischen Teilen zusammensetzt (Tab. 5.3), nämlich dem Ein-

Tabelle 5.3. Zusammensetzung der Systemantwort

	Einschwinganteil	Erregeranteil
$I(s) =$	$I_{ein}(s)$ +	$I_{err}(s)$
$i(t) =$	$i_{ein}(t)$ +	$i_{err}(t)$
Antwort	Einschwinganteil (Pole des Systems)	Erregeranteil (Pole der Erregung)
	Bei stabilen Systemen und stationärer Erregung: abklingender Anteil	stationärer Anteil
	Bei Lösen der Differentialgleichung: homogene Lösung	partikuläre Lösung

schwing- und dem Erregeranteil. Da bei stabilen Systemen die Pole
des Systems stets negativen Realteil haben (vgl. Abschnitt 10.5.),

ist der Einschwinganteil laut Gl.(5.12) nach genügend langer Zeit abgeklungen. Bei stationärer Erregung bleibt dann nur der Erregeranteil übrig (vgl. Abschnitt 7.1.3). Schließlich entsprechen die beiden Anteile der homogenen bzw. partikulären Lösung, wie sie sich bei Berechnung mit Hilfe der Differentialgleichung ergeben würden.

Diese Unterteilung darf nicht zu der Annahme verleiten, Einschwing- und Erregeranteil ließen sich unabhängig voneinander angeben und man brauche z.B. für eine andere Erregung nur einen anderen Erregeranteil zu berechnen. Zwar sind die Eigenfrequenzen der beiden Anteile nur vom System bzw. nur von der Erregung abhängig, jedoch wirken System und Erregung über die Partialbruchkoeffizienten auf beide Anteile ein. Ändert sich also entweder nur das System oder nur die Erregung, so ändern sich trotzdem alle Partialbruchkoeffizienten.

Die Unterteilung in Einschwing- und Erregeranteil ist in denjenigen Fällen nicht mehr sinnvoll, die man ganz allgemein als R e s o n a n z bezeichnen kann, wenn nämlich System und Erregung einen oder mehrere g l e i c h e P o l e haben. Hierbei wird das System direkt in seinen Eigenfrequenzen erregt, und eine Unterscheidung ist nicht mehr möglich.

<u>Beispiel 5.3</u>

Die Lösung mit Laplace-Transformation wird an einem sehr einfachen Beispiel veranschaulicht, damit die Zusammenhänge nicht durch den Rechenaufwand verschleiert werden. In der dargestellten Schaltung soll der Strom I als Funktion der Erregung U berechnet werden:

$$I(s) = \frac{U(s)}{R + \dfrac{1}{Cs}} = \frac{1}{R} \, \frac{s}{s + \dfrac{1}{T}} \, U(s) \quad .$$

Die Systemfunktion nach Gl.(5.5) hat hier die einfache Form

$$A(s) = \frac{1}{R} \, \frac{s}{s - s_1} \quad ,$$

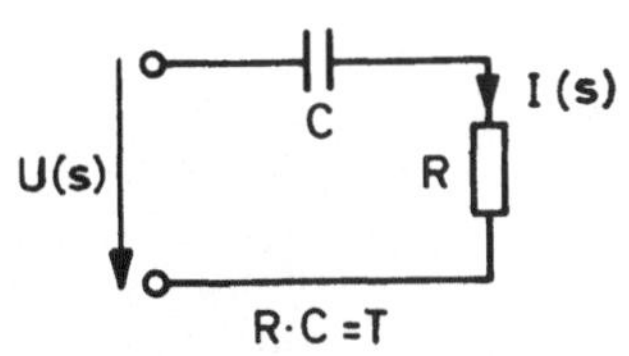

wobei $s_1 = -\frac{1}{T}$ die einzige Eigenfrequenz (Pol) des Netzwerks ist. Die Erregung werde für $t \geq 0$ zu

$$u(t) = U_q e^{s_q t} \quad ; \quad s_q = \sigma_q + j\omega_q$$

gewählt (komplexe Exponentialfunktion, vgl. Kapitel 6). Daß die Erregung für $\omega_q \neq 0$ komplex ist, was physikalisch sinnlos ist, braucht nicht zu stören. Die reellen Zeitfunktionen der Erregung und Antwort ergeben sich bei Bedarf durch Realteilbildung. Die Laplace-Transformierte der Erregung folgt mit Tab.5.1 zu :

$$U(s) = \frac{U_q}{s - s_q} \quad .$$

Damit gilt für die Antwort nach Gl.(5.10):

$$I(s) = A(s) \cdot U(s) = \frac{U_q}{R} \frac{s}{(s - s_1)(s - s_q)} \quad .$$

Für $s_q \neq s_1$, d.h. wenn der Pol s_q der Erregung mit dem Pol s_1 des Netzwerkes nicht übereinstimmt, ergibt sich eine einfache Partialbruchzerlegung nach Gl.(5.11b)

$$I(s) = \frac{U_q}{R} \frac{s}{(s - s_1)(s - s_q)} = \frac{K_1}{s - s_1} + \frac{K_2}{s - s_q} \quad ,$$

wobei man die Residuen K_1 und K_2 nach Tab.5.2 bestimmen kann:

$$K_1 = \frac{U_q}{R} \frac{s}{s - s_q} \bigg|_{s = s_1} = \frac{U_q}{R} \frac{s_1}{s_1 - s_q}$$

$$K_2 = \frac{U_q}{R} \frac{s}{s - s_1} \bigg|_{s = s_q} = \frac{U_q}{R} \frac{s_q}{s_q - s_1} = U_q \cdot A(s_q) \quad .$$

Damit wird :

$$I(s) = \frac{U_q}{R} \left(\frac{s_1}{s_1 - s_q} \cdot \frac{1}{s - s_1} + \frac{s_q}{s_q - s_1} \cdot \frac{1}{s - s_q} \right) \quad .$$

$$\underbrace{\qquad\qquad\qquad}_{\text{Einschwing-}\atop\text{anteil}} \qquad \underbrace{\qquad\qquad\qquad}_{\text{Erregeranteil}}$$

Bemerkenswert ist, daß bei diesem Typ der Erregung das Residuum K_2 sich stets als Produkt aus der Amplitude U_q der Erregung und dem Wert $A(s_q)$, d.h. der Systemfunktion für $s = s_q$, ergibt. Dies ist wichtig für die stationäre Lösung (vgl. Abschnitt 7.1.3.).

Die Lösung im Zeitbereich folgt mit Gl.(5.12b) zu

$$i(t) = \frac{U_q}{R} \left(\frac{s_1}{s_1 - s_q} e^{s_1 t} + \frac{s_q}{s_q - s_1} e^{s_q t} \right) \quad ,$$

$$\underbrace{\qquad\qquad}_{\text{Einschwing-anteil}} \quad \underbrace{\qquad\qquad}_{\text{Erregeranteil}}$$

wovon ggf. der Realteil zu nehmen ist.

Die Ergebnisse im Frequenz- und Zeitbereich verdeutlichen die Aufteilung in Einschwing- und Erregeranteil sowie die Tatsache, daß die beiden Anteile durch die Residuen K_1 und K_2, in denen sowohl die Pole des Netzwerks als auch die Pole der Erregung auftreten, miteinander zusammenhängen. Für s_1 ist der oben ermittelte Pol $s_1 = -\frac{1}{T}$ des Netzwerks einzusetzen, woraus zu erkennen ist, daß der Einschwinganteil nach genügend langer Zeit abgeklungen ist. Für s_q ist der noch zu wählende Pol der Erregung einzusetzen. Für zwei Fälle soll das Ergebnis explizit angegeben werden:

a) U_q und s_q seien reell mit $s_q = -\frac{1}{T_q}$, d.h. die Erregung ist eine zur Zeit $t = 0$ eingeschaltete, abklingende Exponentialfunktion. Damit folgt:

$$i(t) = \frac{U_q}{R} \left(\frac{T_q}{T_q - T} e^{-\frac{t}{T}} + \frac{T}{T - T_q} e^{-\frac{t}{T_q}} \right) .$$

b) Es sei $U_q = \hat{u} e^{j\varphi}$ die komplexe Amplitude und $s_q = j\omega_q$ die Frequenz einer zur Zeit $t = 0$ eingeschalteten, ungedämpften Schwingung. Dann ergibt sich:

$$i(t) = \frac{\hat{u}}{R} e^{j\varphi} \left(\frac{1}{1 + j\omega_q T} e^{-\frac{t}{T}} + \frac{j\omega_q T}{1 + j\omega_q T} e^{j\omega_q t} \right) . \qquad (*)$$

Für den Realteil findet man nach einigen Umrechnungen:

$$i(t) = \frac{\hat{u}}{R\sqrt{1 + (\omega_q T)^2}} \left[\cos(\varphi - \Psi) e^{-\frac{t}{T}} + \omega_q T \sin(\omega_q t + \varphi - \Psi) \right]$$

$$\text{mit } \Psi = \arctan(\omega_q T) \quad .$$

Nach Abklingen des Einschwinganteils bleibt hier ein stationärer
Anteil übrig, der sich aus der Gleichung (*) zu

$$i_s(t) = \frac{1}{R} \frac{j\omega_q T}{1 + j\omega_q T} U_q \, e^{j\omega_q t}$$

ergibt. Die komplexe Amplitude dieses Stromes ist:

$$I = \frac{1}{R} \frac{j\omega_q}{j\omega_q + \frac{1}{T}} U_q = A(s_q) \cdot U_q \quad .$$

Eine Analyse mit der komplexen Wechselstromrechnung führt direkt
zu diesem Ergebnis. Sie berücksichtigt demnach lediglich den Erregeranteil nach Abklingen des Einschwinganteils bei stationärer
Erregung, stellt also einen Spezialfall der allgemeinen Erregung
dar.

Zu untersuchen ist noch der Fall der "Resonanz", bei dem die Pole
des Netzwerks und der Erregung zusammenfallen: $s_q = s_1 = -\frac{1}{T}$. Hierfür
wird:

$$I(s) = \frac{U_q}{R} \frac{s}{(s - s_1)^2} = \frac{K_{11}}{s - s_1} + \frac{K_{12}}{(s - s_1)^2} \quad .$$

Es tritt ein doppelter Pol auf, weswegen die Partialbruchzerlegung
nach Gl.(5.11a) zu erfolgen hat. Die Konstante K_{12} und das Residuum K_{11} ergeben sich nach Tab.5.2 zu:

$$K_{12} = \frac{U_q}{R} \cdot s \Big|_{s = s_1} = \frac{U_q}{R} s_1 \quad ,$$

$$K_{11} = \frac{d}{ds} \left[\frac{U_q}{R} \, s \right]_{s\,=\,s_1} = \frac{U_q}{R} \quad .$$

Damit wird die Lösung im Zeitbereich nach Gl.(5.12a):

$$i(t) = \frac{U_q}{R} \, (1 + s_1 t) \, e^{s_1 t} = \frac{U_q}{R} \, (1 - \frac{t}{T}) \, e^{-\frac{t}{T}} \quad .$$

Zwischen Einschwing- und Erregeranteil kann hier nicht mehr unterschieden werden.   ∎

5.4. Zusammenfassung

Für die Lösung der Netzwerksgleichungen, wie sie sich aus der
Schleifen- oder Knotenanalyse ergeben, wurde von den verschiedenen
Möglichkeiten lediglich die Lösung mit Hilfe der Laplace-Transfor-
mation besprochen. Die als Erregung auftretenden Zeitfunktionen
sind dabei durch Gl.(5.1) auf den Bereich $t \geq 0$ eingeschränkt; der
Anfangszustand des Systems ist durch Gl.(5.2) als energielos fest-
gelegt. (Über nicht energielosen Anfangszustand vgl. Kapitel 8.)
Die unter diesen Bedingungen geltenden wichtigsten Beziehungen der
Laplace-Transformation sind in Tab. 5.1 angegeben. Die für die
Rücktransformation in den Zeitbereich notwendige Partialbruchzerlegung ist in Tab. 5.2 dargestellt. Die Anwendbarkeit der Partialbruchzerlegung beruht auf der weiteren Voraussetzung, daß nur solche Zeitfunktionen auftreten, deren Laplace-Transformierte - ebenso wie die Systemfunktion - rationale Funktionen sind. Eine Ausnahme hiervon sind nichtrationale Faktoren vom Typ e^{-Ts}, die vom
System oder von der Erregung stammen können. Sie lassen sich über
den Verschiebungssatz im Zeitbereich (Tab.5.1) leicht berücksichtigen und entsprechen verzögerten Erregungen bzw. einfachen Tot-
zeitgliedern.

Die Lösung mit Hilfe der bei $t = 0^-$ beginnenden Laplace-Transformation hat wesentliche Vorzüge gegenüber der direkten Lösung der Differentialgleichung:

a) Man muß nur ein einziges lineares algebraisches Gleichungssystem lösen und kann die Lösung auf eine einzige Unbekannte beschränken. Das Gleichungssystem selbst kann dabei unter der genannten Bedingung energielosen Anfangszustandes direkt und ohne Bezug zur Differentialgleichung als algebraisches System angeschrieben werden, wobei die Beziehungen der komplexen Wechselstromrechnung anwendbar sind, wenn man $j\omega$ durch s ersetzt. Bei der klassischen Lösung dagegen muß sowohl zum Aufstellen der Differentialgleichung für die gewünschte Unbekannte als auch bei der Ermittlung der willkürlichen Konstanten aus den (hier nicht verschwindenden, da für $t = 0^+$ definierten) Anfangsbedingungen je ein Gleichungssystem gelöst werden, wobei der energielose Anfangszustand keine Vereinfachung bringt.

b) Die Erregung mitsamt den durch sie erzeugten Anfangswerten geht direkt in die Lösung ein, so daß sich sofort die vollständige Lösung ohne willkürliche Konstanten ergibt. Bei der klassischen Lösung wird erst eine allgemeine Lösung geliefert, die erst über eine partikuläre Lösung und über willkürliche Konstanten der gegebenen Erregung angepaßt werden muß.

c) Die Methode der Laplace-Transformation liefert bei Auflösung des Gleichungssystems nach der gewünschten Unbekannten und im Falle einer einzigen Erregung die sog. Systemfunktion des Netzwerks, die für seine Eigenschaften eine zentrale Bedeutung hat und die noch ausführlich erörtert wird.

Aus den genannten Gründen wird im folgenden vorwiegend die Laplace-Transformation zur Lösung von Netzwerksproblemen und zur Darstellung von Netzwerkseigenschaften verwendet. Da es sich dabei jedoch stets um die Antwort auf gegebene Erregungen handelt, müssen im nächsten Kapitel zunächst die wichtigsten Zeitfunktionen besprochen werden.

6. Zeitfunktionen

Die in der Nachrichtentechnik tatsächlich vorkommenden Signale
lassen sich i.a. nicht als Zeitfunktionen explizit angeben, da
sie grundsätzlich statistischer Natur sind (Sprache, Musik, Bild-
und Datensignale).

Trotzdem verwendet man in der Netzwerktheorie, also bei Analyse
und Synthese, mathematisch determinierte und in der Regel konti-
nuierliche Zeitfunktionen. Es ist dann eine weitere und hier
nicht behandelte Aufgabe der Nachrichtentechnik, den Zusammenhang zwischen den tatsächlichen Signalen und diesen expliziten
Zeitfunktionen herzustellen, so daß die Ergebnisse der Netzwerktheorie auch für die Nachrichtensignale mit hinreichend guter
Näherung gültig sind.

Jedoch wäre selbst eine explizit gegebene Zeitfunktion $g(t)$ in
den meisten Fällen zu kompliziert, um etwa die Antwort eines Netzwerks auf eine Erregung mit $g(t)$ direkt zu berechnen. Man geht
daher noch einen Schritt weiter und zerlegt eine Zeitfunktion
$g(t)$ in elementare Komponenten, die ihrerseits nun so einfach
sind, daß die Antwort des Netzwerks auf die Erregung mit einer
solchen Komponente einfach zu berechnen ist. Dann kann man bei einem linearen Netzwerk die Antwort auf eine beliebige Zeitfunktion
ebenso aus einzelnen Komponentenantworten zusammensetzen, wie
man die Zeitfunktion selbst aus den Komponenten zusammengesetzt
hat. Vgl. hierzu das Superpositionsgesetz für lineare Systeme im
Kapitel 1, z.B. Gl.(1.5) und (1.6).

Beispiele für eine solche Zerlegung in elementare Komponenten sind die Fourier-Reihe für periodische und das Fourier-Integral für einmalige Zeitfunktionen.

Die genannten Komponenten haben somit den Charakter von Prüfsignalen bei der Untersuchung von Netzwerken. Die wichtigsten dieser Prüfsignale werden in diesem Kapitel besprochen.

6.1. Elementarfunktionen

Eine wichtige Gruppe von Prüfsignalen stellen die Elementar- oder Singularitätsfunktionen dar. Kennt man die Antwort eines l i n e - a r e n Netzwerks auf eine Elementarfunktion, so sind im Prinzip alle Eigenschaften dieses Netzwerks beschrieben.

Die Definition der Elementarfunktionen $\delta_i(t)$ geht von der S p r u n g f u n k t i o n $\delta_{-1}(t)$ aus

$$\delta_{-1}(t) = \begin{cases} 0 & \text{für } t < 0 \\ 1/2 & \text{für } t = 0 \, , \\ 1 & \text{für } t > 0 \end{cases} \tag{6.1}$$

deren Verlauf in Bild 6.1 dargestellt ist.

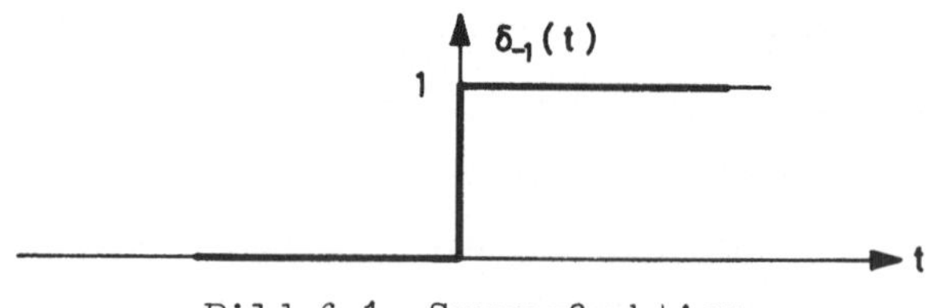

Bild 6.1. Sprungfunktion

Aus der Sprungfunktion ergeben sich alle übrigen Elementarfunktionen $\delta_i(t)$ über die Beziehung:

$$\delta_i(t) = \int_{-\infty}^{t} \delta_{i+1}(\tau)\, d\tau \qquad . \tag{6.2}$$

Für $i = -1$ folgt hieraus eine weitere wichtige Elementarfunktion,
nämlich $\delta_0(t)$, der Dirac-Impuls oder kurz I m p u l s . Andere Bezeichnungen sind: Stoßfunktion, Dirac-Stoß oder Deltafunktion.
Nach Gl.(6.2) ist $\delta_0(t)$ identisch mit jedem beliebig gestalteten
Verlauf, der die Bedingung

$$\delta_{-1}(t) = \int_{-\infty}^{t} \delta_0(\tau)d\tau = \begin{cases} 0 & \text{für } t < 0 \\ 1/2 & \text{für } t = 0 \\ 1 & \text{für } t > 0 \end{cases} \tag{6.3}$$

erfüllt. $\delta_0(t)$ muß demnach außerhalb $t = 0$ identisch verschwinden
und lediglich bei $t = 0$ einen unendlich großen Beitrag liefern, so
daß das Integral, d.h. die Fläche unter der Kurve, Eins wird. Eine
solche Funktion gibt es im strengen mathematischen Sinne nicht.
Der Impuls und seine Ableitungen sind nur im Rahmen der sog. Distributionentheorie exakt definierbar [4]. Die Darstellung des
Impulses läßt sich daher allgemein nur mit Bild 6.2a angeben.
Eine übliche - wenn auch nur eine der möglichen - Interpretation
zeigt Bild 6.2b.

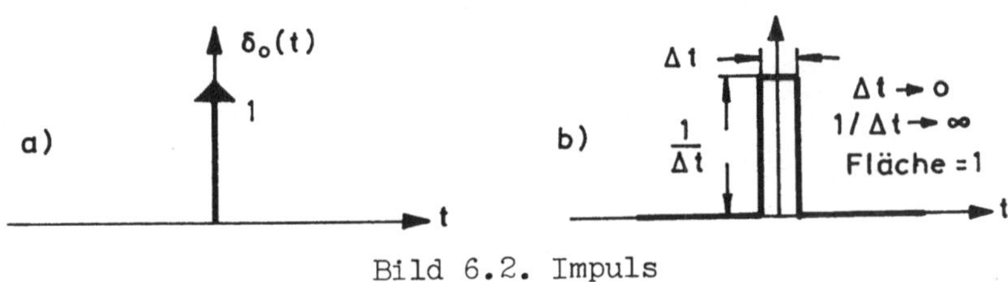

Bild 6.2. Impuls

Umgekehrt müßte nach Gl.(6.2) gelten:

$$\delta_0(t) = \frac{d}{dt}\,\delta_{-1}(t) \quad . \tag{6.4}$$

Diese Definition bereitet Schwierigkeiten, da $\delta_{-1}(t)$ an der Stelle $t = 0$ nicht differenzierbar ist. Man kann daher diese Beziehung
nur f o r m a l gelten lassen oder als G r e n z w e r t einer diffe-
renzierbaren Funktion deuten. (In der Distributionentheorie sind
die beiden Ausdrücke nicht durch Differentiation, sondern durch

Derivation verknüpft.) Auf diese Schwierigkeiten wird hier nicht näher eingegangen, da für den vorliegenden Zweck die Definition des Impulses mit Hilfe der Gl.(6.2) ausreichend ist. Es wird auch die Bezeichnung "Funktion" beibehalten.

$\delta_0(t)$ und $\delta_{-1}(t)$ sind die in der System- und Netzwerktheorie am häufigsten benutzten Elementarfunktionen* Weitere Elementarfunktionen folgen in beliebiger Anzahl aus Gl.(6.2). So stellt $\delta_1(t)$ einen D o p p e l i m p u l s an der Stelle $t=0$ dar, d.h. einen positiven Impuls mit unendlicher Fläche bei $t=0$ und einen darauffolgenden gleichen negativen Impuls ebenfalls bei $t=0$ (Bild 6.3a). Andererseits stellt $\delta_{-2}(t)$ eine R a m p e n f u n k t i o n dar, d.h. eine für $t \geq 0$ linear ansteigende Funktion (Bild 6.3b). $\delta_{-3}(t) = t^2/2$ ist eine Parabel für $t \geq 0$ usw.

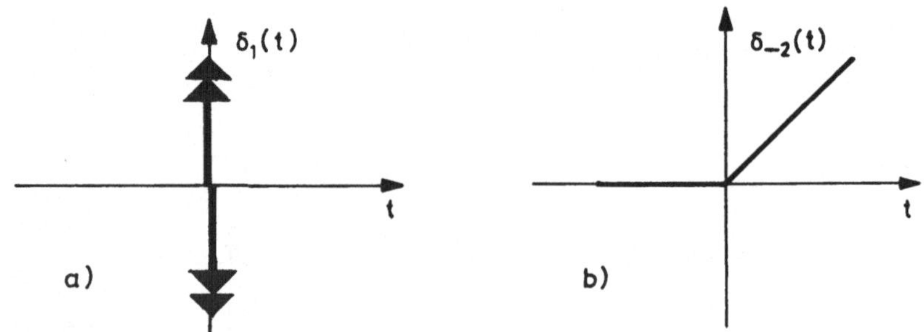

Bild 6.3. Doppelimpuls und Rampenfunktion

Die wichtigsten Eigenschaften einiger Elementarfunktionen sind in Tab. 6.1 dargestellt und werden im folgenden kurz besprochen.

Es handelt sich durchweg um Zeitfunktionen, die nur für $t \geq 0$ existieren und für $t < 0$ verschwinden. Die Laplace-Transformierte der Elementarfunktionen ist:

$$\delta_i(t) \; \circ\!\!-\!\!\bullet \; s^i \; .\tag{6.5}$$

Wichtig ist die F a l t u n g von Elementarfunktionen mit anderen Zeitfunktionen. Allgemein wird die Faltung zweier Zeitfunktionen $g_1(t)$ und $g_2(t)$ folgendermaßen definiert:

---

* Dimensionen siehe Abschnitt 7.2, S. 104 ff.

$$g_1(t) * g_2(t) = \int_{-\infty}^{+\infty} g_1(\tau) \cdot g_2(t-\tau)\,d\tau = \int_{-\infty}^{+\infty} g_1(t-\tau) \cdot g_2(\tau)\,d\tau \quad . \qquad (6.6)$$

Sie kann durch Bild 6.4 veranschaulicht werden. Die Integration ist nach Gl.(6.6) von $-\infty$ bis $+\infty$ zu erstrecken. Da hier jedoch

Tabelle 6.1. Elementarfunktionen

Elementarfunktion	Laplace-Transformation	Faltung von $\delta_i(t)$ mit beliebigem $g(t) \circ\!\!-\!\!\bullet\, G(s)$	Darstellung einer beliebigen Zeitfunktion $g(t)$ mit $\delta_i(t)$
Allgemein: $\delta_i(t) = \int_{-\infty}^{t} \delta_{i+1}(\tau)\,d\tau$	s^i	$g(t) * \delta_i(t)$ $= \int_{0_-}^{t^+} g(\tau)\,\delta_i(t-\tau)\,d\tau$ $= \int_{0_-}^{t^+} g(t-\tau)\,\delta_i(\tau)\,d\tau$ $= g^{(i)}(t) \circ\!\!-\!\!\bullet\, s^i G(s)$	$g(t) = [g(t)*\delta_i(t)]^{(-i)}$ $= g^{(-i)}(t)*\delta_i(t)$
Impuls $i = 0$: $\delta_0(t)=0 \quad t\neq 0$ $\int_{-\infty}^{t} \delta_0(\tau)\,d\tau =$ $= \delta_{-1}(t)$	1	$g(t)*\delta_0(t)$ $= g(t) \circ\!\!-\!\!\bullet\, G(s)$	$g(t)= \int_{0_-}^{t^+} g(\tau)\delta_0(t-\tau)\,d\tau$
Sprung $i = -1$: $\delta_{-1}(t) = \begin{cases} 0; & t<0 \\ 1/2; & t=0 \\ 1; & t>0 \end{cases}$	$\dfrac{1}{s}$	$g(t)*\delta_{-1}(t)$ $= \int_{0_-}^{t^+} g(\tau)\,d\tau \circ\!\!-\!\!\bullet\, \dfrac{G(s)}{s}$	$g(t)= \int_{0_-}^{t^+} \dot{g}(\tau)\delta_{-1}(t-\tau)\,d\tau$

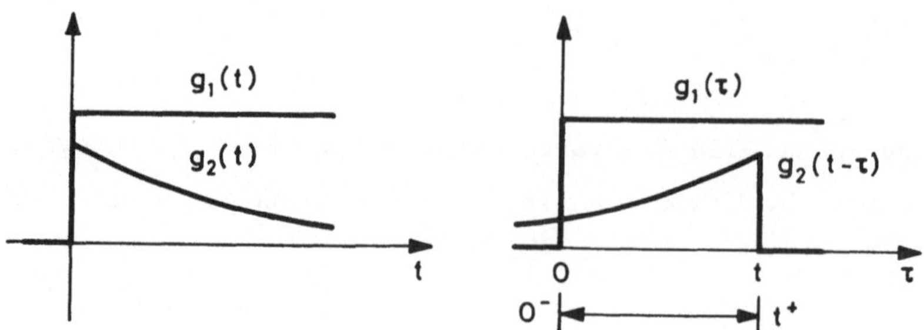

Bild 6.4. Faltung zweier Zeitfunktionen

nur Zeitfunktionen betrachtet werden, die für $t < 0$ verschwinden,
kann man das Integrationsintervall auf $0 \ldots t$ beschränken, weil
außerhalb dieses Intervalls stets mindestens eine der Funktionen
verschwindet. Da $g(0)$ noch erklärt ist und an dieser Stelle unter
Umständen ein Impuls auftritt, ist als Integrationsintervall genauer $0^- \ldots t^+$ zu nehmen, was künftig stets vorausgesetzt sein
soll. Durch diese Wahl der Integrationsgrenzen erübrigt es sich,
den Gültigkeitsbereich der Funktionen bei der Faltung explizit
zu berücksichtigen.

Faltet man eine Elementarfunktion $\delta_i(t)$ mit einer beliebigen, jedoch stetigen, für $t \geq 0$ existierenden Zeitfunktion $g(t)$, so folgt:

$$g(t) * \delta_i(t) = \int_{0^-}^{t^+} g(\tau)\delta_i(t-\tau)d\tau = \int_{0^-}^{t^+} g(t-\tau)\delta_i(\tau)d\tau = g^{(i)}(t) \; . \qquad (6.7)$$

Das Ergebnis ist der i-te Differentialquotient der betreffenden
Zeitfunktion. Dies folgt aus Gl.(6.5), wonach die Faltung mit
$\delta_i(t)$ der Multiplikation mit s^i im Frequenzbereich und damit der
i-fachen Differentiation im Zeitbereich entspricht. Für $i = 0$ und
$i = -1$, d.h. für Impuls und Sprung, ergeben sich die in Bild 6.5
dargestellten Verhältnisse.

Insbesondere hat $\delta_0(t)$ die Eigenschaft einer "Abtastfunktion",
da die Faltung den Funktionswert an der Stelle t liefert, also

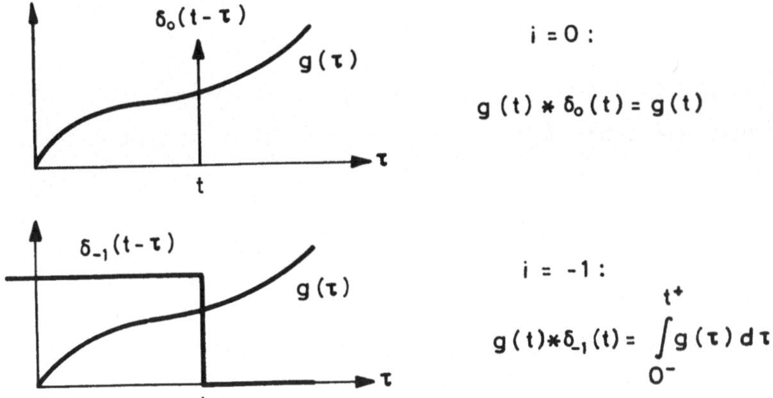

Bild 6.5. Faltung einer Zeitfunktion mit Impuls und Sprung

der Zeitfunktion eine "Probe" an der Stelle t entnommen wird.* Dagegen hat $\delta_{-1}(t)$ die Eigenschaft, die obere Integrationsgrenze
festzulegen, da die Faltung das Integral über g(t) im Intervall
$0^-\ldots t^+$ ergibt.

Aus Gl.(6.7) folgt nun die Möglichkeit, eine beliebige Zeitfunktion g(t) aus einzelnen Elementarfunktionen als Komponenten zu-
sammenzusetzen. Es ist nämlich nach Gl.(6.7) und nach den Regeln
für Differentiation bzw. Integration von Parameterintegralen:

$$g(t) = [g(t) * \delta_i(t)]^{(-i)} = g^{(-i)}(t) * \delta_i(t) \qquad .** \qquad (6.8)$$

Die Zeitfunktion läßt sich demnach als Faltung ihres $(-i)$ - ten
Differentialquotienten mit der Elementarfunktion $\delta_i(t)$ darstellen. Für Impuls und Sprung folgt daraus

$$i = 0: \quad g(t) = g(t) * \delta_0(t) = \int_{0^-}^{t^+} g(\tau)\delta_0(t-\tau)\,d\tau \qquad (6.9)$$

$$i = -1: \quad g(t) = \dot{g}(t) * \delta_{-1}(t) = \int_{0^-}^{t^+} \dot{g}(\tau)\delta_{-1}(t-\tau)\,d\tau \qquad , \quad (6.10)$$

wobei der Punkt die Ableitung nach der Zeit bedeuten soll. Gl.
(6.9) bedeutet den Aufbau einer Zeitfunktion aus lauter Impulsen,

---

* Man spricht auch von der "Ausblendeigenschaft" des Impulses.
** Die scheinbar nutzlosen Gleichungen (6.8) bis (6.10) finden
   im Abschnitt 7.2.1 ihre Anwendung.

die mit dem "Gewicht" $g(t)$ auftreten. Sie führt später auf die
Berechnung der Netzwerksantwort bei gegebener Impulsantwort. Gl.
(6.10) zeigt den Aufbau einer Zeitfunktion aus lauter Sprüngen,
die mit dem "Gewicht" $\dot{g}(t)$ eingehen. Sie führt später auf die
Berechnung der Antwort eines Netzwerkes mit Hilfe der Sprungantwort.

Schließlich kann man aus den Elementarfunktionen eine Fülle ande-
rer Funktionen zusammensetzen, z.B. ideale Rechteckimpulse aus
$\delta_{-1}(t)$, Dreieck- und Trapezfunktion aus $\delta_{-2}(t)$, parabelförmige
Funktionen aus $\delta_{-3}(t)$ usw. Ferner lassen sich gegebene Zeitfunktionen durch Multiplikation mit $\delta_{-1}(t)$ auf bestimmte Intervalle
beschränken.

Beispiel 6.1

a) Idealer Rechteckimpuls der Dauer $T_i = t_2 - t_1$, seine Ableitung
und sein Integral:

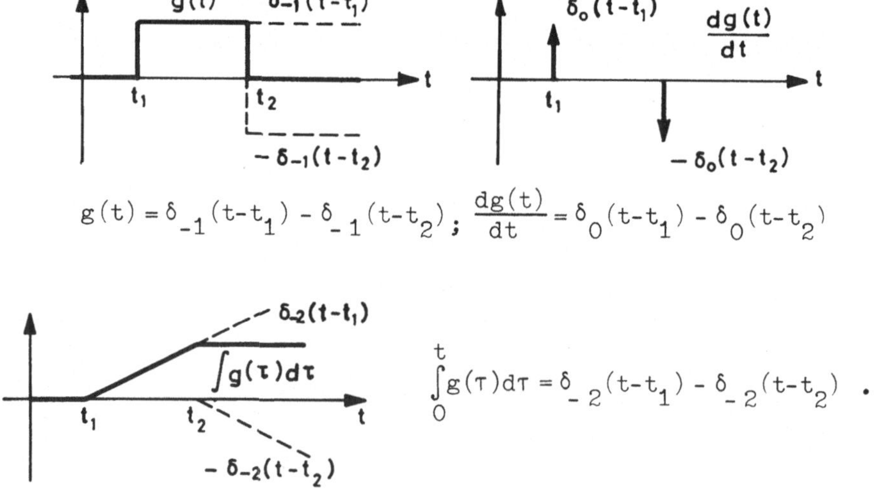

$$g(t) = \delta_{-1}(t-t_1) - \delta_{-1}(t-t_2); \quad \frac{dg(t)}{dt} = \delta_0(t-t_1) - \delta_0(t-t_2)$$

$$\int_0^t g(\tau)d\tau = \delta_{-2}(t-t_1) - \delta_{-2}(t-t_2) \ .$$

b) Beschränkung einer Funktion $g_1(t)$ auf ein Intervall $t \geq t_1$ oder
$t_1 \leq t \leq t_2$:

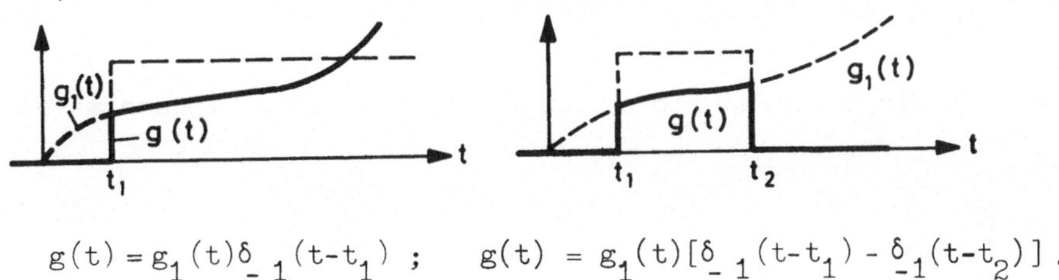

$$g(t) = g_1(t)\delta_{-1}(t-t_1) \; ; \qquad g(t) = g_1(t)[\delta_{-1}(t-t_1) - \delta_{-1}(t-t_2)] \, .$$

c) Dreiecksfunktion, Trapezfunktion:

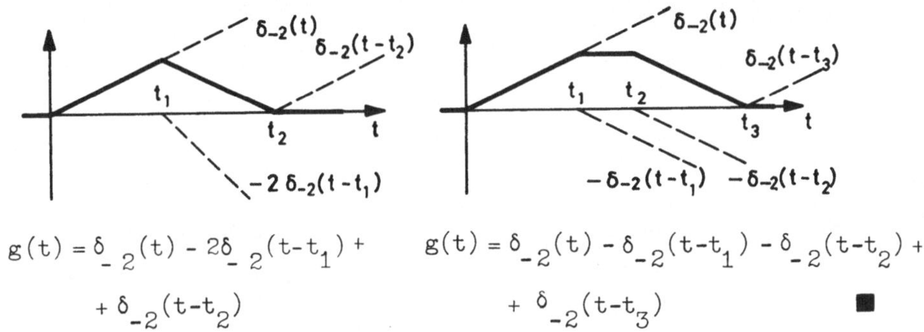

$$g(t) = \delta_{-2}(t) - 2\delta_{-2}(t-t_1) + \qquad g(t) = \delta_{-2}(t) - \delta_{-2}(t-t_1) - \delta_{-2}(t-t_2) +$$

$$+ \, \delta_{-2}(t-t_2) \qquad\qquad\qquad + \, \delta_{-2}(t-t_3) \qquad \blacksquare$$

Im Abschnitt 5.1. Gl.(5.1) wurde die Voraussetzung gemacht, daß
alle vorkommenden Zeitfunktionen (Erregungen und Antworten) nur
für $t \geq 0$ existieren, für $t < 0$ jedoch verschwinden. Im allgemeinen
ist jedoch eine beliebige Zeitfunktion $g(t)$ für alle, d.h. auch
für negative Zeiten erklärt. Korrekterweise müßte demnach jede
Zeitfunktion, die der Voraussetzung Gl.(5.1) genügen soll, mit
Hilfe der Sprungfunktion auf positive Zeiten beschränkt werden, d.h.
als Produkt $g(t) \cdot \delta_{-1}(t)$ geschrieben werden. Man verzichtet jedoch
in der Regel auf diese Schreibweise unter Hinweis auf die getrof-
fenen Voraussetzungen. Allerdings muß man dabei stets beachten,
daß bei Differentiation einer solchen Zeitfunktion an der Stelle
$t = 0$ zusätzlich ein Impuls $g(0^+)\delta_0(t)$ auftritt, wie sich aus der
Differentiation von $g(t) \cdot \delta_{-1}(t)$ nach der Produktregel ergibt. Obwohl man dies leicht vergißt, wird hier - von Ausnahmen abgesehen -
die einfache Schreibweise beibehalten, da sich sonst sehr unhand-
liche und unübersichtliche Ausdrücke ergeben. Vgl. hierzu Beispiel
7.3.

6.2. Komplexe Exponentialfunktion

Neben den Elementarfunktionen spielt die komplexe Exponentialfunktion

$$g(t) = K\, e^{st} \tag{6.11}$$

eine wichtige Rolle. Sie wurde bereits im Beispiel 5.3 als Erregung benutzt. In Gl.(6.11) bedeuten:

$$K = |K| e^{j\varphi} \quad \text{komplexe Amplitude} \tag{6.12}$$

$$s = \sigma + j\omega \quad \text{komplexe Frequenz} \quad . \tag{6.13}$$

$g(t)$ ist also eine k o m p l e x e Zeitfunktion, die es in Wirklichkeit natürlich nicht gibt. Sie dient als Rechengröße, da sich mit komplexen Größen in der Regel einfacher rechnen läßt als mit reellen. Die tatsächlichen Zeitfunktionen gewinnt man bei Bedarf durch Real- oder Imaginärteilbildung oder durch Addition zweier konjugiert komplexer Funktionen. Meist verwertet man jedoch direkt das komplexe Ergebnis, da es die interessierenden Daten übersichtlicher zum Ausdruck bringt als die reelle Zeitfunktion.

Der oft als falsch und irreführend bezeichnete Ausdruck "komplexe Frequenz" ist selbstverständlich rein formal zu verstehen; eine (Kreis-)Frequenz im physikalischen Sinne ist nur der Imaginärteil ω. Der Realteil σ kennzeichnet einen zusätzlichen Faktor $e^{\sigma t}$, der nichts mit einer Frequenz zu tun hat. Trotzdem hat es sich als außerordentlich zweckmäßig erwiesen, die Größe s geschlossen als komplexe Größe mit Real- und Imaginärteil zu betrachten, wofür der "falsche" Ausdruck "komplexe Frequenz" sehr einprägsam ist.

Die Eigenschaften der Funktion $K\, e^{st}$ sind in Tab. 6.2 zusammengestellt. Die Umrechnungen ergeben sich mit den Eulerschen Formeln

$$e^{\pm j\alpha} = \cos\alpha \pm j\sin\alpha \tag{6.14}$$

und der Tatsache, daß der Realteil einer komplexen Größe gleich der halben Summe aus der Größe und ihrer konjugiert komplexen Größe ist

$$\mathrm{Re}\{g\} = \frac{1}{2}\,(g + g^*) \quad , \qquad\qquad (6.15)$$

wobei der Stern die konjugiert komplexe Größe bezeichnet. Danach
ist die reelle Zeitfunktion

$$\mathrm{Re}\{g(t)\} = |K|\,e^{\sigma t}\cos(\omega t + \varphi) \qquad\qquad (6.16)$$

eine Cosinusschwingung mit der Amplitude $|K|$ und dem Nullphasen-
winkel φ. Je nach dem komplexen Wert $s = \sigma + j\omega$ hat sie verschiede-
ne Eigenschaften. Für $|K| = 1$, d.h. für normierte Amplitude 1 und
$\varphi = 0$ nach Gl.(6.12), sind diese Eigenschaften in Tab. 6.2 in Ab-

Tabelle 6.2. Komplexe Exponentialfunktion

Komplexe Zeitfunktion $g(t) = Ke^{st}$ mit komplexer Amplitude
$K = |K|e^{j\varphi}$ und komplexer Frequenz $s = \sigma + j\omega$
Reelle Zeitfunktion:

$$\mathrm{Re}\{g(t)\} = \frac{1}{2}\,[g(t) + g^*(t)] = \frac{1}{2}\,[Ke^{st} + K^* e^{s^* t}]$$

$$= \frac{|K|}{2}\,e^{\sigma t}[e^{j(\omega t + \varphi)} + e^{-j(\omega t + \varphi)}] = |K|e^{\sigma t}\cos(\omega t + \varphi)$$

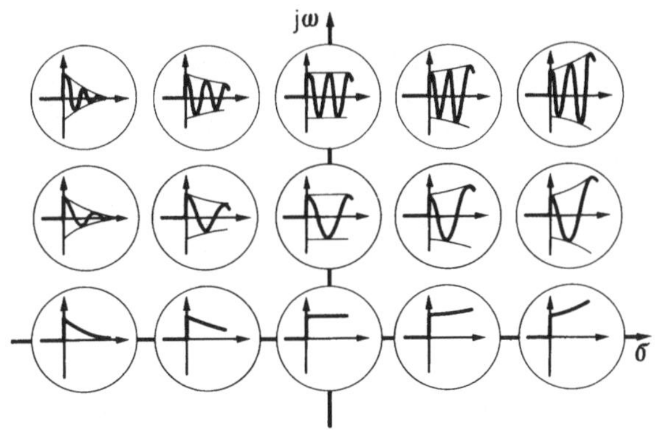

$\mathrm{Re}\{e^{st}\}$ für $t \geq 0$ als Funktion der Lage von $s = \sigma + j\omega$
in der komplexen Ebene:

Reelle Achse ($\omega = 0$):
    Exponentialfunktionen
Imaginäre Achse ($\sigma = 0$):
    Ungedämpfte Schwingun-
    gen
Linke Halbebene ($\sigma < 0$):
    Abklingende Funktionen
Rechte Halbebene ($\sigma > 0$):
    Anklingende Funktionen
Untere Halbebene ($\omega < 0$):
    Konjugiert komplexe
    Funktionen

---

hängigkeit der Lage von s in der komplexen Ebene dargestellt, d.h.
in Abhängigkeit von Realteil σ und Imaginärteil ω der komplexen

Frequenz nach Gl. (6.13). Gezeichnet ist der Realteil von e^{st}, obwohl zu einem gegebenen s eine komplexe Zeitfunktion gehört. Die
reelle Zeitfunktion ergibt sich stets erst mit Gl. (6.15) durch
Addition der konjugiert komplexen Funktion. Zu jedem s in der oberen Halbebene gehört daher der konjugiert komplexe Wert s* in der
unteren Halbebene, damit sich eine reelle Zeitfunktion ergibt.

Wie schon im Abschnitt 5.3. erwähnt, sind die Wurzeln s_i des charakteristischen Polynoms Gl. (5.8), die mit den Polen der Netzwerksfunktion identisch sind und die Eigenfrequenzen des Netzwerkes darstellen, entweder r e e l l oder p a a r w e i s e k o n-
j u g i e r t k o m p l e x . Die Notwendigkeit hierfür wird aus dem
oben Gesagten klar: ein realisierbares Netzwerk kann natürlich
nur reelle Eigenschwingungen haben.

Die Laplace-Transformierte der Zeitfunktion e^{st} für irgend einen
Festwert $s = s_i$ ergibt sich aus Tab. 5.1 zu :

$$e^{s_i t} \; \circ\!\!-\!\!\bullet \; \frac{1}{s - s_i} \; . \tag{6.17}$$

Diese Beziehung tritt bei der Berechnung von Systemantworten immer wieder auf, wie z.B. Gl. (5.12b) zeigt, da $e^{s_i t}$ eine elementare Komponente der Systemantwort ist.

Eine beliebige Zeitfunktion g(t) läßt sich auch aus einzelnen
komplexen Exponentialfunktionen als Komponenten darstellen:

$$g(t) = \frac{1}{2\pi j} \int_{\sigma - j\infty}^{\sigma + j\infty} G(s) \, e^{st} ds \tag{6.18a}$$

$$\text{mit } G(s) = \int_{0}^{\infty} g(t) \, e^{-st} dt \quad . \tag{6.18b}$$

Gl. (6.18a) ist nichts anderes als das komplexe Umkehrintegral der
Laplace-Transformation. Zu seiner Lösung bedarf es funktionenthe-

oretischer Kenntnisse, die hier nicht vorausgesetzt werden. Bei
den hier vorkommenden rationalen Funktionen $G(s)$ kann man diese
Transformation nach Kapitel 5 mit Hilfe der Partialbruchzerlegung
und einer einfachen Korrespondenztabelle vornehmen. Gl.(6.18b) ist
das Laplace-Integral selbst [vgl. Gl.(5.3)].

Für $\sigma = 0$, d.h. $s = j\omega$ ergeben sich aus Gl.(6.18) die Fourier-Inte-
grale [einseitige Fourier-Transformation; $G_\omega(\omega) = G(j\omega)$]:

$$g(t) = \frac{1}{2\pi} \int_{-\infty}^{+\infty} G_\omega(\omega)\, e^{j\omega t}\, d\omega \qquad\qquad (6.19a)$$

$$G_\omega(\omega) = \int_{0^-}^{+\infty} g(t)\, e^{-j\omega t}\, dt \quad . \qquad\qquad (6.19b)$$

Gl.(6.19) schreibt man meist in symmetrischer Form, indem man die
Kreisfrequenz ω durch die Frequenz $f = \omega/2\pi$ ersetzt $[G_f(f) =$
$G_\omega(2\pi f)]$:

$$g(t) = \int_{-\infty}^{+\infty} G_f(f)\, e^{j2\pi f t}\, df \qquad\qquad (6.20a)$$

$$G_f(f) = \int_{0^-}^{+\infty} g(t)\, e^{-j2\pi f t}\, dt \quad . \qquad\qquad (6.20b)$$

6.3. Zusammenfassung

Die Zerlegung komplizierter Zeitfunktionen in elementare Komponenten hat den Zweck, möglichst einfache Prüfsignale zur Berechnung von Systemantworten zu schaffen, von denen aus zu den komplizierteren Funktionen übergegangen werden kann.

Solche Komponenten sind:

a) die Elementarfunktionen, hauptsächlich der Impuls $\delta_0(t)$ und
der Sprung $\delta_{-1}(t)$. Aus der Impuls- und Sprungantwort kann die Ant-

wort auf eine beliebige Zeitfunktion ermittelt werden. Man spricht hier von der L ö s u n g   i m   Z e i t b e r e i c h , selbst wenn die Impuls- oder Sprungantwort mit Hilfe der Laplace-Transformation gewonnen wird.

b) die komplexe Exponentialfunktion e^{st}. Zerlegung beliebiger Zeitfunktionen in solche Elemente und Zusammensetzung der System-antwort aus eben solchen Elementen führt auf das Verfahren der Laplace-(Fourier)Transformation. Man spricht hier von der L ö - s u n g   i m   F r e q u e n z b e r e i c h . Diese wurde ansatzweise bereits im Abschnitt 5.3 besprochen.

Wenn hier von "beliebigen" Zeitfunktionen und deren Zerlegung in Komponenten gesprochen wird, dient das lediglich der Unterscheidung von diesen speziellen Zeitfunktionen. Selbstverständlich unterliegen die "beliebigen" Zeitfunktionen gewissen Einschränkungen, da sonst die entsprechenden Integrale nicht existieren (vgl. z.B. [1], [4]).

Das folgende Kapitel behandelt die Systemantwort unter den hier genannten Gesichtspunkten.

7. Die Systemantwort

Die Lösung der Netzwerksgleichungen, d.h. die Berechnung der Wirkungen bei gegebenen Ursachen, wurde allgemein bereits im Kapitel
5 besprochen.

Mit dem Begriff System- oder Netzwerksantwort soll hier speziell
der Fall verstanden werden, daß aus dem System ein Eingangs- und
ein Ausgangsklemmenpaar herausgegriffen werden und daß das Ausgangssignal (die Antwort) als Funktion des Eingangssignals (der
Erregung) berechnet werden soll. Bei mehreren Eingangs- und Ausgangssignalen läßt sich bei linearen Systemen das Prinzip der
Superposition oder die geschlossene Darstellung mit Hilfe der Matrizenschreibweise anwenden (Kapitel 1 und 9).

7.1. Lösung im Frequenzbereich

Die Anwendung der Laplace-Transformation auf das geschilderte
Problem ist bereits im Abschnitt 5.3. behandelt worden. Hier sollen daher lediglich die Bedeutung des Verfahrens und die Rolle
der System- oder Netzwerksfunktion erörtert werden.

7.1.1. Pole und Nullstellen der Systemfunktion

Bei der Lösung der Netzwerksgleichungen mit der Laplace-Transformation tritt nach Abschnitt 5.3 Gl.(5.5) die System- oder Netzwerksfunktion $A(s)$ auf. Bei Netzwerken aus konzentrierten linearen

Bauelementen ist sie eine gebrochen rationale Funktion in s mit
konstanten und reellen Koeffizienten, die sich demnach als Quotient
zweier Polynome in s schreiben läßt:

$$A(s) = \frac{P(s)}{Q(s)} = \frac{\sum\limits_{i=0}^{m} p_i s^i}{\sum\limits_{i=0}^{n} q_i s^i} = \frac{p_m s^m + \ldots + p_0}{q_n s^n + \ldots + q_0} \quad . \tag{7.1}$$

Durch Nullsetzen des Nennerpolynoms ergab sich die charakteristische Gleichung (5.7), deren Wurzeln die Eigenfrequenzen des Netzwerks
sind und bei deren Kenntnis das Nennerpolynom nach Gl.(5.8) aus
Wurzelfaktoren zusammengesetzt werden konnte. Ebenso läßt sich das
Zählerpolynom aus Wurzelfaktoren zusammensetzen.

Die Systemfunktion läßt sich demnach folgendermaßen angeben:

$$A(s) = \frac{p_m \prod\limits_{i=1}^{h} (s - s_{0i})^{r_{0i}}}{q_n \prod\limits_{i=1}^{l} (s - s_{\infty i})^{r_{\infty i}}} = \frac{p_m (s - s_{01})^{r_{01}} (s - s_{02})^{r_{02}} \ldots (s - s_{0h})^{r_{0h}}}{q_n (s - s_{\infty 1})^{r_{\infty 1}} (s - s_{\infty 2})^{r_{\infty 2}} \ldots (s - s_{\infty l})^{r_{\infty l}}}$$

$$\tag{7.2}$$

$$\text{mit} \quad \sum_{i=1}^{l} r_{\infty i} = n \quad \text{Grad des Nennerpolynoms}$$

$$\tag{7.3}$$

$$\sum_{i=1}^{h} r_{0i} = m \quad \text{Grad des Zählerpolynoms} \quad .$$

Um zwischen den Wurzeln des Nenner- und Zählerpolynoms unterscheiden zu können, werden gegenüber früheren Gleichungen die zusätzlichen Indizes ∞ und 0 eingeführt. Die Bedeutung dieser Indizes
geht aus folgendem hervor:

<u>Satz 7.1:</u> Die Systemfunktion eines Netzwerkes aus konzen-
trierten linearen Bauelementen ist eine gebrochen rationale
Funktion in s, darstellbar als Quotient zweier Polynome in s
mit reellen Koeffizienten.

Die Wurzeln $s_{\infty i}$ des Nennerpolynoms stellen die **P o l e** der Systemfunktion dar, da diese unendlich wird, wenn s einen der Werte $s_{\infty i}$ annimmt. Die Pole sind identisch mit den Wurzeln der charakteristischen Gleichung, d.h. mit den Eigenfrequenzen des Netzwerkes.

Die Wurzeln s_{0i} des Zählerpolynoms stellen die **N u l l s t e l l e n** der Systemfunktion dar, da diese verschwindet, wenn s einen der Werte s_{0i} annimmt.

Die Zahl der Pole bzw. Nullstellen entspricht dem Grad des betreffenden Polynoms, wobei jedoch Pole bzw. Nullstellen mit der Vielfachheit $r_{\infty i}$ bzw. r_{0i} auftreten können. Da die Polynome reelle Koeffizienten haben, sind sowohl die Pole als auch die Nullstellen entweder reell oder paarweise konjugiert komplex.

Kennt man alle Pole und Nullstellen einer Systemfunktion, so läßt sie sich nach Gl. (7.2) anschreiben, wobei lediglich die Konstante p_m/q_n unbekannt bleibt. Es gilt also:

> Satz 7.2: Durch Angabe der Pole und Nullstellen der Systemfunktion eines linearen Systems ist diese Funktion und damit das Verhalten des Systems für die betreffende Übertragungsart bis auf eine reelle Konstante vollständig bestimmt.

Zur Ermittlung der unbestimmten Konstante muß zusätzlich $A(s) \neq 0$ für irgendeinen Wert von s angegeben werden.

Es ist üblich, die Pole und Nullstellen einer Systemfunktion in der komplexen Ebene darzustellen, wobei die Pole mit einem Kreuz und die Nullstellen mit einem Kreis bezeichnet werden. Die Vielfachheit wird zusätzlich in Klammern angeschrieben. Eine solche Darstellung sei hier "Polplan" genannt. Die Anzahl der Pole und Nullstellen einer Systemfunktion kann als gleichgroß angesehen werden, wenn man die nicht im Endlichen vorhandenen Pole oder Nullstellen als bei $s = \infty$ liegend betrachtet. Sie werden im Polplan nur bei Bedarf angegeben.

Beispiel 7.1

a) Gegeben sei folgender Polplan einer Systemfunktion:

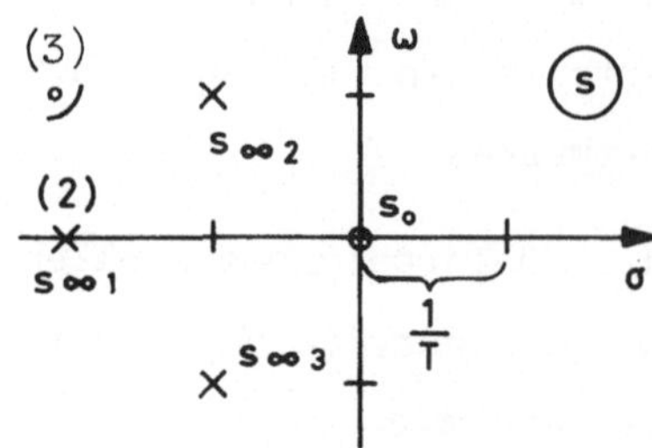

Dann lautet die zugehörige Systemfunktion (bis auf eine Konstante):

$$A(s) = \frac{\overset{s_0}{\overset{\downarrow}{(s - 0)}}}{\underset{\underset{s_{\infty 1}}{\uparrow}}{\left(s - \frac{-2}{T}\right)^2}\underset{\underset{s_{\infty 2}}{\uparrow}}{\left(s - \frac{-1 + j}{T}\right)}\underset{\underset{s_{\infty 3}}{\uparrow}}{\left(s - \frac{-1 - j}{T}\right)}} = T^3\,\frac{Ts}{T^4 s^4 + 6T^3 s^3 + 14T^2 s^2 + 16Ts + 8}$$

Wegen $A(s) \to 1/s^3$ für $s \to \infty$ befindet sich dort eine dreifache Nullstelle, die im Polplan angegeben ist.

b) Die Systemfunktion aus Beispiel 5.2 lautet (ohne Konstante):

$$A(s) = \frac{1}{(s - s_{\infty 1})(s - s_{\infty 2})(s - s_{\infty 3})}$$

$$\text{mit } s_{\infty 1} = -\frac{1}{T}\,; \quad s_{\infty 2;3} = -\frac{1}{2T} \pm j\,\frac{\sqrt{3}}{2\,T}\,.$$

Dazu gehört der Polplan:

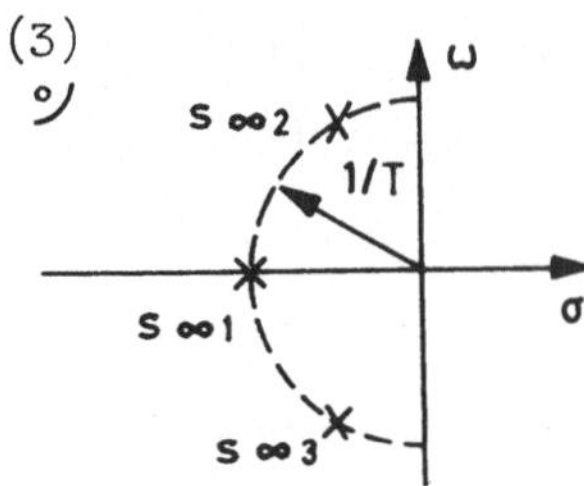

Die Pole liegen auf einem Kreis mit Radius $\frac{1}{T}$.

Das System hat ebenfalls eine dreifache Nullstelle bei $s = \infty$.

7.1.2. Antwort auf beliebige Erregung

Nach Abschnitt 5.3. Gl.(5.5) ergab sich die Antwort $i(t) \circ\!\!-\!\!\bullet I(s)$ auf eine beliebige Erregung $u(t) \circ\!\!-\!\!\bullet U(s)$ durch Multiplikation von $U(s)$ mit der Systemfunktion $A(s)$ und Rücktransformation in den Zeitbereich. Um von den dort gewählten Variablen Strom und Spannung freizukommen, wird künftig die allgemeine Terminologie nach Tab. 7.1.verwendet.

Tabelle 7.1. Allgemeine Terminologie

	Zeitbereich	Frequenzbereich
Erregung	$g(t)$	$G(s)$
System		$A(s)$
Antwort	$a_g(t)$	$A_g(s) = A(s) \cdot G(s)$

Das Verfahren hat damit folgende Bedeutung: Die Zeitfunktion $g(t)$ der Erregung wird in ihre Frequenzfunktion $G(s)$ transformiert, d.h. in elementare Komponenten der Form e^{st} zerlegt. Die Frequenzfunktion $G(s)$ wird durch Multiplikation mit der Systemfunktion $A(s)$ in die Frequenzfunktion $A_g(s)$ der Antwort umgewandelt. Diese neue Frequenzfunktion ergibt nach Rücktransformation in den Zeitbereich die gesuchte Antwort $a_g(t)$.

Da die Eigenschaften des Systems hier ausschließlich im Frequenzbereich formuliert sind, spricht man von der L ö s u n g   i m   F r e - q u e n z b e r e i c h . In Beispiel 5.3 ist dieser Lösungsgang erläutert.

Zerlegt man die Frequenzfunktion $A_g(s)$ nach Tab. 5.2 in Partialbrüche, so liefert Tab. 5.1 die dazugehörige Zeitfunktion $a_g(t)$. Wenn $A_g(s)$ nur einfache Pole hat, setzt sich $a_g(t)$ aus Gliedern vom Typ e^{st}, d.h. aus komplexen Exponentialfunktionen zusammen, die teils vom System und teils von der Erregung stammen

[Gl.(5.12b)]. Tab. 6.2 zeigt qualitativ und ohne Rücksicht auf
die komplexen Amplituden den Verlauf dieser Funktionen je nach
Lage der Pole in der komplexen Ebene. So liefert z.B. ein einfacher
Pol auf der negativ reellen Achse eine abklingende Exponentialfunktion, ein konjugiert komplexes Polpaar in der linken Halbebene
eine gedämpfte, ein konjuigert imaginäres Polpaar eine ungedämpf-
te Schwingung usw. Eine Zusammenstellung der zu einfachen Polplä-
nen gehörenden Zeitfunktionen gibt Tab. 7.2.

7.1.3. Die stationäre Lösung für stabile Systeme

Ein wichtiger Sonderfall ist die Erregung eines Systems mit einer
stationären Schwingung. Nach Tab. 6.2 treten stationäre, d.h. weder an- noch abklingende, Schwingungen auf der imaginären Achse
der komplexen s-Ebene auf, also für $\sigma = 0$. Es handelt sich um
Schwingungen vom Typ:

$$g(t) = K \, e^{j\omega_q t} \circ\!\!-\!\!\bullet \frac{K}{s - j\omega_q} \qquad . \tag{7.4}$$

Mit einer solchen Erregung gilt nach Tab. 7.1 für die Antwort:

$$A_g(s) = A(s) \, \frac{K}{s - j\omega_q} \qquad . \tag{7.5}$$

Eine Partialbruchzerlegung nach Tab. 5.2 würde hier ebenso einen
Einschwing- und einen Erregeranteil liefern, wie es bei allgemeiner Erregung der Fall wäre. Im Abschnitt 5.3 wurde jedoch erklärt,
daß bei stabilen Systemen der Einschwinganteil nach hinreichend
langer Zeit abgeklungen ist und nur der stationäre Anteil übrig
bleibt. Dieser hat nur den einfachen Pol $s_\infty = j\omega_q$ mit dem Residuum
K_s:

$$A_{gs}(s) = \frac{K_s}{s - j\omega_q} \ \text{mit} \ K_s = A(j\omega_q) \, K \qquad . \tag{7.6}$$

Tabelle 7.2. Einfache Polpläne

Polplan	F(s)	f(t)
1	$\dfrac{1}{s+a}$	e^{-at}
2	$\dfrac{s}{s+a}$	$\delta_0(t)-ae^{-at}$
3	$\dfrac{1}{(s+a_1)(s+a_2)}$	$\dfrac{1}{D}(e^{-a_1 t}-e^{-a_2 t})$
4	$\dfrac{s}{(s+a_1)(s+a_2)}$	$\dfrac{1}{D}(-a_1 e^{-a_1 t}+a_2 e^{-a_2 t})$
5	$\dfrac{1}{(s+a-jb)(s+a+jb)}=\dfrac{1}{(s+a)^2+b^2}$	$\dfrac{1}{b}e^{-at}\sin bt$
6	$\dfrac{s}{(s+a-jb)(s+a+jb)}=\dfrac{s}{(s+a)^2+b^2}$	$\dfrac{D}{b}e^{-at}\cos(bt+\varphi)$
7	$\dfrac{1}{(s+a)^2}$	te^{-at}
8	$\dfrac{s}{(s+a)^2}$	$(1-at)e^{-at}$

Das Residuum ist das Produkt aus der komplexen Amplitude K der Erregung und der Systemfunktion $A(j\omega_q)$ für $s = j\omega_q$ (vgl. Beispiel 5.3). Die Rücktransformation liefert nach Tab. 5.1:

$$a_{gs}(t) = K_s \cdot e^{j\omega_q t} = A(j\omega_q)\, K \cdot e^{j\omega_q t} \quad . \tag{7.7}$$

Hiervon ist für die reelle Zeitfunktion der Realteil zu nehmen. Die Antwort Gl.(7.7) entspricht also der Erregung Gl.(7.4), lediglich die komplexe Amplitude hat sich nach Gl.(7.6) von K in K_s geändert. Da die komplexe Amplitude jedoch bereits alles über eine Schwingung dieses Typs aussagt, gilt für beliebige Frequenzen

$$K_s = A(j\omega)\, K \quad , \tag{7.8}$$

und es folgt:

> Satz 7.3: Bei Erregung eines stabilen linearen Systems durch eine stationäre Schwingung der Frequenz ω ist die Antwort nach Abklingen des Einschwingvorgangs ebenfalls eine stationäre Schwingung der Frequenz ω, deren komplexe Amplitude aus der komplexen Amplitude der Erregung durch Multiplikation mit der für $s = j\omega$ gültigen Systemfunktion $A(j\omega)$ folgt (komplexe Wechselstromrechnung).

Diese Beziehungen sind nichts anderes als die Gesetze der komplexen Wechselstromrechnung, die also einen ausgesprochenen - wenn auch oft benötigten - Sonderfall darstellen.

Wie Gl.(7.8) zeigt, kann man sich dabei ganz auf die Verhältnisse im Frequenzbereich beschränken, da die Verhältnisse im Zeitbereich trivial sind und jederzeit durch Multiplikation der komplexen Amplituden mit $e^{j\omega t}$ und Realteilbildung zu berechnen sind. Mit anderen Worten: Betrachtungen über die Kurvenform sind nicht erforderlich, da sie von vornherein als harmonische Schwingung bekannt ist.

Von Interesse ist lediglich ihre komplexe Amplitude, d.h. der Betrag und der Nullphasenwinkel der Schwingung.

Beispiel 7.2

a) Für ein einfaches Netzwerk wurde die stationäre Lösung bereits in Beispiel 5.3 berechnet.

b) In Beispiel 5.2 wurde die Systemfunktion eines komplizierteren Netzwerks berechnet:

$$\frac{I_2}{U_q} = A(s) = \frac{1}{2RT^3} \frac{1}{(s - s_{\infty 1})(s - s_{\infty 2})(s - s_{\infty 3})}$$

$$\text{mit } s_{\infty 1} = -\frac{1}{T} \; ; \; s_{\infty 2;3} = -\frac{1}{2T} \pm j \frac{\sqrt{3}}{2T} \quad .$$

Für stationäre Erregung mit der Frequenz ω gilt nach Gl.(7.8)

$$I_2 = A(j\omega)\, U_q \quad ,$$

wobei I_2 und U_q die komplexen Amplituden von Antwort und Erregung sind und $A(j\omega)$ sich zu

$$A(j\omega) = \frac{1}{2RT^3} \frac{1}{\left(j\omega + \frac{1}{T}\right)\left(j\omega + \frac{1}{2T} - j\frac{\sqrt{3}}{2T}\right)\left(j\omega + \frac{1}{2T} + j\frac{\sqrt{3}}{2T}\right)}$$

$$= \frac{1}{2R} \frac{1}{-jT^3\omega^3 - 2T^2\omega^2 + j2T\omega + 1}$$

ergibt. Hieraus kann man Betrag und Phase des Verhältnisses I_2/U_q als Funktion der Frequenz ω ermitteln. ∎

7.2. Lösung im Zeitbereich

7.2.1. Das Superpositionsintegral

Die direkte Berechnung der Systemantwort im Zeitbereich, nämlich
die Lösung der Differentialgleichung für jede gegebene Erregung,
wurde für kompliziertere Fälle verworfen, da sie zu umständlich
ist. Anders verhält es sich mit der Antwort auf einfache Zeitfunktionen, z.B. Elementarfunktionen nach Abschnitt 6.1. Dort wurde gezeigt, daß sich eine Zeitfunktion in Elementarfunktionen zerlegen läßt [Tab. 6.1 und Gl.(6.8)]:

$$g(t) = g^{(-i)}(t) * \delta_i(t) \quad .$$

(7.9)

Für eine Elementarfunktion läßt sich die Differentialgleichung
i.a. leicht lösen, insbesondere für Impuls und Sprung, da partikuläre Lösung und Anfangsbedingungen leicht anzugeben sind. Ist

$a_i(t)$ Antwort auf Elementarfunktion $\delta_i(t)$

gegeben, so gilt bei linearen Systemen nach dem Superpositionsgesetz Gl.(1.6) für die Antwort $a_g(t)$ auf eine beliebige Zeitfunktion $g(t)$:

$$a_g(t) = g^{(-i)}(t) * a_i(t) \quad .$$

(7.10)

D.h. die Antwort setzt sich genauso aus Komponenten zusammen wie
die Erregung, nur daß die Komponenten hier nicht die Elementarfunktionen, sondern die Antwort auf diese Elementarfunktionen
sind. Man nennt Gl.(7.10) das Superpositionsintegral und spricht
von der L ö s u n g   i m   Z e i t b e r e i c h , da im Prinzip die Laplace-
Transformation nicht verwendet wird.

In der Praxis wird man jedoch zur Berechnung der Antwort auf die
Elementarfunktion auch hier die Laplace-Transformation verwenden.

Mit der Transformation der Elementarfunktionen nach Tab. 6.1 folgt
nach dem Schema der Tab. 7.1:

$$\delta_i(t) \, \circ\!\!-\!\!\bullet \, s^i$$

$$a_i(t) \, \circ\!\!-\!\!\bullet \, A_i(s) = s^i A(s) \quad . \tag{7.11}$$

An die Stelle des allgemeinen Index g, der sich auf eine Erregung
g(t) bezieht, tritt hier also der Index i der betreffenden Elementarfunktion. Aus Gl.(7.11) erkennt man ferner, daß die Antworten $a_i(t)$ auf die Elementarfunktionen ebenso durch Differentiation
oder Integration auseinander hervorgehen, wie die Elementarfunktionen selbst. Es gilt demnach analog zu Gl.(6.2):

$$a_i(t) = \int_{-\infty}^{t^+} a_{i+1}(\tau)\,d\tau \quad . \tag{7.12}$$

Es genügt also, die Antwort auf eine Elementarfunktion zu kennen,
um die Antwort auf eine andere berechnen zu können.

Die hier erörterte Berechnung wird praktisch aus Gründen der
Zweckmäßigkeit nur mit i = 0 (Impuls) und i = - 1 (Sprung) angewendet. Hierfür folgt aus Gl.(7.10) die Antwort $a_g(t)$ auf eine Erregung g(t) zu:

a) bei gegebener Impulsantwort $a_0(t)$

$$a_g(t) = g(t) * a_0(t) = \int_0^{t^+} g(\tau)\, a_0(t-\tau)\,d\tau$$

$$\tag{7.13}$$

$$= \int_0^{t^+} g(t-\tau) a_0(\tau)\,d\tau \quad ,$$

auch eigentliches Superpositionsintegral genannt.

b) bei gegebener Sprungantwort $a_{-1}(t)$

$$a_g(t) = \dot{g}(t) * a_{-1}(t) = \int_{0_-}^{t^+} \dot{g}(\tau)a_{-1}(t-\tau)d\tau$$

$$(7.14)$$

$$= \int_{0_-}^{t^+} \dot{g}(t-\tau)a_{-1}(\tau)d\tau \quad ,$$

auch Duhamelsches Integral genannt. Der Punkt bedeutet die Ableitung nach der Zeit: $\dot{g}(t) = \dfrac{d}{dt}g(t)$. Dabei besteht nach Gl.(7.12) zwischen Impuls- und Sprungantwort die Beziehung:

$$a_{-1}(t) = \int_{0_-}^{t^+} a_0(\tau)d\tau \quad \text{oder} \quad a_0(t) = \frac{d}{dt}a_{-1}(t) \quad . \qquad (7.15)$$

Zusammenfassend gilt:

Satz 7.4: Kennt man die Antwort eines linearen Systems auf eine beliebige Elementarfunktion, insbesondere Impuls oder Sprung, so ist nicht nur die Antwort auf eine andere Elementarfunktion durch Differentiation oder Integration berechenbar, sondern auch die Antwort auf eine beliebige Zeitfunktion mit Hilfe des Superpositionsintegrals angebbar.

Durch Angabe der Antwort auf eine Elementarfunktion, insbesondere der Impulsantwort oder der Sprungantwort, ist das Verhalten des Systems für die betreffende Übertragungsart vollständig bestimmt.

Hieraus geht hervor, daß die I m p u l s - o d e r S p r u n g a n t w o r t eine ebenso zentrale Bedeutung für die Lösung im Zeitbereich hat wie die Systemfunktion für die Lösung im Frequenzbereich. Impuls- und Sprungantwort werden in den folgenden Abschnitten näher betrachtet.

Beispiel 7.3

In Beispiel 5.3 ergibt sich für den einfachen Fall $s_q = 0$, d.h.
bei Einschalten einer Gleichspannung $U_q = U$ bzw. bei Erregung mit
$u(t) = U\delta_{-1}(t)$:

$$i(t) = \frac{U}{R} e^{-\frac{t}{T}} \quad .$$

Die Sprungantwort ist demnach:

$$a_{-1}(t) = \frac{1}{R} e^{-\frac{t}{T}} \quad .$$

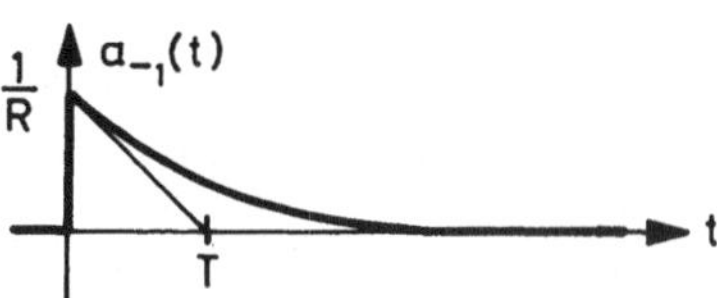

Die Impulsantwort ergibt sich durch Differentiation der Sprungantwort. Hierbei muß das Auftreten eines Impulses an der Stelle $t = 0$
beachtet werden (vgl. die Bemerkungen am Schluß des Abschnittes
6.1.). Korrekterweise müßte für die Sprungantwort

$$a_{-1}(t) = \frac{1}{R} e^{-\frac{t}{T}} \cdot \delta_{-1}(t)$$

geschrieben werden. Differenziert man diesen Ausdruck nach der Produktregel, so folgt:

$$a_0(t) = \frac{1}{R} e^{-\frac{t}{T}} \delta_0(t) - \frac{1}{RT} e^{-\frac{t}{T}} \delta_{-1}(t) \quad .$$

Im ersten Summanden kann $e^{-\frac{t}{T}}$ durch seinen Wert 1 für $t = 0$ ersetzt
werden, da $\delta_0(t)$ an allen anderen Stellen verschwindet. Im zweiten
Summanden läßt man in vereinfachter Schreibweise den Faktor
$\delta_{-1}(t)$ weg. Damit wird die Impulsantwort:

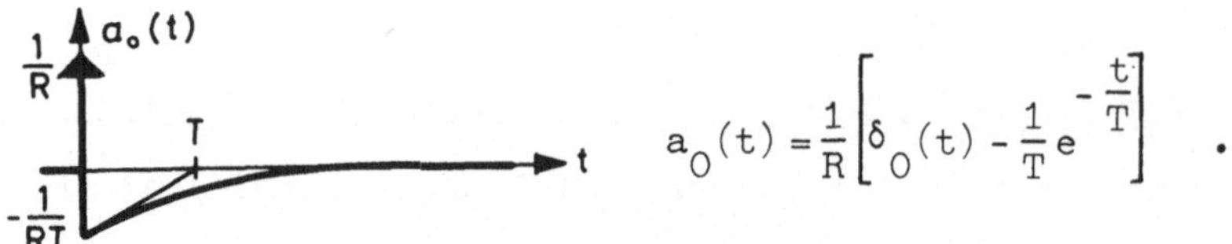

$$a_0(t) = \frac{1}{R}\left[\delta_0(t) - \frac{1}{T}\,e^{-\frac{t}{T}}\right] \quad .$$

Zu diesem Ergebnis kommt man auch durch Differenzieren der in einfacher Schreibweise gegebenen Funktion $a_{-1}(t)$, wenn man einen Impuls der Größe $a_{-1}(0) \cdot \delta_0(t)$ dem Ergebnis hinzufügt.

Zu beachten ist, daß Impuls- und Sprungantwort keine physikalischen Größen sind, wie man schon aus ihren Dimensionen erkennt. Sie sind vielmehr die Antworten auf die mathematisch definierten Erregungen $\delta_{-1}(t)$ und $\delta_0(t)$. Entsprechende physikalische Erregungen wären $u_{-1}(t) = U\delta_{-1}(t)$ (s. oben) und $u_0(t) = U \cdot \sec \cdot \delta_0(t)$. Durch Multiplikation der obigen Ausdrücke mit U bzw. U · sec ergeben sich die physikalischen Antworten auf einen Sprung der Höhe $|U|$ Volt bzw. auf einen Impuls der Fläche $|U|$ Voltsec. zu

$$i_{-1}(t) = \frac{U}{R}\,e^{-\frac{t}{T}}; \qquad i_0(t) = \sec\,\frac{U}{R}\left[\delta_0(t) - \frac{1}{T}\,e^{\frac{t}{T}}\right] \quad .$$

Man erhält also in beiden Fällen einen Strom, d.h. die Dimensionen stimmen wieder.

Die Anwendung der Superpositionsintegrale (7.13) und (7.14) soll für eine Erregung

$$g(t) = U\,e^{j\omega t} \quad ; \quad \dot{g}(t) = U\left[\delta_0(t) + j\omega\,e^{j\omega t}\right]$$

gezeigt werden. Mit Gl.(7.13) folgt für die Antwort:

$$a_g(t) = \frac{U}{R}\int_{0^-}^{t^+} \overbrace{e^{j\omega(t-\tau)}}^{g(t-\tau)}\,\overbrace{\left[\delta_0(\tau) - \frac{1}{T}\,e^{-\frac{\tau}{T}}\right]}^{a_0(\tau)}\,d\tau =$$

$$= \frac{U}{R} e^{j\omega t} \left[\int_{0^-}^{t^+} e^{-j\omega\tau} \delta_0(\tau)\,d\tau - \frac{1}{T} \int_{0^-}^{t^+} e^{-\tau(\frac{1}{T} + j\omega)}\,d\tau \right]$$

$$= \frac{U}{R} e^{j\omega t} \left[1 + \frac{1}{1 + j\omega T} \left(e^{-\frac{t}{T}}\, e^{-j\omega t} - 1 \right) \right]$$

$$= \frac{U}{R} e^{j\omega t}\; \frac{j\omega T + e^{-\frac{t}{T}}\, e^{-j\omega t}}{1 + j\omega T}$$

oder

$$a_g(t) = \frac{U}{R} \left(\frac{j\omega T}{1 + j\omega T}\, e^{j\omega t} + \frac{1}{1 + j\omega T}\, e^{-\frac{t}{T}} \right) \qquad .$$

Dieses Ergebnis stimmt für $U = \hat{u}e^{j\varphi}$ und $\omega = \omega_q$ mit Beispiel 5.3, Fall b, überein und muß auch aus Gl.(7.14) folgen:

$$a_g(t) = \frac{U}{R} \int_{0^-}^{t^+} \big[\overbrace{\delta_0(\tau) + j\omega\, e^{j\omega\tau}}^{\dot{g}(\tau)} \big]\; \overbrace{e^{-\frac{t-\tau}{T}}}^{a_{-1}(t-\tau)}\, d\tau$$

$$= \frac{U}{R} e^{-\frac{t}{T}} \left[\int_{0^-}^{t^+} \delta_0(\tau)\, e^{\frac{\tau}{T}}\,d\tau + j\omega \int_{0^-}^{t^+} e^{\tau(\frac{1}{T} + j\omega)}\,d\tau \right]$$

$$= \frac{U}{R} e^{-\frac{t}{T}} \left[1 + \frac{j\omega}{\frac{1}{T} + j\omega} \left(e^{\frac{t}{T}}\, e^{j\omega t} - 1 \right) \right]$$

$$= \frac{U}{R} e^{-\frac{t}{T}}\; \frac{1 + j\omega T\, e^{\frac{t}{T}}\, e^{j\omega t}}{1 + j\omega T}$$

oder

$$a_g(t) = \frac{U}{R} \left(\frac{1}{1 + j\omega T}\, e^{-\frac{t}{T}} + \frac{j\omega T}{1 + j\omega T}\, e^{j\omega t} \right) \qquad .$$

7.2.2. Impulsantwort

Trotz der Möglichkeit, die Antwort auf eine Elementarfunktion direkt aus der Differentialgleichung des Systems zu bestimmen, bedient man sich hierfür zweckmäßigerweise auch der Laplace-Transformation. Nach Gl.(7.11) ist die Impulsantwort:

$$a_0(t) \;\circ\!\!-\!\!\bullet\; A(s) \qquad . \tag{7.16}$$

Satz 7.5: Die Impulsantwort $a_0(t)$, d.h. die Antwort eines Systems auf eine Erregung mit dem Impuls $\delta_0(t)$, ist die inverse Laplace-Transformierte der Systemfunktion $A(s)$. Sie kann auch durch Ableiten aus der Sprungantwort $a_{-1}(t)$ gewonnen werden.

Die Impulsantwort $a_0(t)$ ist zunächst eine Rechengröße, da die Erregung $\delta_0(t)$ rein mathematisch als "Einheitsimpuls" definiert ist. Eine physikalische Erregung mit einem Spannungs- oder Stromimpuls hat die Form :

$$g(t) = U \cdot sec \cdot \delta_0(t) \tag{7.17a}$$

$$g(t) = I \cdot sec \cdot \delta_0(t) \qquad . \tag{7.17b}$$

Das bedeutet, daß sich das Integral oder der Flächeninhalt der physikalischen Erregung beim Spannungsimpuls in Vsec und beim Stromimpuls in Asec ergibt. Man erhält also die physikalische Impulsantwort durch Multiplikation von $a_0(t)$ mit $U \cdot sec$ oder $I \cdot sec$.

Aus Gl.(7.16) erkennt man die Bedeutung der Impulsantwort $a_0(t)$ als inverse Laplace-Transformierte der Systemfunktion $A(s)$. Da zwischen beiden eine eindeutige Beziehung besteht, hat die Impulsantwort die gleiche Aussagekraft wie die Systemfunktion.

Die Berechnung der Impulsantwort unterscheidet sich nicht von der Berechnung einer allgemeinen Antwort nach Abschnitt 7.1.2. Alles dort gesagte gilt auch hier, und Tab. 7.2 ist ebenfalls anwendbar.

Der Unterschied liegt darin, daß die Pole in diesem Falle nur vom System und nicht auch von der Erregung stammen. Es gilt demnach:

> __Satz 7.6:__ Die Impulsantwort $a_0(t)$ eines Systems enthält ausschließlich die Eigenschwingungen des Systems.

Man nennt $a_0(t)$ daher auch charakteristische oder kennzeichnende Zeitfunktion.

7.2.3. Sprungantwort

Auch für die Berechnung der Sprungantwort empfiehlt sich die Laplace-Transformation. Nach Gl.(7.11) ist die Sprungantwort:

$$a_{-1}(t) \circ\!\!-\!\!\bullet \frac{1}{s} A(s) \quad . \tag{7.18}$$

> __Satz 7.7:__ Die Sprungantwort $a_{-1}(t)$, d.h. die Antwort eines Systems auf die Erregung mit dem Sprung $\delta_{-1}(t)$, ist die inverse Laplace-Transformierte der mit $\frac{1}{s}$ multiplizierten Systemfunktion $A(s)$. Sie kann auch durch Integration aus der Impulsantwort gewonnen werden.

Auch die Sprungantwort $a_{-1}(t)$ ist zunächst eine Rechengröße, da die Erregung $\delta_{-1}(t)$ rein mathematisch als "Einheitssprung" definiert ist. Eine physikalische Erregung mit einem Spannungs- oder Stromsprung hat die Form

$$g(t) = U \, \delta_{-1}(t) \tag{7.19a}$$

$$g(t) = I \, \delta_{-1}(t) \quad , \tag{7.19b}$$

wobei U bzw. I die Amplitude des Sprunges in V bzw. A darstellen. Man erhält also die physikalische Sprungantwort durch Multiplikation von $a_{-1}(t)$ mit U oder I.

Die Sprungantwort $a_{-1}(t)$ hat gegenüber der Impulsantwort $a_0(t)$ einen zusätzlichen Pol bei $s = 0$. Im übrigen gelten die gleichen Rechenregeln. Tab.7.2 kann auch für die Sprungantwort benutzt werden. Faßt man z.B. die Funktionen Nr. 2, 4, 6 und 8 als Impulsantworten auf, so stehen jeweils darüber die dazugehörigen Sprungantworten. In diesem Fall wird durch den zusätzlichen Pol bei $s = 0$ die dort vorhandene Nullstelle "abgedeckt", d.h. zum Verschwinden gebracht.

Beispiel 7.4

In Beispiel 5.3 ergab sich für ein einfaches Netzwerk die Systemfunktion :

$$A(s) = \frac{1}{R} \frac{s}{s - s_1} \quad \text{mit } s_1 = -\frac{1}{T} \quad .$$

Für den Fall der "Resonanz", d.h. einer Erregung mit

$$u(t) = g(t) = U_q\, e^{s_1 t} \circ\!\!-\!\!\bullet \frac{U_q}{s - s_1} \quad ,$$

folgte dort die Antwort :

$$i(t) = a_g(t) = \frac{U_q}{R} (1 + s_1 t)\, e^{s_1 t} \circ\!\!-\!\!\bullet \frac{U_q}{R} \frac{s}{(s - s_1)^2} \quad .$$

Dieses im Frequenzbereich gewonnene Ergebnis läßt sich auch aus Tab. 7.2, Fall 8, für $a = -s_1$ ablesen. Die Frequenzfunktion der Antwort hat einen doppelten Pol s_1 und eine Nullstelle $s_0 = 0$.

Dasselbe Ergebnis soll nun im Zeitbereich mit Hilfe der Impulsantwort ermittelt werden. Diese läßt sich aus der Systemfunktion $A(s)$ ebenfalls mit Tab. 7.2, Fall 2, $s_1 = -a$, bestimmen:

$$a_0(t) = \frac{1}{R} \left[\delta_0(t) + s_1 e^{s_1 t} \right] \quad .$$

Die Faltung mit der Erregung $g(t)$ liefert

$$a_g(t) = g(t) * a_0(t) = \frac{U_q}{R} \int_{0_-}^{t^+} e^{s_1(t-\tau)} \left[\delta_0(\tau) + s_1 e^{s_1\tau} \right] d\tau \qquad (*)$$

$$= \frac{U_q}{R} e^{s_1 t} \left[\int_{0_-}^{t^+} e^{-s_1\tau} \delta_0(\tau) d\tau + s_1 \int_0^{t^+} d\tau \right]$$

oder

$$a_g(t) = \frac{U_q}{R} e^{s_1 t} (1 + s_1 t) \qquad ,$$

was mit obigem Ergebnis übereinstimmt. Entsprechendes muß die Sprungantwort leisten. Sie ergibt sich aus Tab. 7.2, Fall 1, $s_1 = - a$ zu:

$$a_{-1}(t) = \frac{1}{R} e^{s_1 t} \qquad .$$

Die Ableitung der Erregung ist:

$$\dot{g}(t) = U_q \left[\delta_0(t) + s_1 e^{s_1 t} \right] \qquad .$$

Die Faltung ergibt:

$$a_g(t) = \dot{g}(t) * a_{-1}(t) = \frac{U_q}{R} \int_{0_-}^{t^+} e^{s_1(t-\tau)} \left[\delta_0(\tau) + s_1 e^{s_1\tau} \right] d\tau \qquad .$$

Dieser Ausdruck ist identisch mit Gleichung (*), liefert also dasselbe Ergebnis.   ∎

7.3. Zusammenfassung

Sieht man von der direkten Lösung der Differentialgleichung eines Systems für eine gegebene Erregung ab, so kann man zwei Methoden für die Berechnung der Systemantwort auf eine gegebene Erregung angeben:

a) Die Lösung im Frequenzbereich verwendet die Laplace-Transformation. Die Zeitfunktion der Erregung wird in die Frequenzfunktion transformiert und mit der Systemfunktion multipliziert. Durch Rücktransformation erhält man die Zeitfunktion der Antwort. Dabei geht sowohl die Systemfunktion als auch die Frequenzfunktion der Erregung mit Polen und Nullstellen, deren Wirkung sich anschaulich deuten läßt, in das Ergebnis ein. Einen Sonderfall bildet die Erregung mit einer stationären Schwingung, bei der die Antwort nach Abklingen des Einschwinganteils ebenfalls eine stationäre Schwingung darstellt, deren komplexe Amplitude nur von den Werten der Systemfunktion auf der imaginären Achse der s-Ebene abhängt.

b) Die Lösung im Zeitbereich setzt die Kenntnis der Impuls- oder Sprungantwort voraus. Durch Verwendung der Superpositionsintegrale, d.h. durch Faltung der Erregung mit der Impulsantwort oder der Ableitung der Erregung mit der Sprungantwort ergibt sich die Antwort auf diese Erregung. Die Impuls- oder Sprungantwort findet man entweder durch direkte Lösung der Differentialgleichung oder mit Hilfe der Laplace-Transformation.

Tab. 7.3 gibt einen Überblick über die genannten Lösungsverfahren. Die beiden mit "Frequenzbereich" bezeichneten Teile der Tabelle sind identisch und lediglich wegen des Zusammenhanges mit den Lösungsmethoden im Zeitbereich getrennt aufgeführt. Die Tabelle soll veranschaulichen, daß jederzeit ein beliebiger Übergang zwischen Zeit- und Frequenzbereich möglich ist, wobei einer Multiplikation im Frequenzbereich stets eine Faltung im Zeitbereich entspricht. Solche Übergänge können in vielen Fällen, je nach den gegebenen Größen, die Rechnung wesentlich vereinfachen.

Die stationäre Lösung als Sonderfall der Lösung im Frequenzbereich ist wegen ihrer einfachen Verhältnisse nicht in die Tabelle aufgenommen worden.

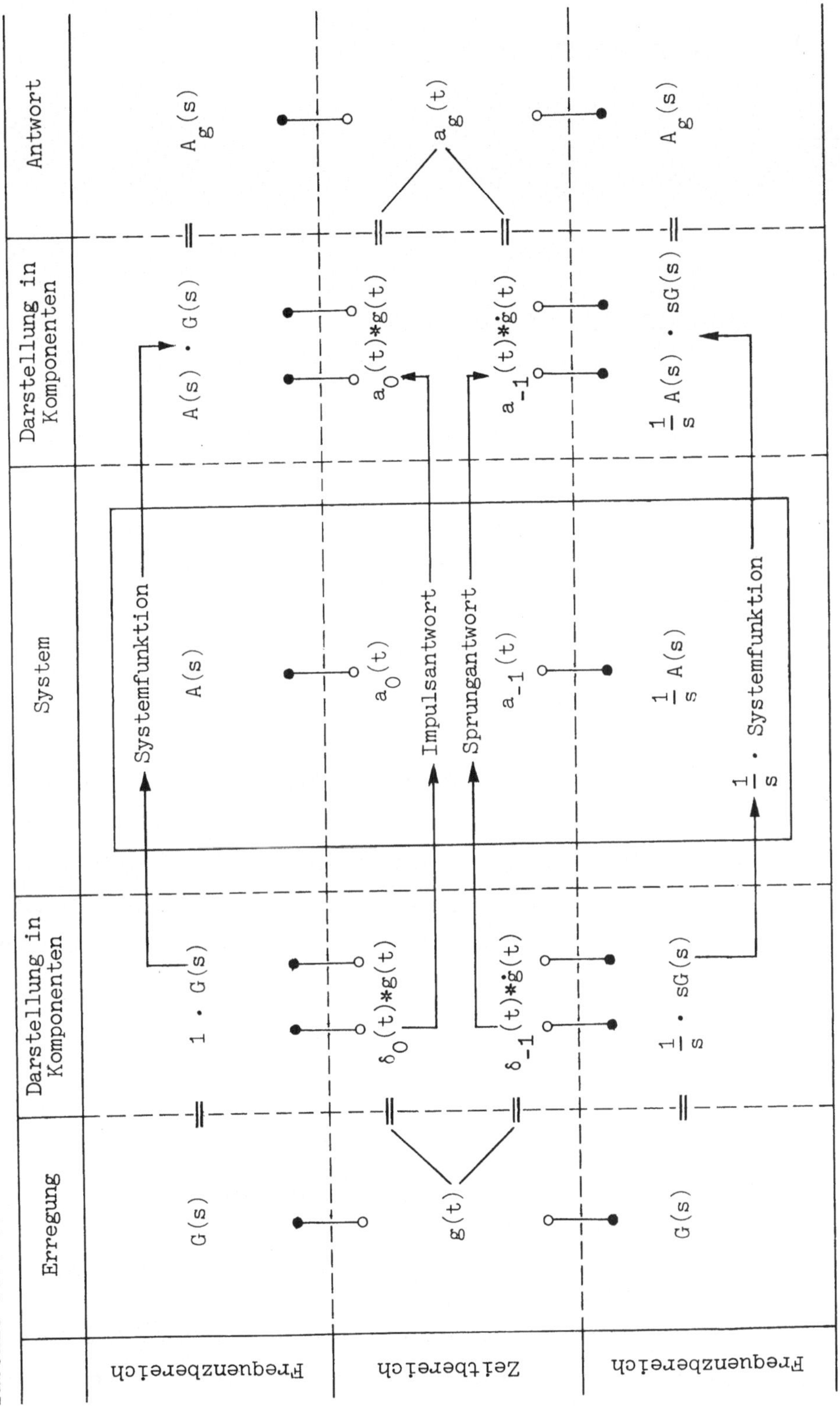

Tabelle 7.3. Verfahren zur Berechnung der Systemantwort

	Erregung	Darstellung in Komponenten	System	Darstellung in Komponenten	Antwort
Frequenzbereich	$G(s)$	$1 \cdot G(s)$	$A(s)$ (Systemfunktion)	$A(s) \cdot G(s)$	$A_g(s)$
Zeitbereich	$g(t)$	$\delta_0(t)*g(t)$; $\delta_{-1}(t)*\dot{g}(t)$	$a_0(t)$ (Impulsantwort); $a_{-1}(t)$ (Sprungantwort)	$a_0(t)*g(t)$; $a_{-1}(t)*\dot{g}(t)$	$a_g(t)$
Frequenzbereich	$G(s)$	$\dfrac{1}{s} \cdot sG(s)$	$\dfrac{1}{s}\,A(s)$; $\dfrac{1}{s} \cdot$ Systemfunktion	$\dfrac{1}{s}\,A(s) \cdot sG(s)$	$A_g(s)$

8. Anfangsbedingungen

8.1. Anfangszustand des Systems

Alle bisherigen Berechnungen bezogen sich auf den in der Netzwerktheorie häufigsten Fall des energielosen Anfangszustandes
(s. Abschnitt 5.1.). Das bedeutet, daß zu Beginn der Rechnung

    alle Spulen stromlos

    alle Kondensatoren ungeladen

sind. Das heißt, daß - wie bisher stets vorausgesetzt - alle Zeitfunktionen und ihre Ableitungen für $t < 0$ einschließlich $t = 0^-$
verschwinden. Die Anfangsbedingungen sind dann nur durch die Erregung gegeben, die bei $t = 0$ unstetig sein kann (und in den meisten
Betrachtungen auch ist). Diese Anfangsbedingungen wären bei der
Lösung der Differentialgleichung zur Bestimmung der willkürlichen
Konstanten zu verwenden. Bei der Lösung mit der Laplace-Transformation gehen sie automatisch mit in die Rechnung ein, da alle Definitionen so getroffen sind, daß Unstetigkeiten der Erregung bei
$t = 0$ berücksichtigt werden.

Anders verhält es sich, wenn das Netzwerk nicht im energielosen
Anfangszustand ist, wenn also zur Zeit $t = 0^-$ S p u l e n s t r o m -
d u r c h f l o s s e n und K o n d e n s a t o r e n g e l a d e n sind. Dieser Fall kann, besonders in der Systemtheorie, durchaus auftreten.

Bei der Rechnung mit der Laplace-Transformation e n t f ä l l t damit zunächst die wichtige Voraussetzung, daß alle Zeitfunktionen
und ihre Ableitungen für $t < 0$ identisch verschwinden, wodurch zunächst auch die in Tab. 5.1 gegebenen Regeln für Differentiation

und Integration ungültig werden. Die nunmehr gültigen Regeln [4]
werden hier nicht erörtert; dagegen wird eine Lösung angegeben,
die es gestattet, alle bisherigen Rechenregeln beizubehalten.

8.2. Herstellung des Anfangszustandes durch zusätzliche Erregungen

Der Zustand eines Netzwerkes zum Zeitpunkt $t = 0^-$ wird von
seiner gesamten Vergangenheit, beginnend bei $t = -\infty$, bestimmt.
Das Ergebnis dieser Vergangenheit ist in den Spulen und Kondensatoren gespeichert. Interessiert man sich lediglich für die Zukunft
$t \geq 0$ des Netzwerks, so braucht man von der Vergangenheit lediglich dieses Ergebnis zu kennen.

> Satz 8.1: Der Zustand eines Netzwerks zu irgendeinem Zeit-
> punkt ist durch die Ströme in den Spulen und die Spannungen
> an den Kondensatoren vollständig bestimmt. Sein zukünftiges
> Verhalten kann aus diesem Zustand und aus den ab diesem
> Zeitpunkt gültigen Erregungen berechnet werden.

Auf dieser Tatsache beruht das zu besprechende Verfahren. Man betrachtet das Netzwerk zum Zeitpunkt $t = 0^-$ nach wie vor als e n e r -
g i e l o s , wodurch alle bisherigen Rechenregeln ihre Gültigkeit
behalten. Die Vergangenheit des Netzwerks berücksichtigt man dadurch, daß man die zusätzlichen Anfangsbedingungen, nämlich die
Spulenströme und Kondensatorspannungen, zum Zeitpunkt $t = 0$ mit
Hilfe zusätzlicher E r r e g u n g e n gewissermaßen "schlagar-
tig" herstellt. Durch diese zusätzlichen Erregungen verliert die
Systemfunktion i.a. ihren Sinn, da das Netzwerk jetzt an mehreren
Stellen erregt werden kann.

8.2.1. Spule mit Anfangsstrom

Für eine Spule, die zur Zeit $t = 0^-$ den Strom i_0 führt, gilt mit
Bild 8.1:

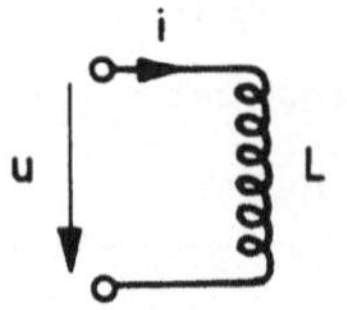

$$u = L \frac{di}{dt} \quad \text{oder}$$

$$i(t) = \frac{1}{L} \int_{-\infty}^{t} u(\tau)d\tau = \frac{1}{L} \int_{-\infty}^{0^-} u(\tau)d\tau + \frac{1}{L} \int_{0^-}^{t} u(\tau)d\tau$$

$$\text{bzw.}$$

$$i(t) = i_0 + \frac{1}{L} \int_{0^-}^{t} u(\tau)d\tau \quad . \tag{8.1}$$

$i = i_0$
für $t = 0^-$

Bild 8.1. Spule
mit Anfangsstrom

Die gesamte Vergangenheit ist im Integral von $-\infty$ bis 0^-, d.h.
im Strom i_0 enthalten. Die Laplace-Transformierte der Gl.(8.1)
ist

$$I(s) = \frac{i_0}{s} + \frac{1}{Ls} U(s)$$

$$\text{oder} \quad I(s) = \frac{1}{Ls} \left[U(s) + Li_0 \right] \quad . \tag{8.2}$$

Gl.(8.2) besagt, daß man den Strom wie bisher berechnen kann,
wenn man im Frequenzbereich neben $U(s)$ eine gleichgerichtete zusätzliche Erregung Li_0 annimmt. Dies entspricht im Zeitbereich
einer gleichgerichteten zusätzlichen Erregung durch einen Spannungsimpuls $Li_0\delta_0(t)$ (Tab.8.1). Die Auflösung nach $U(s)$ liefert:

$$U(s) = Ls \left[I(s) - \frac{i_0}{s} \right] \quad . \tag{8.3}$$

Dies entspricht neben $I(s)$ einer entgegengerichteten zusätzlichen
Erregung $\dfrac{i_0}{s}$, was im Zeitbereich einen Stromsprung $i_0\delta_{-1}(t)$ ergibt
(Tab.8.1).

8.2.2. Kondensator mit Anfangsspannung

Für einen Kondensator, der zur Zeit $t = 0^-$ die Spannung u_0 hat,
gilt mit Bild 8.2:

$$i = C \frac{du}{dt} \quad \text{oder}$$

$$u(t) = \frac{1}{C} \int_{-\infty}^{t} i(\tau)d\tau = \frac{1}{C} \int_{-\infty}^{0^-} i(\tau)d\tau + \frac{1}{C} \int_{0^-}^{t} i(\tau)d\tau$$

bzw.

$$u(t) = u_0 + \frac{1}{C} \int_{0^-}^{t} i(\tau)d\tau \quad .$$

(8.4)

Bild 8.2. Konden-
sator mit Anfangs-
spannung

Es ergeben sich die gleichen Beziehungen wie im Abschnitt 8.2.1.,
wenn man i mit u und L mit C vertauscht. Im Frequenzbereich folgen daher die zu Gl.(8.2) und (8.3) analogen Beziehungen:

$$U(s) = \frac{1}{Cs} \left[I(s) + Cu_0 \right] \tag{8.5}$$

$$I(s) = Cs \left[U(s) - \frac{u_0}{s} \right] \quad . \tag{8.6}$$

Man kann also auch hier den Zustand des Elementes durch zusätzliche Erregungen berücksichtigen (Tab. 8.1.).

Beispiel 8.1

a) Die einfache Schaltung aus Beispiel 5.3 soll wie in Beispiel
7.3 mit einer zur Zeit t = 0 einsetzenden Gleichspannung U erregt
werden, jedoch soll der Kondensator zu diesem Zeitpunkt bereits
eine Spannung u_0 haben. Der geladene Kondensator ist nach Tab.8.1

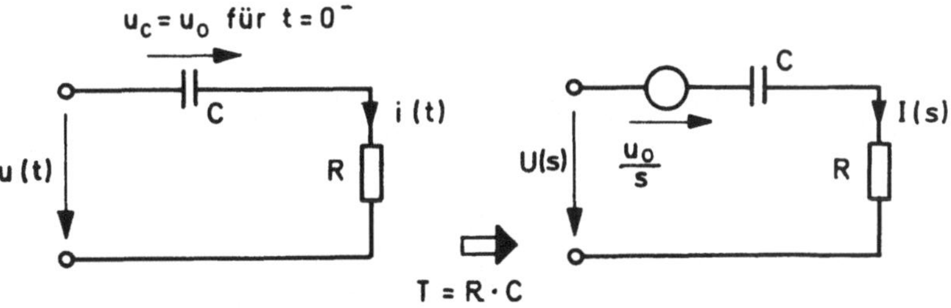

durch einen ungeladenen Kondensator in Reihe mit einer Spannungsquelle zu ersetzen. Es wird dann mit den bisherigen Rechenregeln:

Tabelle 8.1. Netzwerkselemente bei nicht energielosem Anfangszustand

Geladener Kondensator	Stromdurchflossene Spule
$u(t) = u_0$ für $t = 0^-$	$i(t) = i_0$ für $t = 0^-$

Ersatz dieser Elemente durch stromlose Spule bzw. ungeladenen Kondensator und zusätzliche Erregung mit Spannungs- oder Stromquelle:

	Stromquelle	Spannungsquelle	Stromquelle	Spannungsquelle
Frequenzbereich	Cu_0, C, $I(s)$, $U(s)$	$\frac{u_0}{s}$, C, $I(s)$, $U(s)$	$\frac{i_0}{s}$, L, $I(s)$, $U(s)$	L_0, L, $I(s)$, $U(s)$
Zeitbereich	$Cu_0\delta_0(t)$, C, $i(t)$, $u(t)$	$u_0\delta_{-1}(t)$, C, $i(t)$, $u(t)$	$i_0\delta_{-1}(t)$, L, $i(t)$, $u(t)$	$L_0\delta_0(t)$, L, $i(t)$, $u(t)$

$$I(s) = A(s)\left[U(s) - \frac{u_0}{s}\right] \text{ mit } A(s) = \frac{1}{R}\,\frac{s}{s + \frac{1}{T}}\ .$$

Setzt man für die Erregung mit der Sprungfunktion

$$U(s) = U\,\frac{1}{s}\quad,$$

$$\text{so folgt } I(s) = \frac{U - u_0}{R} \; \frac{1}{s + \frac{1}{T}}$$

$$\text{und} \qquad i(t) = \frac{U - u_0}{R} \, e^{-\frac{t}{T}} \quad .$$

In diesem einfachen Fall konnte die Systemfunktion $A(s)$ weiterhin benutzt werden, da die Zusatzerregung in Reihe mit der ursprünglichen Erregung liegt. Im folgenden Beispiel ist dies nicht mehr der Fall.

b) Gegeben sei eine Schaltung, die mit einer Sprungfunktion der Amplitude U erregt wird und deren Spule L zur Zeit $t = 0^-$ einen Anfangsstrom i_0 führt. Gesucht ist der Strom $i_2(t)$.

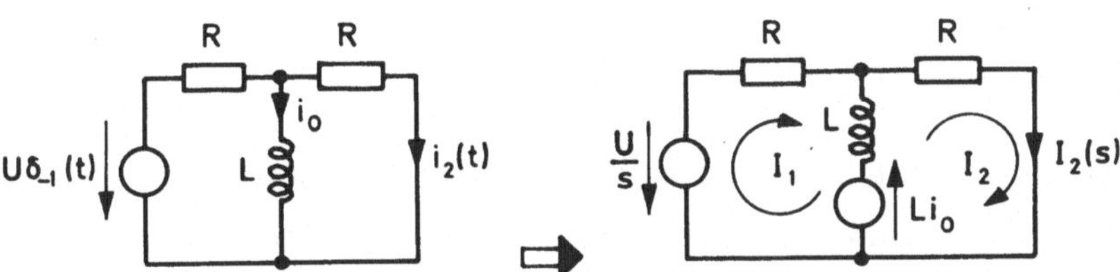

Die stromdurchflossene Spule wird nach Tab. 8.1 durch eine stromlose Spule und eine Zusatzerregung Li_0 ersetzt. Dann ergibt die Schleifenanalyse:

$$\begin{pmatrix} Ls + R & -Ls \\ -Ls & Ls + R \end{pmatrix} \begin{pmatrix} I_1 \\ I_2 \end{pmatrix} = \begin{pmatrix} \frac{U}{s} + Li_0 \\ -Li_0 \end{pmatrix} \quad .$$

Daraus folgt mit $T = L/R$:

$$I_2(s) = \frac{-(Ls + R)Li_0 + (\frac{U}{s} + Li_0)Ls}{2LRs + R^2} = \frac{1}{2}\left(\frac{U}{R} - i_0\right)\frac{1}{s + \frac{1}{2T}} \quad .$$

Im Zeitbereich ergibt sich damit:

$$i_2(t) = \frac{1}{2}\left(\frac{U}{R} - i_0\right) e^{-\frac{t}{2T}} \quad .$$

Die Verwendung der Systemfunktion hätte hier keinen Sinn, da das
Netzwerk an zwei verschiedenen Stellen erregt wird. ■

8.2.3. Gekoppelte Spulen mit Anfangsströmen

Bei gekoppelten Spulen treten nach Tab.2.1 an die Stelle der einfachen Strom-Spannungs-Beziehungen die entsprechenden Matrizengleichungen. Für energielosen Anfangszustand lauten diese z.B.
nach Gl.(2.5) und Gl.(2.6):

$$\underline{U} = \underline{L}\, s\, \underline{I}$$
$$\underline{I} = \underline{\Gamma}\, \frac{1}{s}\, \underline{U} \quad .$$

In derselben Weise können zusätzliche Anfangsbedingungen bei gekoppelten Spulen dadurch berücksichtigt werden, daß man Gl.(8.3)
und (8.2) als Matrizengleichungen schreibt ($\underline{E}$ ist Einheitsmatrix):

$$\underline{U} = \underline{L}\, s\left[\underline{I} - \frac{1}{s}\,\underline{i}_0\right] = \underline{L}\, s\, \underline{I} - \underline{L}\,\underline{i}_0 \tag{8.7}$$

$$\underline{I} = \underline{\Gamma}\, \frac{1}{s}\left[\underline{U} + \underline{L}\,\underline{i}_0\right] = \underline{\Gamma}\, \frac{1}{s}\, \underline{U} + \underline{E}\, \frac{1}{s}\,\underline{i}_0 \quad . \tag{8.8}$$

Hier ist also zusätzlich der Vektor $\underline{i}_0$ der Anfangsströme zu berücksichtigen. Bei Darstellung gekoppelter Spulen mit Hilfe gesteuerter Quellen nach Abschnitt 2.2.3.2. treten infolge der Anfangsströme zusätzliche Quellen auf, die jedoch nicht gesteuert,
sondern unabhängig sind. Und zwar ergeben sich bei einer Darstellung mit Spannungsquellen (z.B. nach Bild 2.3) laut Gl.(8.7) in
Reihe zu jeder Spule noch so viele Quellen, wie insgesamt Anfangsströme vorhanden sind (falls $L_{ik} \neq 0$). Bei der Darstellung mit
Stromquellen (z.B. nach Bild 2.4) liefert Gl.(8.8) wegen des Auf-

tretens der Einheitsmatrix zu jeder Spule nur eine zusätzliche
Quelle.

Beispiel 8.2

a) Gegeben ein verlustfreier Übertrager mit L_{11}, $L_{12} = L_{21}$ und
L_{22}:

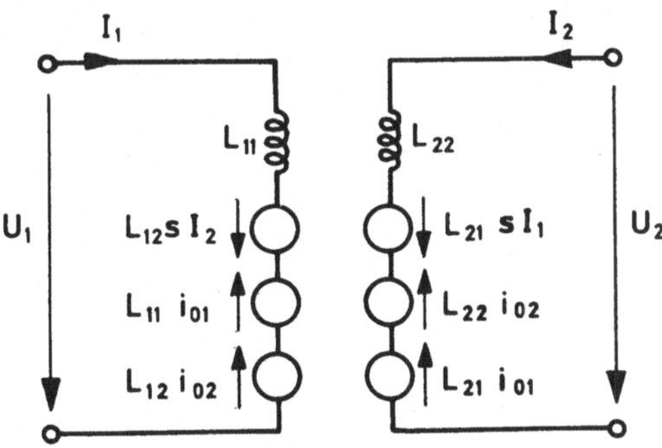

Für den energielosen Anfangszustand ist seine Darstellung mit
Hilfe gesteuerter Quellen in Beispiel 2.4 besprochen worden. Sind
dagegen im Zeitpunkt $t = 0^-$ die beiden Spulen von den Strömen i_{01}
und i_{02} durchflossen, so folgt aus Gl.(8.7)

$$U_1 = L_{11}sI_1 + L_{12}sI_2 - L_{11}i_{01} - L_{12}i_{02}$$
$$U_2 = L_{21}sI_1 + L_{22}sI_2 - L_{21}i_{01} - L_{22}i_{02} \quad ,$$

und das entsprechende Ersatzschaltbild ist:

Entsprechend folgt aus Gl.(8.8)

$$I_1 = \Gamma_{11}\frac{1}{s}U_1 + \Gamma_{12}\frac{1}{s}U_2 + \frac{1}{s}i_{01}$$

$$I_2 = \Gamma_{21} \frac{1}{s} U_1 + \Gamma_{22} \frac{1}{s} U_2 + \frac{1}{s} i_{02} \quad ,$$

und es ergibt sich folgendes Ersatzschaltbild:

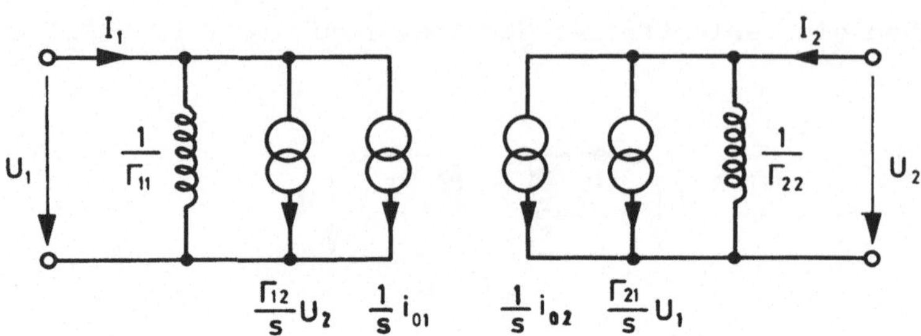

Es treten also - je nach Darstellung - zwei zusätzliche Spannungsquellen oder eine zusätzliche Stromquelle je Spule auf.

b) Ein Übertrager mit $L_{11} = L_{22} = L$ und $L_{12} = L_{21} = M$ werde in der angegebenen Schaltung betrieben und mit einem Spannungssprung erregt.
In der linken Wicklung fließe der Anfangsstrom i_0. Gesucht ist
$i_2(t)$.

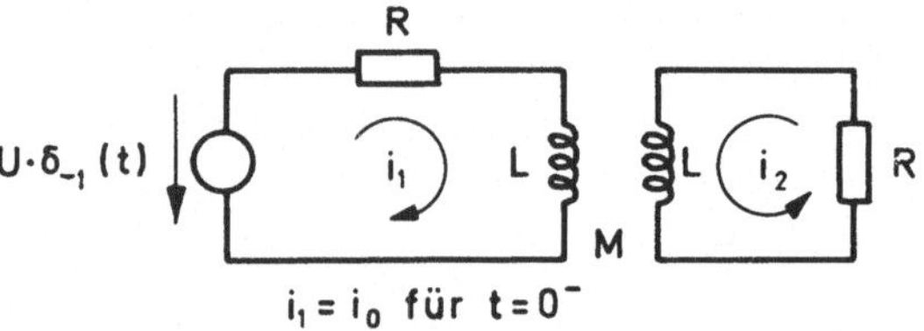

Ersatzschaltbild nach Beispiel 8.2a:

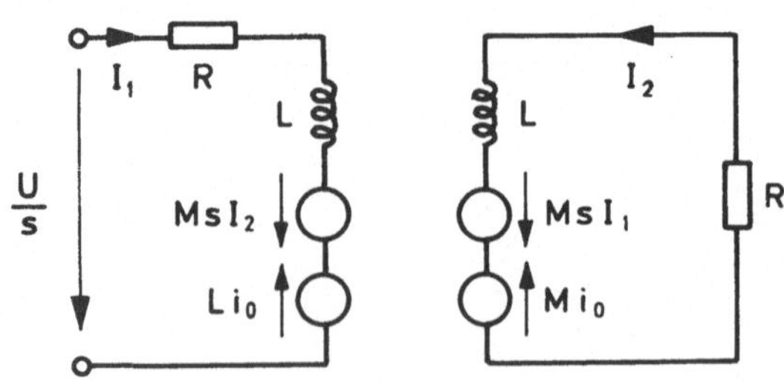

Die Schleifenanalyse ergibt:

$$\begin{pmatrix} Ls + R & 0 \\ 0 & Ls + R \end{pmatrix} \begin{pmatrix} I_1 \\ I_2 \end{pmatrix} = \begin{pmatrix} \frac{U}{s} + Li_0 \\ Mi_0 \end{pmatrix} + \begin{pmatrix} 0 & -Ms \\ -Ms & 0 \end{pmatrix} \begin{pmatrix} I_1 \\ I_2 \end{pmatrix} \; .$$

Durch Zusammenfassen der Matrizen folgt:

$$\begin{pmatrix} Ls + R & Ms \\ Ms & Ls + R \end{pmatrix} \begin{pmatrix} I_1 \\ I_2 \end{pmatrix} = \begin{pmatrix} \frac{U}{s} + Li_0 \\ Mi_0 \end{pmatrix} \; .$$

Löst man das Gleichungssystem nach I_2 auf, so wird:

$$I_2(s) = \frac{RMi_0 - UM}{(L^2 - M^2)s^2 + 2RLs + R^2} \; .$$

Die Gleichung wird mit R^2 gekürzt und mit folgenden Abkürzungen versehen:

$$M = kL \quad ; \quad \frac{L}{R} = T \quad .$$

Dann ergibt sich für den gesuchten Strom :

$$I_2(s) = \frac{kT(i_0 - \frac{U}{R})}{T^2(1 - k^2)s^2 + 2Ts + 1}$$

oder

$$I_2(s) = \frac{k}{T(1 - k^2)} \; (i_0 - \frac{U}{R}) \; \frac{1}{s^2 + \frac{2}{T(1 - k^2)} s + \frac{1}{T^2(1 - k^2)}} \quad .$$

Die Pole von $I_2(s)$ sind :

$$s_{\infty 1;2} = - \frac{1}{T(1 - k^2)} \pm \sqrt{\frac{1}{T^2(1 - k^2)^2} - \frac{1}{T^2(1 - k^2)}} = \frac{-1 \pm k}{T(1 - k^2)}$$

d.h. $\quad s_{\infty 1} = - \frac{1}{T(1 + k)} \quad ; \quad s_{\infty 2} = - \frac{1}{T(1 - k)} \quad .$

Nach Tab. 7.2 Nr.3 folgt für diesen Fall mit

$$D = s_{\infty 1} - s_{\infty 2} = \frac{2k}{T(1 - k^2)}$$

der gesuchte Strom im Zeitbereich zu:

$$i_2(t) = \frac{1}{2} \left(i_0 - \frac{U}{R} \right) \left[e^{-\frac{t}{T(1 + k)}} - e^{-\frac{t}{T(1 - k)}} \right] \cdot$$

8.3. Zusammenfassung

Die bisher benutzten Regeln für die Rechnung mit der Laplace-Transformation, wie sie z.B. in Tab. 5.1 zusammengestellt sind, insbesondere die Regeln für die Differentiation und Integration im Zeitbereich, sind nur für energielosen Anfangszustand gültig, da voraussetzungsgemäß alle Zeitfunktionen für $t < 0$ verschwinden müssen. Die durch eine Erregung zur Zeit $t = 0$ geschaffenen Anfangsbedingungen werden durch die Rechnung automatisch mit erfaßt, wenn man die Unstetigkeiten der Erregung berücksichtigt.

Bei nicht energielosem Anfangszustand sind diese Voraussetzungen nicht erfüllt; die Rechnung ist in dieser Form ungültig. Die Vergangenheit des Netzwerks muß berücksichtigt werden. Interessiert man sich dabei nur für die Zukunft, so genügt es, lediglich die Wirkung dieser Vergangenheit zum Zeitpunkt $t = 0^-$ zu kennen, d.h. den Zustand, in dem das Netzwerk sich befindet. Dieser Zustand wird durch die Spulenströme und Kondensatorspannungen zum Zeitpunkt $t = 0^-$ beschrieben. Diese Anfangswerte müssen bei der Rechnung berücksichtigt werden.

Das kann in der Form geschehen, daß man das Netzwerk nach wie vor zum Zeitpunkt $t = 0^-$ als energielos betrachtet und die tatsächlichen Anfangsbedingungen zum Zeitpunkt $t = 0$ durch zusätzliche Erregungen mit Hilfe von Elementarfunktionen her-

stellt (Tab.8.1 und Abschnitt 8.2.3.). Die Rechenregeln für energielosen Anfangszustand behalten dabei ihre Gültigkeit.

Die Berechnung des Netzwerks wird dadurch zwar umständlicher, jedoch prinzipiell nicht schwieriger, da sich die zusätzlichen Erregungen z.B. bei der Schleifen- und Knotenanalyse zwanglos in den
Spaltenvektor der unabhängigen Quellenspannungen bzw. Quellenströme einfügen, nicht anders, als wenn das Netzwerk eben an mehreren
Eingängen erregt würde. Hat man für eine gegebene Erregung eine
Systemfunktion definiert, so verliert diese durch vorhandene Anfangsbedingungen in der Regel ihren Sinn. Betrachtet man das
Netzwerk dagegen als an mehreren Eingängen erregt, so läßt sich
anstelle der Systemfunktion eine Systemmatrix definieren, wie dies
bereits in Kapitel 1 angedeutet wurde.

Systeme mit mehreren Ein- und Ausgängen werden im nächsten Kapitel
behandelt.

9. Systeme mit mehreren Ein- und Ausgängen

Im vorigen Kapitel zeigte es sich, daß bei nicht energielosem Anfangszustand des Netzwerks die Anfangswerte durch zusätzliche Erregungen hergestellt werden können. Selbst ein Netzwerk, das nur
einen Eingang und einen Ausgang aufweist, kann dadurch zu einem
System mit mehreren Eingängen werden.

Ganz abgesehen von diesem Spezialfall sind, besonders in der Systemtheorie, Anordnung mit mehreren Ein- und Ausgängen von Interesse. Dieser Fall kann bei linearen Systemen aufgrund des Su-
perpositionsprinzips schrittweise gelöst werden, indem man die
Wirkung jeder einzelnen Erregung getrennt berechnet und die Ergebnisse addiert. Die hierbei erforderlichen Berechnungen lassen
sich mit Hilfe der Matrizenschreibweise geschlossen darstellen.

9.1. Netzwerksgleichungen

Ist bei einem gegebenen System nach mehreren Wirkungen als Funktion gegebener Erregungen gefragt, so liegen die Ein- und Aus-
gangsklemmen fest. Gefragt ist damit nach dem Verhalten eines
Systems, wie es in Bild 1.1 gezeichnet ist und in Bild 9.1 mit der
Terminologie des Kapitels 7 wiederholt ist. Die Anzahl n der Eingänge kann dabei von der Anzahl m der Ausgänge verschieden sein.
Erregungen und Antworten können auch gemischt auftreten, d.h.
verschiedene physikalische Bedeutung (etwa Strom und Spannung)
haben.

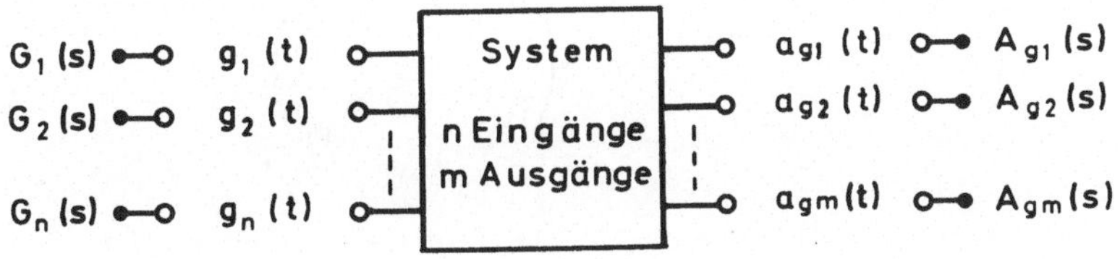

Bild 9.1. System mit mehreren Ein- und Ausgängen

Das Analyseverfahren, also z.B. Schleifen- und Knotenanalyse nach
Kapitel 4, wird möglichst so angesetzt, daß in der Netzwerksglei-
chung Gl.(4.1) bzw. (4.6) die gesuchten Antworten und die gegebenen Erregungen möglichst schon explizit auftreten. Da das nicht
immer geht, müssen die Gleichungen entsprechend umgestellt werden.
Eliminiert man anschließend die nicht gewünschten Unbekannten, so
verbleibt ein Gleichungssystem:

$$\underline{B}(s) \cdot \underline{A}_g (s) = \underline{D}(s) \cdot \underline{G}(s) \quad . \tag{9.1}$$

Diese Gleichung entspricht im Prinzip der Gl.(4.3) bzw. (4.8), jedoch steht links nicht der Vektor der Schleifenströme oder Knotenspannungen, sondern der Vektor der gewünschten Antworten

$$\underline{A}_g (s) = \begin{pmatrix} A_{g1} \\ \cdot \\ \cdot \\ A_{gm} \end{pmatrix} \!\!-\!\!\circ\, \begin{pmatrix} a_{g1} \\ \cdot \\ \cdot \\ a_{gm} \end{pmatrix} = \underline{a}_g (t) \quad , \tag{9.2}$$

und rechts nicht der Vektor der Quellenspannungen oder der Quellenströme, sondern der Vektor der gegebenen Erregungen

$$\underline{G}(s) = \begin{pmatrix} G_1 \\ \vdots \\ G_n \end{pmatrix} \!\!-\!\!\circ\, \begin{pmatrix} g_1 \\ \vdots \\ g_n \end{pmatrix} = \underline{g}(t) \quad . \tag{9.3}$$

Durch Umstellen des Systems auf die gesuchten Größen und Eliminieren der nicht gewünschten Unbekannten sind die beiden Matrizen

$$\underline{B}(s) = \begin{pmatrix} B_{11} & \cdots & B_{1m} \\ & & \\ B_{m1} & \cdots & B_{mm} \end{pmatrix} \; ; \; \underline{D}(s) = \begin{pmatrix} D_{11} & \cdots & D_{1n} \\ & & \\ D_{m1} & \cdots & D_{mn} \end{pmatrix} \tag{9.4}$$

entstanden. $\underline{B}$ ist quadratisch, $\underline{D}$ ist für $n \neq m$ rechteckig. Ihre Elemente sind Leitwerte, Widerstände oder dimensionslose Größen, je nach Bedeutung der Erregungen G_i und der Antworten A_{gi}.

9.2. Die Systemmatrix im Frequenzbereich

Zur Lösung im Frequenzbereich ist die Determinante $|B|$ zu untersuchen. Im Falle $|B| = 0$ ist das (inhomogene) Gleichungssystem unlösbar. Im Falle $|B| \neq 0$ folgt aus Gl. (9.1):

$$\underline{A}_g(s) = \underline{B}^{-1}(s) \cdot \underline{D}(s) \cdot \underline{G}(s) = \underline{A}(s) \cdot \underline{G}(s) \tag{9.5}$$

$$\text{mit } \underline{B}^{-1}(s) \cdot \underline{D}(s) = \underline{A}(s) = \begin{pmatrix} A_{11} & \cdots & A_{1n} \\ \vdots & & \\ A_{m1} & \cdots & A_{mn} \end{pmatrix} \; . \tag{9.6}$$

Die Lösung entspricht dem Lösungsgang nach Tab. 7.1 oder Tab. 7.3, wenn man Erregung und Antwort durch die entsprechenden Spaltenvektoren ersetzt und die Systemfunktion $A(s)$ durch eine S y s t e m - m a t r i x $\underline{A}(s)$. Diese ist i.a. rechteckig, und ihre Elemente sind einzelne Systemfunktionen: $A_{ik}(s)$ ist die Systemfunktion vom Eingang k zum Ausgang i, wenn alle anderen Erregungen verschwinden.

Damit ist das Problem vollständig auf den bisherigen Rechnungsgang zurückgeführt. Der Zusammenhang mit dem Zeitbereich ergibt sich nach Gl. (9.2) und (9.3).

Eliminiert man die Unbekannten bis auf eine und legt nur eine Erregung zugrunde, so geht die Matrix $\underline{A}(s)$ in die bisher benutzte Systemfunktion $A(s)$ für diese Übertragungsrichtung über.

Die Matrixgleichung (9.5) besorgt also das nach dem Superposi-
tionsprinzip erforderliche Zusammensetzen der Antwort an einem
Ausgang aus den Wirkungen der einzelnen Eingänge, wie man bei
ausführlich geschriebener Gl.(9.5) erkennt:

$$
\begin{aligned}
A_{g1} &= A_{11}G_1 + A_{12}G_2 + \ldots + A_{1n}G_n \\
A_{g2} &= A_{21}G_1 + A_{22}G_2 + \ldots + A_{2n}G_n \\
&\ldots\ldots\ldots\ldots\ldots\ldots\ldots\ldots\ldots\ldots \\
A_{gm} &= A_{m1}G_1 + A_{m2}G_2 + \ldots + A_{mn}G_n \quad .
\end{aligned}
\tag{9.7}
$$

Beispiel 9.1

Gegeben sei ein Netzwerk mit zwei Erregungen I_1, I_2 und einer
zusätzlichen Erregung Cu_0 infolge einer Anfangsspannung u_0. Ge-

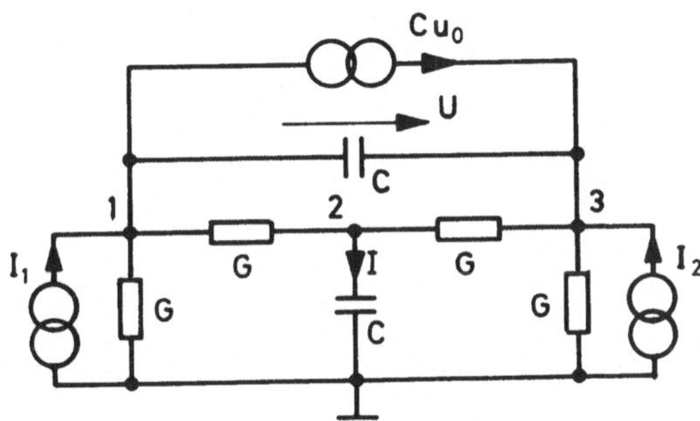

sucht sei die Spannung U und der Strom I. Die Knotenanalyse ergibt das Gleichungssystem :

$$
\begin{pmatrix}
Cs + 2G & -G & -Cs \\
-G & Cs + 2G & -G \\
-Cs & -G & Cs + 2G
\end{pmatrix}
\cdot
\begin{pmatrix}
U_1 \\
U_2 \\
U_3
\end{pmatrix}
=
\begin{pmatrix}
I_1 - Cu_0 \\
0 \\
I_2 + Cu_0
\end{pmatrix}
\quad .
$$

Schreibt man die Erregungen explizit als Spaltenvektor, so folgt
mit der Abkürzung $C/G = T$:

$$G \cdot \begin{pmatrix} Ts+2 & -1 & -Ts \\ -1 & Ts+2 & -1 \\ -Ts & -1 & Ts+2 \end{pmatrix} \begin{pmatrix} U_1 \\ U_2 \\ U_3 \end{pmatrix} = \begin{pmatrix} 1 & 0 & -1 \\ 0 & 0 & 0 \\ 0 & 1 & 1 \end{pmatrix} \begin{pmatrix} I_1 \\ I_2 \\ Cu_0 \end{pmatrix} .$$

Durch Addition der ersten zur dritten Spalte in der linken Matrix läßt sich die Unbekannte $U = U_1 - U_3$ einführen:

$$G \cdot \begin{pmatrix} Ts+2 & -1 & 2 \\ -1 & Ts+2 & -2 \\ -Ts & -1 & 2 \end{pmatrix} \begin{pmatrix} U_1 - U_3 \\ U_2 \\ U_3 \end{pmatrix} = \text{wie oben} .$$

Es wird die Unbekannte $I = U_2 \cdot Cs = U_2 \cdot G \cdot Ts$ eingeführt (Division der zweiten Spalte durch GTs):

$$G \cdot \begin{pmatrix} Ts+2 & -\dfrac{1}{GTs} & 2 \\ -1 & \dfrac{Ts+2}{GTs} & -2 \\ -Ts & -\dfrac{1}{GTs} & 2 \end{pmatrix} \begin{pmatrix} U_1 - U_3 \\ U_2 GTs \\ U_3 \end{pmatrix} = \text{wie oben} .$$

Mit Ts durchmultipliziert:

$$\begin{pmatrix} GTs(Ts+2) & -1 & 2GTs \\ -GTs & Ts+2 & -2GTs \\ -GT^2 s^2 & -1 & 2GTs \end{pmatrix} \begin{pmatrix} U \\ I \\ U_3 \end{pmatrix} = Ts \cdot \begin{pmatrix} 1 & 0 & -1 \\ 0 & 0 & 0 \\ 0 & 1 & 1 \end{pmatrix} \begin{pmatrix} I_1 \\ I_2 \\ Cu_0 \end{pmatrix} .$$

U_3 eliminiert (zweite Gleichung zur ersten und dritten addiert):

$$\underbrace{\begin{pmatrix} GTs(Ts+1) & Ts+1 \\ -GTs(Ts+1) & Ts+1 \end{pmatrix}}_{\underline{B}(s)} \underbrace{\begin{pmatrix} U \\ I \end{pmatrix}}_{\underline{A}_g(s)} = Ts \cdot \underbrace{\begin{pmatrix} 1 & 0 & -1 \\ 0 & 1 & 1 \end{pmatrix}}_{\underline{D}(s)} \underbrace{\begin{pmatrix} I_1 \\ I_2 \\ Cu_0 \end{pmatrix}}_{\underline{G}(s)} .$$

Damit ist die Form der Gl.(9.1) erreicht. Es folgt die System-matrix nach Gl.(9.6). Mit der Determinante $|B| = 2GTs(Ts+1)^2$ ergibt sich die Kehrmatrix zu

$$\underline{B}^{-1} = \frac{1}{|B|} \begin{pmatrix} Ts+1 & -(Ts+1) \\ & \\ GTs(Ts+1) & GTs(Ts+1) \end{pmatrix} = \frac{1}{2GTs(Ts+1)} \begin{pmatrix} 1 & -1 \\ & \\ GTs & GTs \end{pmatrix} ,$$

und daraus die Systemmatrix :

$$\underline{A}(s) = \underline{B}^{-1} \cdot \underline{D} = \frac{1}{2G(Ts+1)} \begin{pmatrix} 1 & -1 \\ GTs & GTs \end{pmatrix} \begin{pmatrix} 1 & 0 & -1 \\ 0 & 1 & 1 \end{pmatrix} ,$$

d.h.

$$\underline{A}(s) = \frac{1}{2G(Ts+1)} \begin{pmatrix} 1 & -1 & -2 \\ GTs & GTs & 0 \end{pmatrix} .$$

9.3. Die Matrix der Impuls- und Sprungantwort im Zeitbereich

Transformiert man Gl.(9.5) in den Zeitbereich, so folgt mit Gl.(9.2) und (9.3):

$$\underline{a}_g(t) = \underline{a}_0(t) * \underline{g}(t) \tag{9.8}$$

oder

$$\underline{a}_g(t) = \underline{a}_{-1}(t) * \dot{\underline{g}}(t) . \tag{9.9}$$

Diese Beziehungen entsprechen wieder denen der Tab.7.3 in Matrizenform. Anstelle der Impuls- und Sprungantwort treten hier die Matrix der Impulsantwort

$$\underline{a}_0(t) \circ\!\!-\!\!\bullet \underline{A}(s) \tag{9.10}$$

und die Matrix der Sprungantwort

$$\underline{a}_{-1}(t) \circ\!\!-\!\!\bullet \frac{1}{s}\underline{A}(s) \tag{9.11}$$

auf, die sich durch elementweise Transformation aus der Systemmatrix ergeben, analog zu Gl.(7.16) und (7.18). Für die Faltung zweier Matrizen, wie sie in Gl.(9.8) und (9.9) erforderlich ist, gelten formal die gleichen Regeln wie für die Matrizenmultiplikation.

Die Bedeutung der Elemente der beiden Matrizen ist leicht erkennbar. Irgendein Element $a_{ik}(t)$ ist die Antwort am Ausgang i auf einen Impuls oder Sprung am Eingang k, wenn alle anderen Erregungen verschwinden.

Beispiel 9.2

Mit der Systemmatrix aus Beispiel 9.1 ergeben sich die Matrizen der Impuls- und Sprungantworten durch elementweise Transformation z.B. nach Tab. 7.2:

$$\underline{a}_0(t) = \left(\begin{array}{c|c|c} \dfrac{1}{2GT}\,e^{-\frac{t}{T}} & -\dfrac{1}{2GT}\,e^{-\frac{t}{T}} & -\dfrac{1}{GT}\,e^{-\frac{t}{T}} \\[2ex] \hline \dfrac{1}{2}\left[\delta_0(t) - \dfrac{1}{T}e^{-\frac{t}{T}}\right] & \dfrac{1}{2}\left[\delta_0(t) - \dfrac{1}{T}e^{-\frac{t}{T}}\right] & 0 \end{array} \right)$$

$$\underline{a}_{-1}(t) = \left(\begin{array}{c|c|c} \dfrac{1}{2G}\left(1 - e^{-\frac{t}{T}}\right) & -\dfrac{1}{2G}\left(1 - e^{-\frac{t}{T}}\right) & -\dfrac{1}{G}\left(1 - e^{-\frac{t}{T}}\right) \\[2ex] \hline \dfrac{1}{2}e^{-\frac{t}{T}} & \dfrac{1}{2}e^{-\frac{t}{T}} & 0 \end{array} \right) \; .$$

9.4. Zusammenfassung

Lineare Systeme mit mehreren Ein- und Ausgängen lassen sich nach den gleichen Regeln berechnen wie Systeme mit einem Ein- und Ausgang, wenn man die entsprechenden Gleichungen als Matrizengleichungen auffaßt. Insbesondere gelten alle Beziehungen der Tab.7.3, wenn man Erregung und Antwort als Spaltenvektoren auffaßt und die Systemfunktion oder die Impuls- und Sprungantwort durch die entsprechenden Matrizen ersetzt.

Diese Matrizen findet man mit Hilfe eines Analyseverfahrens
(z.B. Schleifen- oder Knotenanalyse) durch geeignete Umstellung
des Gleichungssystems und Elimination der nicht gewünschten Größen.

Der bisherige Teil dieser Einführung (Kapitel 1 bis 9) enthält
die wichtigsten Grundlagen für die Analyse linearer Netzwerke aus
konzentrierten Elementen, d.h. für die Berechnung ihres Verhaltens
bei Erregung mit beliebigen Zeitfunktionen aus dem energielosen
oder nicht energielosen Anfangszustand. Dabei wurde sowohl die
Lösung im Frequenzbereich als auch die Lösung im Zeitbereich behandelt, und es wurden auch Systeme mit mehreren Ein- und Ausgängen besprochen.

In dem nun folgenden Teil wird zunächst der Zusammenhang zwischen
der Systemfunktion und den Netzwerkseigenschaften behandelt. Das
führt zu einer Klassifizierung der Netzwerke, und es ergeben sich
Hinweise auf Realisierungsbedingungen und auf Verfahren zur
Synthese einfacher Schaltungen (Kapitel 10).

In der Nachrichtentechnik werden die Netzwerke häufig so betrieben, daß von vier zugänglichen Klemmen je zwei zu einem Klemmenpaar oder Tor für Eingang und Ausgang zusammengefaßt werden. Die
allgemeinen und einige spezielle Eigenschaften solcher "Vierpole"
oder "Zweitore" werden in den Kapiteln 11 und 12 kurz und zusammenfassend besprochen.

In Kapitel 13 werden schließlich Kriterien für Passivität und
für absolute Stabilität angegeben.

10. Eigenschaften der Systemfunktion

Die Systemfunktion nach Abschnitt 7.1.1. ist eine Funktion der komplexen Variablen $s = \sigma + j\omega$ und ist für alle s erklärt. Bei Berechnung der Systemantwort auf beliebige Erregungen z.B. nach Abschnitt 7.1.2. wird $A(s)$ für beliebige komplexe s benötigt. Einen wichtigen Spezialfall stellt die stationäre Lösung nach Abschnitt 7.1.3. dar: dort wird nach Gl.(7.8) $A(s)$ nur als $A(j\omega)$ auf der imaginären Achse der s-Ebene benötigt. Man spricht in diesem Fall vom Bereich der "reellen" oder "technischen" Frequenzen. Die Eigenschaften der Systemfunktion werden im folgenden - je nach Bedarf - in der gesamten s-Ebene oder nur auf der imaginären Achse betrachtet: je nachdem wird allgemein $A(s)$ oder $A(j\omega)$ geschrieben, ohne daß die Beschränkung auf $s = j\omega$ jedesmal besonders betont wird. Die Besprechung schließt sich an die Darstellung nach Abschnitt 7.1.1. Gl.(7.1) bis (7.3) an.

10.1. Reelle Funktionen

Nach Satz 7.1 hat die Systemfunktion der hier betrachteten Netzwerke nur reelle Koeffizienten. Bezieht man auch aktive Bauelemente nach Tab.2.2 mit ein, so müssen auch die Steuerkoeffizienten der gesteuerten Quellen rationale Funktionen in s mit reellen Koeffizienten sein. Dann ist für reelles s auch $A(s)$ stets reell. Dies nennt man eine reelle Funktion einer komplexen Veränderlichen.

Satz 10.1: Eine Funktion A(s) einer komplexen Veränderlichen s ist eine r e e l l e   F u n k t i o n , dann und nur dann, wenn

A(s) reell für s reell.

Die Systemfunktion eines Netzwerks aus linearen konzentrierten Bauelementen (einschließlich gesteuerter Quellen mit entsprechenden Steuerkoeffizienten) ist eine reelle Funktion. Sowohl ihre Pole als auch ihre Nullstellen sind daher entweder reell oder paarweise konjugiert komplex.

Reelle Funktionen haben die Eigenschaft, daß die konjugiert komplexe Funktion gleich der Funktion für konjugiert komplexes Argument ist:

$$A^*(s) \; = A(s^*) \tag{10.1a}$$
$$A^*(j\omega) = A(-j\omega) \quad . \tag{10.1b}$$

10.2. Gerade und ungerade Funktionen

Man definiert:

$$\text{Gerade Funktion} \qquad M(s) = M(-s) \tag{10.2a}$$
$$\text{Ungerade Funktion} \qquad N(s) = -N(-s) \quad . \tag{10.2b}$$

Beim Übergang zum negativen Argument bleibt die gerade Funktion ungeändert, die ungerade ändert ihr Vorzeichen. Die Buchstaben M (symmetrisch) und N (unsymmetrisch) sollen dies kennzeichnen.

In vielen Fällen ist es zweckmäßig, Zähler- und Nennerpolynom einer Systemfunktion nach Gl.(7.1) in geraden und ungeraden Teil aufzuspalten, z.B.

$$P(s) \; = M_P(s) + N_P(s) \tag{10.3a}$$
$$P(-s) = M_P(s) - N_P(s) \quad , \tag{10.3b}$$

wobei M_P dann alle Glieder mit geraden Exponenten und N_P alle Glieder mit ungeraden Exponenten enthält. Dies folgt aus:

$$M_P(s) = \frac{1}{2}\left[P(s) + P(-s) \right] \tag{10.4a}$$

$$N_P(s) = \frac{1}{2}\left[P(s) - P(-s) \right] \quad . \tag{10.4b}$$

Für $\sigma = 0$, d.h. $s = j\omega$, ergibt sich:

$$M_P(j\omega) = \frac{1}{2}\left[P(j\omega) + P(-j\omega) \right] = \mathrm{Re}\; P(j\omega) \tag{10.5a}$$

$$N_P(j\omega) = \frac{1}{2}\left[P(j\omega) - P(-j\omega) \right] = j\;\mathrm{Im}\; P(j\omega) \quad . \tag{10.5b}$$

Das zweite Gleichheitszeichen folgt mit Gl.(10.1b) aus den bekannten Beziehungen für die Berechnung von Real- und Imaginärteil einer komplexen Größe mit Hilfe des konjugiert komplexen Wertes. Der Realteil eines Polynoms in $j\omega$ ist also stets eine gerade, der Imaginärteil stets eine ungerade Funktion.

Die Systemfunktion selbst kann mit Gl.(10.3) folgendermaßen dargestellt werden:

$$A(s) = \frac{P(s)}{Q(s)} = \frac{M_P(s) + N_P(s)}{M_Q(s) + N_Q(s)} \quad . \tag{10.6}$$

Beispiel 10.1

Gegeben sei die Schaltung aus Beispiel 4.1 mit $R_1 = 0$, $R_2 = R$, $L_1 = L_2 = L$ und $M = kL$:

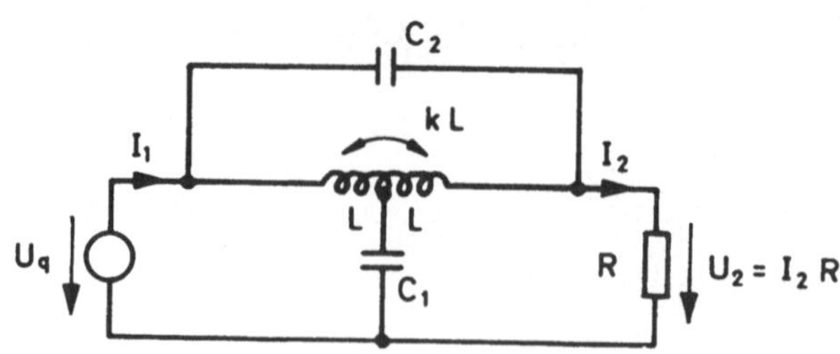

Mit diesen Werten ist die Lösung des Gleichungssystems für die Ströme I_1 und I_2:

$$\frac{I_1}{U_q} = \frac{P_1(s)}{Q(s)} \quad \text{und} \quad \frac{I_2}{U_q} = \frac{P_2(s)}{Q(s)}$$

mit

$$P_1(s) = L^2 C_1 C_2 (1 - k^2) \cdot s^4 + 2RLC_1 C_2 (1 + k) \cdot s^3$$
$$+ L\left[\, 2C_2 (1 + k) + C_1 \,\right] \cdot s^2 + RC_1 s + 1$$

$$P_2(s) = L^2 C_1 C_2 (1 - k^2) \cdot s^4 + L\left[\, 2C_2 (1 + k) - kC_1 \,\right] s^2 + 1$$

$$Q(s) = RL^2 C_1 C_2 (1 - k^2) \cdot s^4 + L^2 C_1 (1 - k^2) \cdot s^3$$
$$+ RL\left[\, 2C_2 (1 + k) + C_1 \,\right] s^2 + 2L(1 + k)s + R \quad .$$

Für den Fall $C_2 = 0$ werde mit $U_2 = I_2 R$ das Verhältnis $A(s) = U_2/U_q$ betrachtet:

$$A(s) = \frac{- kRLC_1 s^2 + R}{L^2 C_1 (1 - k^2)s^3 + RLC_1 s^2 + 2L(1 + k)s + R} \quad .$$

Die Bauelemente seien gegeben:

$$k = 0{,}5 \quad ; \quad C_1 = 2 \cdot 10^{-9} F$$
$$L = 10^{-3} H \quad ; \quad R = 1{,}5 \cdot 10^3 \Omega \quad .$$

Dann folgt:

$$A(s) = \frac{-10^{-12} \sec^2 s^2 + 1}{10^{-18} \sec^3 s^3 + 2 \cdot 10^{-12} \sec^2 s^2 + 2 \cdot 10^{-6} \sec \cdot s + 1} \quad .$$

Einführung einer normierten Frequenz, die aus Gründen einfacher Schreibweise nicht besonders gekennzeichnet wird (vgl. Abschnitt 10.7.):

$$s \;\rightarrow\; \frac{s}{10^6 \sec^{-1}} \quad .$$

Damit:

$$A(s) = \frac{-s^2 + 1}{s^3 + 2s^2 + 2s + 1} \quad .$$

Die Nullstellen der Systemfunktion $A(s)$ sind:

$$s_{01;2} = \pm 1 \quad .$$

Die Pole ergeben sich ähnlich wie in Beispiel 5.2 zu:

$$s_{\infty 3} = -1 \quad ; \quad s_{\infty 1;2} = -\frac{1}{2} \pm j\,\frac{\sqrt{3}}{2} \quad .$$

Zähler und Nenner der Systemfunktion haben also die Wurzel $s = -1$, d.h. den Wurzelfaktor $(s + 1)$ gemeinsam; ein Pol wird durch eine Nullstelle abgedeckt. Kürzt man diesen Wurzelfaktor, so verbleibt:

$$A(s) = \frac{P(s)}{Q(s)} = \frac{-s + 1}{s^2 + s + 1} = -\frac{(s - 1)}{(s + \frac{1}{2} - j\,\frac{\sqrt{3}}{2})(s + \frac{1}{2} + j\,\frac{\sqrt{3}}{2})} \quad .$$

Der Polplan hat demnach folgende Gestalt:

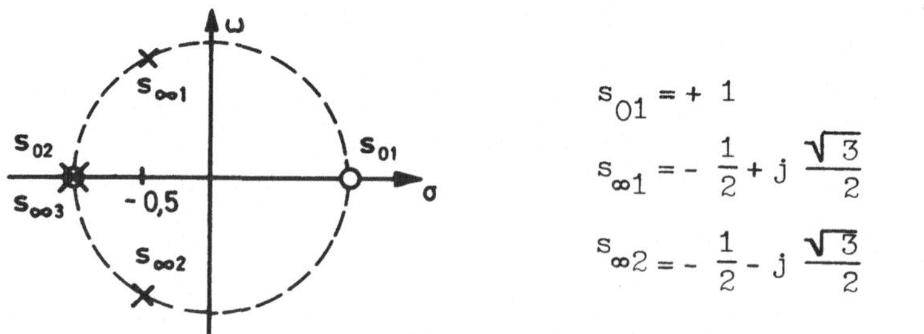

$A(s)$ ist entsprechend Satz 10.1 eine reelle Funktion, da für reelles s auch der Funktionswert reell ist.

Für eine Darstellung nach Gl.(10.6) ergeben sich die geraden und ungeraden Teile des Zähler- und Nennerpolynoms direkt aus der Anschauung oder formal über Gl.(10.4):

$$M_P(s) = 1 \qquad \text{bzw.} \quad \text{Re } P(j\omega) = M_P(j\omega) \quad = 1$$

$$N_P(s) = -s \qquad\qquad \text{Im } P(j\omega) = \frac{1}{j}\, N_P(j\omega) = -\omega$$

$$M_Q(s) = s^2 + 1 \qquad\quad \text{Re } Q(j\omega) = M_Q(j\omega) \quad = -\omega^2 + 1$$

$$N_Q(s) = s \qquad\qquad\quad \text{Im } Q(j\omega) = \frac{1}{j}\, N_Q(j\omega) = \omega \qquad \bullet \qquad \blacksquare$$

10.3. Teile der Systemfunktion

Da die Systemfunktion eine komplexe Größe ist, kann man folgende Teile unterscheiden:

> Real- und Imaginärteil,
> Dämpfung (oder Betrag) und Phase.

Diese Größen werden für viele Berechnungen benötigt und sollen daher näher untersucht werden, insbesondere auf der imaginären Achse der s-Ebene, d.h. für $s = j\omega$.

10.3.1. Real- und Imaginärteil

Erweitert man Gl.(10.6) mit $M_Q - N_Q$, so folgt:

$$A(s) = \frac{M_P M_Q - N_P N_Q + N_P M_Q - M_P N_Q}{M_Q^2 - N_Q^2} \qquad . \qquad (10.7)$$

Mit $s = j\omega$ und Gl.(10.5) sieht man, daß der Nenner reell, positiv und gerade ist. Es folgt:

$$\operatorname{Re} A(j\omega) = \left. \frac{M_P M_Q - N_P N_Q}{M_Q^2 - N_Q^2} \right|_{s=j\omega} = M_A(j\omega) \qquad (10.8\text{a})$$

$$\operatorname{Im} A(j\omega) = \left. \frac{1}{j} \frac{N_P M_Q - M_P N_Q}{M_Q^2 - N_Q^2} \right|_{s=j\omega} = \frac{1}{j} N_A(j\omega) \quad . \qquad (10.8\text{b})$$

Daraus folgt:

Satz 10.2: Für $s = j\omega$ ist der Realteil einer Systemfunktion stets eine gerade, der Imaginärteil eine ungerade Funktion von ω.

Beispiel 10.2

Für die Systemfunktion aus Beispiel 10.1 ist:

$$M_P = 1 \;\; ; \;\; M_Q = s^2 + 1$$
$$N_P = -s \;\; ; \;\; N_Q = s \qquad\qquad M_Q^2 - N_Q^2 = s^4 + s^2 + 1 \quad .$$

Mit Gl.(10.8) findet man Real- und Imaginärteil zu:

$$\operatorname{Re} A(j\omega) = \left. \frac{2s^2 + 1}{s^4 + s^2 + 1} \right|_{s=j\omega} = \frac{-2\omega^2 + 1}{\omega^4 - \omega^2 + 1}$$

$$\operatorname{Im} A(j\omega) = \left. \frac{1}{j} \frac{-s^3 - 2s}{s^4 + s^2 + 1} \right|_{s=j\omega} = \frac{\omega^3 - 2\omega}{\omega^4 - \omega^2 + 1} \quad .$$

Man erkennt, daß nach Satz 10.2 der Realteil gerade, der Imaginärteil ungerade ist.   ∎

10.3.2. Dämpfung (Betrag) und Phase

Im folgenden sei vorausgesetzt, daß die Systemfunktion $A(j\omega)$ in geeigneter Weise normiert und damit dimensionslos ist (Abschnitt 10.7.). Dann läßt sich das komplexe Ü b e r t r a g u n g s m a ß

$$g(\omega) = a(\omega) + jb(\omega) \tag{10.9}$$

aus folgender Gleichung definieren:

$$A(j\omega) = e^{-g(\omega)} \quad . \tag{10.10}$$

Man ermittelt $g(\omega)$ demnach durch Logarithmieren der Systemfunk-tion (Hauptwert des Logarithmus):

$$g(\omega) = -\ln A(j\omega) = -\ln|A(j\omega)| - j \operatorname{arc} A(j\omega) \quad . \tag{10.11}$$

Durch Vergleich mit Gl.(10.9) erhält man für den Realteil des Übertragungsmaßes, die sogenannte D ä m p f u n g ("Einheit" Neper, Np):

$$a(\omega) = -\ln|A(j\omega)| = \ln \frac{1}{|A(j\omega)|} \quad , \tag{10.12}$$

und für den Imaginärteil, die sogenannte P h a s e ("Einheit" Radiant, rad):

$$b(\omega) = -\operatorname{arc} A(j\omega) = \operatorname{arc} \frac{1}{A(j\omega)} \quad . \tag{10.13}$$

Die Dämpfung hängt also nach Gl.(10.12) nur vom Betrag der Systemfunktion

$$|A(j\omega)| = e^{-a(\omega)} \tag{10.14}$$

ab, und die Phase ist direkt der negative Winkel der System-funktion.

Das Quadrat des Betrages einer komplexen Größe erhält man durch Multiplikation mit ihrem konjugiert komplexen Wert, nach Gl.(10.1b) also mit:

$$|A(j\omega)|^2 = A(j\omega) \cdot A(-j\omega) \quad . \tag{10.15}$$

Drückt man $A(j\omega)$ nach Gl.(10.6) durch die geraden und ungeraden
Teile der Polynome aus und berücksichtigt Gl.(10.2), so folgt:

$$|A(j\omega)|^2 = \frac{M_P^2 - N_P^2}{M_Q^2 - N_Q^2}\Bigg|_{s=j\omega} \quad . \tag{10.16}$$

Den Tangens des Winkels einer komplexen Größe bestimmt man durch
Division des Imaginärteils durch den Realteil:

$$\text{arc } A(j\omega) = \arctan \frac{\text{Im } A(j\omega)}{\text{Re } A(j\omega)} \quad . \tag{10.17}$$

Für die Phase folgt damit nach Gl.(10.13) und Gl.(10.8):

$$b(\omega) = \arctan \frac{1}{j} \frac{M_P N_Q - N_P M_Q}{M_P M_Q - N_P N_Q}\Bigg|_{s=j\omega} \quad . \tag{10.18}$$

Daraus ergibt sich:

Satz 10.3: Für $s = j\omega$ ist der Betrag (die Dämpfung) einer
Systemfunktion stets eine gerade, die Phase eine ungerade
Funktion von ω.

Beispiel 10.3

Für die Systemfunktion aus Beispiel 10.1 findet man mit Gl.(10.16),
(10.12) und (10.18):

$$|A(j\omega)|^2 = \frac{-s^2 + 1}{s^4 + s^2 + 1}\Bigg|_{s=j\omega} = \frac{\omega^2 + 1}{\omega^4 - \omega^2 + 1}$$

$$a(\omega) = \frac{1}{2} \ln \frac{\omega^4 - \omega^2 + 1}{\omega^2 + 1}$$

$$b(\omega) = \arctan \left. \frac{1}{j} \frac{s^3 + 2s}{2s^2 + 1} \right|_{s = j\omega} = \arctan \frac{-\omega^3 + 2\omega}{-2\omega^2 + 1} \quad .$$

Nach Satz 10.3 sind der Betrag und die Dämpfung eine gerade, die Phase eine ungerade Funktion von ω. ∎

Die Berechnung von Betrag und Phase nach Gl.(10.16) und (10.18) ist dann zweckmäßig, wenn Pole und Nullstellen der Systemfunktion nicht gegeben sind. Ist dies jedoch der Fall, so folgt aus Gl.(7.2) eine andere, vor allem sehr anschauliche Darstellung. Da jeder Wurzelfaktor eine komplexe Größe ist, kann man ihn für sich allein durch Betrag und Winkel beschreiben:

$$(s - s_i) = |s - s_i| \, e^{j\varphi_i} \quad \text{mit} \quad \varphi_i = \arctan \frac{\text{Im}(s - s_i)}{\text{Re}(s - s_i)} \quad \cdot \quad (10.19)$$

Bild 10.1 zeigt dies für einen Pol $s_{\infty i}$ und für eine Nullstelle s_{0i} bei $s = j\omega$ auf der imaginären Achse:

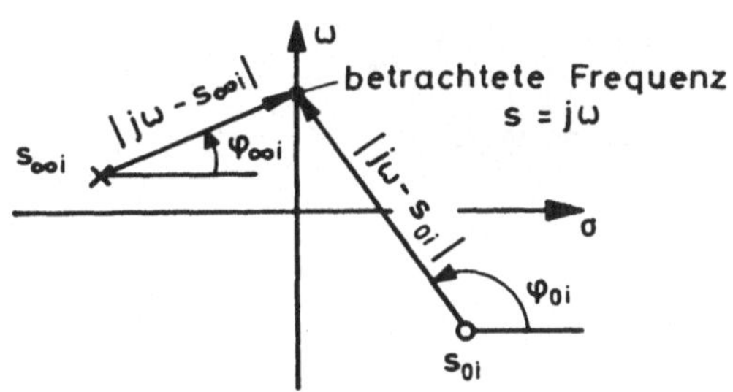

Bild 10.1. Darstellung einzelner Wurzelfaktoren

Mit Gl.(10.19) sind Betrag oder Dämpfung und Phase der System-funktion sehr einfach anzugeben. Für den Betrag ergibt sich:

$$|A(j\omega)| = \frac{|p_m| \prod\limits_{i=1}^{h} |j\omega - s_{0i}|^{r_{0i}}}{|q_n| \prod\limits_{i=1}^{l} |j\omega - s_{\infty i}|^{r_{\infty i}}} = \frac{|p_m| \cdot |j\omega - s_{01}|^{r_{01}} \cdot |j\omega - s_{02}|^{r_{02}} \cdots}{|q_n| \cdot |j\omega - s_{\infty 1}|^{r_{\infty 1}} \cdot |j\omega - s_{\infty 2}|^{r_{\infty 2}} \cdots}$$

$$(10.20)$$

Hieraus geht mit Bild 10.1 die Wirkung jedes einzelnen Pols und
jeder einzelnen Nullstelle auf den Betrag der Systemfunktion sehr
anschaulich hervor. Denkt man sich die Frequenz entlang der imaginären Achse variierend, so sieht man, daß die Wirkung auf die
Betragsänderung in der Nähe eines Pols oder einer Nullstelle um
so stärker ist, je näher Pol oder Nullstelle an der imaginären
Achse liegen. Dasselbe gilt sinngemäß für die Phase.

Selbstverständlich ist der Betrag der Systemfunktion nicht nur
entlang der imaginären Achse, sondern für die ganze s-Ebene
erklärt. Man kann ihn sich als "Gebirge" über der Ebene dargestellt denken, wie es etwa Bild 10.2 für eine Polverteilung nach

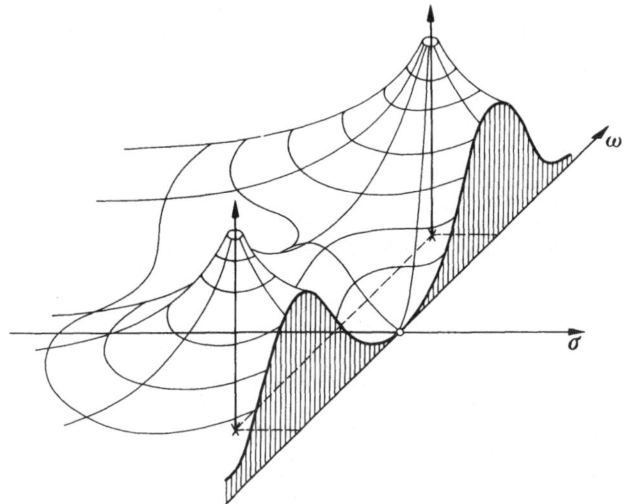

Bild 10.2. Betrag einer Systemfunktion

Tab. 7.2 Nr. 6 veranschaulicht. Der Betrag entlang der imaginären
Achse entspricht dann dem in Bild 10.2 schraffierten Schnitt. Hier
wird auch deutlich, daß der Betrag stets eine gerade Funktion in ω
ist, da Pole und Nullstellen entweder reell sind oder in konjugiert
komplexen Paaren auftreten.

Zur Berechnung der D ä m p f u n g werden die Gln.(7.1) und (7.2)
zweckmäßigerweise umgeschrieben (wobei nach wie vor Normierung

vorausgesetzt sein soll). Die Polynome im Zähler und Nenner der
Systemfunktion sind durchaus nicht immer vollständig; insbesondere
können Glieder niedrigen Grades fehlen. Es sei daher das vorhandene
Glied n i e d r i g s t e n G r a d e s im Zähler mit $p_\mu s^\mu$ und im Nenner
mit $q_\nu s^\nu$ bezeichnet, wobei μ und/oder ν natürlich auch Null sein
können. Zieht man im Zähler s^μ und im Nenner s^ν heraus und erweitert man Zähler und Nenner je für sich mit dem Produkt aus allen
restlichen Wurzeln des betreffenden Polynoms, so folgt:

$$A(s) = \frac{s^\mu \sum\limits_{i=\mu}^{m} p_i s^{i-\mu}}{s^\nu \sum\limits_{i=\nu}^{n} q_i s^{i-\nu}} = s^{\mu-\nu} \frac{p_m \prod\limits_{i=1}^{h-1} (s - s_{0i})^{r_{0i}}}{q_n \prod\limits_{i=1}^{l-1} (s - s_{\infty i})^{r_{\infty i}}}$$

$$= s^{\mu-\nu} \frac{p_m \prod\limits_{i=1}^{h-1} s_{0i}^{r_{0i}} \prod\limits_{i=1}^{h-1} (\frac{s}{s_{0i}} - 1)^{r_{0i}}}{q_n \prod\limits_{i=1}^{l-1} s_{\infty i}^{r_{\infty i}} \prod\limits_{i=1}^{l-1} (\frac{s}{s_{\infty i}} - 1)^{r_{\infty i}}} \cdot \qquad (10.21)$$

Nach dem Wurzelsatz von V i e t a [2,S.120] gilt für das Produkt
der Wurzeln eines Polynoms (hier vom Grade $m-\mu$ bzw. $n-\nu$):

$$\prod\limits_{i=1}^{h-1} s_{0i}^{r_{0i}} = (-1)^{m-\mu} \frac{p_\mu}{p_m} \qquad (10.22a)$$

$$\prod\limits_{i=1}^{l-1} s_{\infty i}^{r_{\infty i}} = (-1)^{n-\nu} \frac{q_\nu}{q_n} \cdot \qquad (10.22b)$$

Damit wird aus Gl.(10.21):

$$A(s) = s^{\mu-\nu} \frac{(-1)^{m-\mu} p_\mu \prod\limits_{i=1}^{h-1} (\frac{s}{s_{0i}} - 1)^{r_{0i}}}{(-1)^{n-\nu} q_\nu \prod\limits_{i=1}^{l-1} (\frac{s}{s_{\infty i}} - 1)^{r_{\infty i}}} \cdot \qquad (10.23)$$

Durch diese Umrechnung enthalten alle Wurzelfaktoren endliche
Pole und Nullstellen $(s_{\infty i} \neq 0;\; s_{0i} \neq 0)$. Sie sind ferner dimensionslos geworden und können logarithmiert werden. Es folgt für die
Dämpfung aus Gl.(10.12) mit $s = j\omega$:

$$a(\omega) = \ln\left[\left|\frac{q_\nu}{p_\mu}\right|\omega^{\nu-\mu}\right] + \sum_{i=1}^{l-1} r_{\infty i}\ln\left|\frac{j\omega}{s_{\infty i}} - 1\right| - \sum_{i=1}^{h-1} r_{0i}\ln\left|\frac{j\omega}{s_{0i}} - 1\right|$$

$$= \ln\left[\left|\frac{q_\nu}{p_\mu}\right|\omega^{\nu-\mu}\right] + r_{\infty 1}\ln\left|\frac{j\omega}{s_{\infty 1}} - 1\right| + r_{\infty 2}\ln\left|\frac{j\omega}{s_{\infty 2}} - 1\right| + \dots$$

$$- r_{01}\ln\left|\frac{j\omega}{s_{01}} - 1\right| - r_{02}\ln\left|\frac{j\omega}{s_{02}} - 1\right| - \dots \quad .$$

$$(10.24)$$

Hieraus läßt sich bei Kenntnis der Pole und Nullstellen der Beitrag jedes einzelnen Wurzelfaktors zur Dämpfung erkennen und berechnen (vgl. Beispiel 10.4).

Wichtig für einen raschen Überblick ist zunächst das a s y m p t o -
t i s c h e   V e r h a l t e n für $\omega \rightarrow 0$ und $\omega \rightarrow \infty$ der Gesamtdämpfung.
Für $\omega \rightarrow 0$ folgt aus Gl.(10.24)

$$a(\omega \rightarrow 0) = \ln\left[\left|\frac{q_\nu}{p_\mu}\right|\omega^{\nu-\mu}\right] = 2{,}3\,\lg\left[\left|\frac{q_\nu}{p_\mu}\right|\omega^{\nu-\mu}\right], \qquad (10.25)$$

wobei der natürliche Logarithmus auch durch den dekadischen ersetzt werden kann. Definiert man hierbei eine Grenzfrequenz

$$\omega_{g1} = \left|\frac{p_\mu}{q_\nu}\right|^{\frac{1}{\nu-\mu}} \quad , \qquad (10.26)$$

so folgt aus Gl.(10.25):

$$a(\omega \rightarrow 0) = (\nu-\mu)\,\ln\frac{\omega}{\omega_{g1}} = 2{,}3\,(\nu-\mu)\,\lg\frac{\omega}{\omega_{g1}} \quad . \qquad (10.27)$$

Für das asymptotische Verhalten bei tiefen Frequenzen sind also die Glieder n i e d r i g s t e n Grades im Zähler- und Nennerpolynom und deren G r a d u n t e r s c h i e d maßgebend, wie man sofort auch direkt aus Gl.(7.1) erkennen kann. Falls $\mu = \nu$ ist, wird $a(\omega \to 0)$ nach Gl.(10.25) zur konstanten Grunddämpfung und die Definition einer Grenzfrequenz nach Gl.(10.26) ist nicht sinnvoll.

Für $\omega \to \infty$ erkennt man am besten direkt aus Gl.(7.1), daß nur die Glieder h ö c h s t e n G r a d e s im Zähler- und Nennerpolynom und deren G r a d u n t e r s c h i e d maßgebend sind:

$$a(\omega \to \infty) = \ln\left[\left|\frac{q_n}{p_m}\right|\omega^{n-m}\right] = 2{,}3\ \lg\left[\left|\frac{q_n}{p_m}\right|\omega^{n-m}\right] \ . \qquad (10.28)$$

Definiert man hierfür eine Grenzfrequenz

$$\omega_{g2} = \left|\frac{p_m}{q_n}\right|^{\frac{1}{n-m}} \ , \qquad (10.29)$$

so folgt aus Gl.(10.28):

$$a(\omega \to \infty) = (n-m)\ \ln\frac{\omega}{\omega_{g2}} = 2{,}3\ (n-m)\ \lg\frac{\omega}{\omega_{g2}} \ . \qquad (10.30)$$

Für $n = m$ gilt sinngemäß das gleiche wie für $\nu = \mu$.

Sind zum Beispiel in Gl.(7.1) als Glieder niedrigsten Grades p_0 und q_0 vorhanden, so ergibt sich für tiefe Frequenzen nach Gl.(10.25) mit $\mu = \nu = 0$ die konstante Grunddämpfung:

$$a(\omega \to 0) = 2{,}3\ \lg\left|\frac{q_0}{p_0}\right| \ . \qquad (10.31)$$

Sind ferner die Glieder höchsten Grades mit $p_m s^m$ und $q_n s^n$ mit $n > m$ gegeben, so folgt aus Gl.(10.30):

$$a(\omega \to \infty) = 2{,}3\,(n-m)\,\lg \frac{\omega}{\omega_{g2}} \quad . \tag{10.32}$$

In einem Diagramm mit logarithmisch geteilter Frequenzachse ist
der asymptotische Dämpfungsverlauf hieraus leicht mit Hilfe von
Geraden darstellbar (Bild 10.3). Es handelt sich in diesem Fall

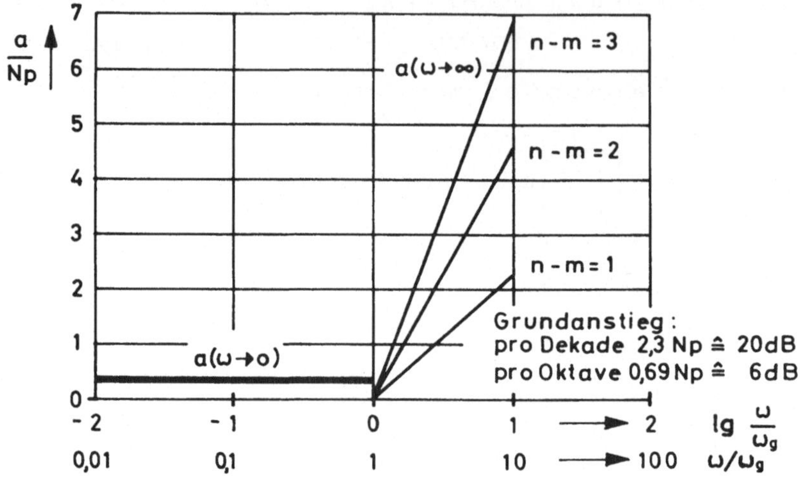

Bild 10.3. Asymptotischer Dämpfungsverlauf

um ein Netzwerk mit Tiefpaßwirkung, da tiefe Frequenzen nur
schwach, hohe zunehmend stärker gedämpft werden. Der Grundanstieg
der Dämpfung für den Gradunterschied $n-m=1$ beträgt 2,3 Np pro
Dekade (Faktor 10) der Frequenz oder 0,69 Np pro Oktave (Faktor 2)
der Frequenz. Ein anderes gebräuchliches Dämpfungsmaß ist das
Dezibel (dB):

$$1\ \text{Np} = \frac{20}{\ln 10}\ \text{dB} = 8{,}686\ \text{dB} \tag{10.33}$$

$$1\ \text{dB} = \frac{\ln 10}{20}\ \text{Np} = 0{,}115\ \text{Np} \quad .$$

In diesem Maß beträgt der Grundanstieg 20 dB pro Dekade oder 6 dB
pro Oktave. Für höhere Gradunterschiede ist der Anstieg das entsprechende Vielfache des Grundanstiegs.

Zusätzlich kann man noch das asymptotische Verhalten der einzelnen
Wurzelfaktoren in Gl.(10.24) betrachten und die Ergebnisse addieren. Dadurch erhält man bereits einen guten Überblick durch eine
bessere Annäherung an den Dämpfungsverlauf auch bei Zwischenwerten
der Frequenz. Genaue Werte müssen natürlich berechnet werden (vgl.
hierzu das folgende Beispiel). Solche Diagramme nennt man auch
Bode-Diagramme.

Beispiel 10.4

Es sei der folgende Polplan einer Systemfunktion gegeben:

$$s_0 = - 0,5$$

$$s_{\infty 1;2} = - 0,2 \pm j\sqrt{3,96} \quad .$$

Daraus folgt für die Systemfunktion
(bis auf eine Konstante):

$$A(s) = \frac{s + 0,5}{(s + 0,2 - j\sqrt{3,96})(s + 0,2 + j\sqrt{3,96})}$$

$$= \frac{s + 0,5}{s^2 + 0,4s + 4} \quad .$$

Für die Glieder niedrigsten Grades gilt $p_\mu = 0,5$ und $\mu = 0$ im Zähler sowie $q_\nu = 4$ und $\nu = 0$ im Nenner. Der asymptotische Verlauf der
Gesamtdämpfung für tiefe Frequenzen besteht daher nach Gl.(10.25)
aus einer konstanten Dämpfung:

$$a(\omega \to 0) = \ln 8 = 2,08 \text{ Np} \quad .$$

Für die Glieder höchsten Grades gilt $p_m = 1$ und $m = 1$ im Zähler
sowie $q_n = 1$ und $n = 2$ im Nenner. Für die Asymptote nach Gl.(10.30)
folgt daher mit $\omega_{g2} = 1$:

$$a(\omega \rightarrow \infty) = \ln \omega$$

Es ergibt sich also über der logarithmisch geteilten Frequenzachse folgende Darstellung:

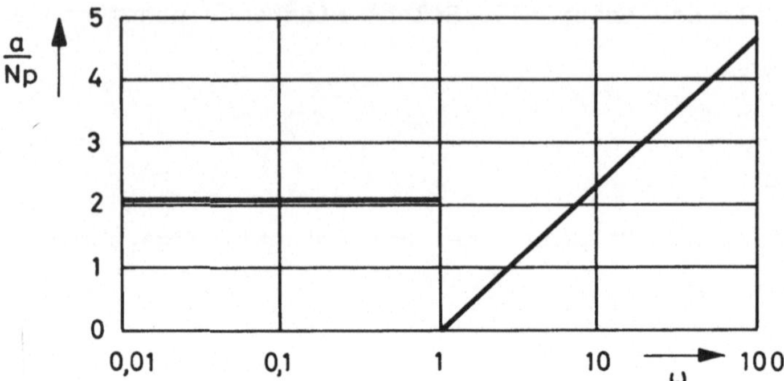

Daraus erkennt man, daß es sich um ein Netzwerk mit Tiefpaßverhalten handelt, das für tiefe Frequenzen eine konstante Dämpfung und für hohe Frequenzen einen Dämpfungsanstieg von 2,3 Np/Dekade hat. Über den Verlauf bei mittleren Frequenzen läßt sich aus dieser groben Darstellung ohne weitere Rechnung nichts aussagen.

Eine bessere Übersicht erhält man durch Untersuchung der Beiträge der einzelnen Wurzelfaktoren nach Gl. (10.24). Zunächst seien diese Beiträge allgemein betrachtet, wobei zwischen reellen und konjugiert komplexen Polen bzw. Nullstellen unterschieden werden muß.

Ein einfacher reeller Pol sei durch $s_\infty = \sigma_\infty < 0$ gegeben. Dann ist sein Dämpfungsbeitrag nach Gl. (10.24):

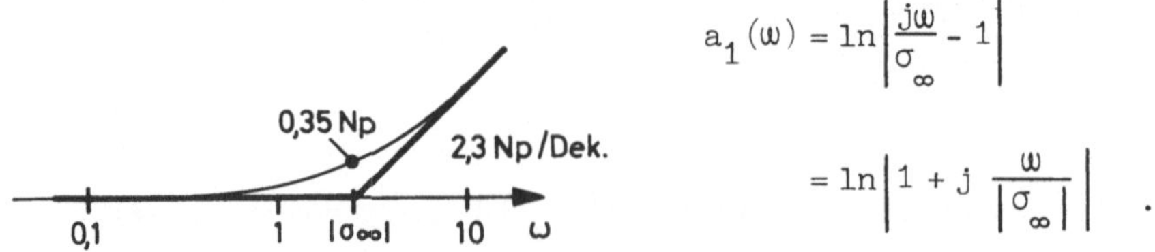

$$a_1(\omega) = \ln \left| \frac{j\omega}{\sigma_\infty} - 1 \right|$$

$$= \ln \left| 1 + j\,\frac{\omega}{|\sigma_\infty|} \right| \quad .$$

Das asymptotische Verhalten von $a_1(\omega)$ läßt sich daraus leicht ablesen: Für tiefe Frequenzen ist der Dämpfungsbeitrag Null, für hohe Frequenzen beträgt er 2,3 Np pro Dekade. Die Asymptote schneidet die Frequenzachse bei $\omega = |\sigma_\infty|$. An dieser Stelle beträgt die Dämpfung $\ln|1+j| = \ln\sqrt{2} = 0{,}35$ Np, so daß man sich den tatsächlichen Dämpfungsverlauf näherungsweise einzeichnen kann (dünne Kurve). Bei einem r-fachen Pol wäre der Dämpfungsanstieg und die Dämpfung bei $\omega = |\sigma_\infty|$ das r-fache dieser Grundwerte. Für eine reelle Nullstelle gilt das gleiche, jedoch ist deren Beitrag zur Dämpfung nach Gl.(10.24) negativ.

Ein konjugiert komplexes Polpaar sei durch $s_\infty = \sigma_\infty \pm j\omega_\infty$ mit $\sigma_\infty < 0$ gegeben. Hier faßt man zweckmäßigerweise die Beiträge des Polpaares nach Gl.(10.24) zusammen:

$$a_2(\omega) = \ln\left|\left(\frac{j\omega}{\sigma_\infty + j\omega_\infty} - 1\right)\left(\frac{j\omega}{\sigma_\infty - j\omega_\infty} - 1\right)\right|$$

$$= \ln\left|1 - \frac{\omega^2}{|s_\infty|^2} + j\,\frac{\omega}{|s_\infty|}\,\frac{2|\sigma_\infty|}{|s_\infty|}\right| \quad .$$

Hierin definiert man das Verhältnis des Betrags $|s_\infty|$ des Pols zu seinem doppelten Realteil $2|\sigma_\infty|$ als sog. P o l g ü t e :

$$\zeta = \frac{|s_\infty|}{2|\sigma_\infty|} \quad .$$

Das asymptotische Verhalten von $a_2(\omega)$ läßt sich ebenfalls leicht angeben. Für tiefe Frequenzen ist der Dämpfungsbeitrag Null, für hohe Frequenzen beträgt er 4,6 Np/Dekade. Die Asymptote schneidet die Frequenzachse bei $\omega = |s_\infty|$. An dieser Stelle beträgt die Dämpfung $\ln 1/\zeta$, hängt also von der Polgüte allein ab. Für die kleinstmögliche Polgüte $\zeta = 0{,}5$ fallen die Pole auf der reellen Achse zusammen, und es ergeben sich dieselben Verhältnisse wie bei einem doppelten reellen Pol. Für $\zeta = 1$ ist die Dämpfung an dieser Stelle gerade Null, für $\zeta > 1$ ergeben sich negative Dämpfun-

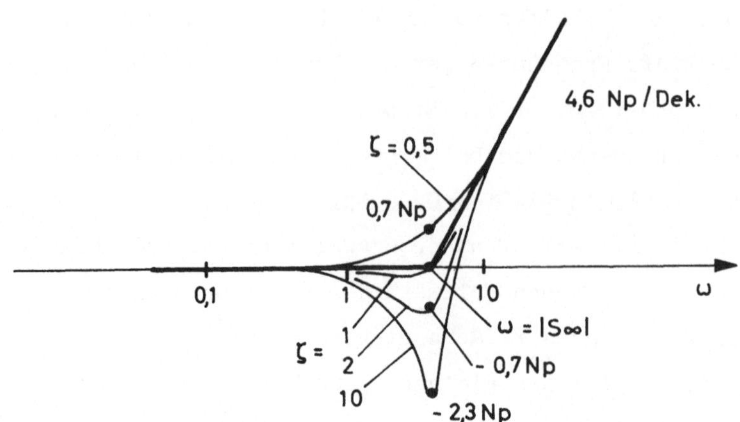

gen. Die Dämpfungskurven (dünn gezeichnet) verlaufen um so spitzer,
je höher die Polgüte ist. Das Dämpfungsminimum liegt bei:

$$\omega = \left| s_\infty \right| \sqrt{1 - \frac{1}{2\zeta^2}} \quad .$$

Für Polgüten, die nur wenig größer als $1/\sqrt{2}$ sind, liegt dieses Mini-
mum links von $\omega = \left| s_\infty \right|$; bei hohen Polgüten fällt es praktisch mit
diesem Punkt zusammen. Für $\zeta = 1/\sqrt{2}$ tritt eben kein Minimum mehr
auf, diese (nicht dargestellte) Kurve hängt gerade nicht mehr
durch.

Ein konjugiert komplexes Nullstellenpaar liefert das gleiche, nur
hat sein Dämpfungsbeitrag entgegengesetztes Vorzeichen.

Anhand dieser allgemeinen Beschreibung läßt sich nun das Beispiel
vervollständigen. Das erste Glied in Gl.(10.24) wurde bereits als
konstante Grunddämpfung a_0 von 2,08 Np berechnet. Das konjugiert
komplexe Polpaar liefert mit $\left| s_\infty \right| = 2$ und $\left| \sigma_\infty \right| = 0,2$:

$$a_2(\omega) = \ln \left| 1 - \frac{\omega^2}{4} + j\, \frac{\omega}{2} \cdot \frac{1}{5} \right| \quad .$$

Die Asymptote schneidet die Frequenzachse bei $\omega = 2$; die Polgüte
beträgt 5 bzw. die Dämpfung an dieser Stelle $\ln 1/5 = - \ln 5 =$
$- 1,62$ Np. Die Nullstelle liefert mit $\left| \sigma_0 \right| = 0,5$ den Beitrag:

$$a_1(\omega) = -\ln\left|1 + j\,\frac{\omega}{0,5}\right|\ .$$

Die Asymptote schneidet die Frequenzachse bei $\omega = 0,5$, die Dämpfung
an dieser Stelle ist $-0,35$ Np, da der Beitrag der Nullstelle
negativ ist:

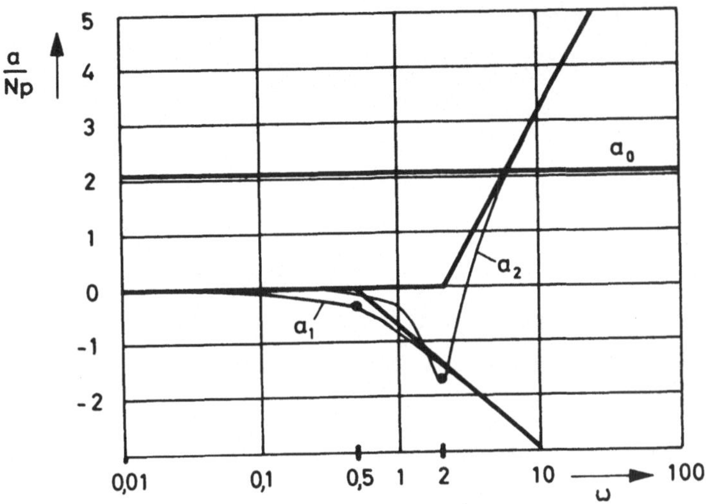

Durch Addition der drei asymptotischen Verläufe (oder auch der
dünn gezeichneten Kurven) ergibt sich der Gesamtverlauf in guter
Annäherung. Selbstverständlich stimmen diese Asymptoten für sehr
tiefe und sehr hohe Frequenzen mit den eingangs ermittelten
Asymptoten überein:

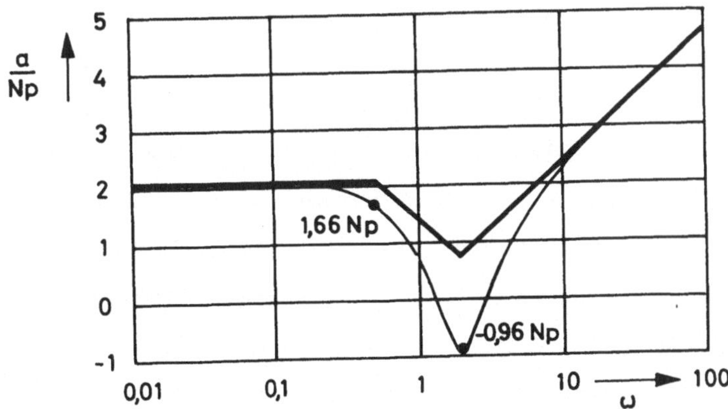

Für die in Gl.(10.13) definierte P h a s e ergibt sich bei einer
Darstellung der Wurzelfaktoren nach Gl.(10.19) aus Gl.(7.2):

$$b(\omega) = \arc \frac{q_n}{p_m} + \sum_{i=1}^{l} r_{\infty i}\, \varphi_{\infty i} - \sum_{i=1}^{h} r_{0i}\, \varphi_{0i}$$

$$= \begin{cases} 0 \\ \pm\pi \end{cases} + r_{\infty 1}\, \varphi_{\infty 1} + r_{\infty 2}\, \varphi_{\infty 2} + \dots - r_{01}\, \varphi_{01} - r_{02}\, \varphi_{02} - \dots \; .$$

$$(10.34)$$

Hieraus folgt mit Bild 10.1 ebenfalls eine anschauliche Deutung,
wie sich einzelne Pole und Nullstellen auf die Phase auswirken.
Die Phase setzt sich aus dem vom Vorzeichen der höchsten Glieder
im Zähler- und Nennerpolynom stammenden Wert 0 oder $\pm\pi$ und den
Beiträgen der Pole und Nullstellen zusammen: Die Pole liefern ent-
sprechend ihrer Vielfachheit $r_{\infty i}$ den positiven Beitrag $r_{\infty i} \cdot \varphi_{\infty i}$
und die Nullstellen einen entsprechenden negativen Beitrag, dessen
Größe sich z.B. nach Gl.(10.19) berechnen läßt.

Die Phase ist grundsätzlich in 2π v i e l d e u t i g . Wichtiger als
ihr Absolutwert ist daher ihr Verlauf über der Frequenz. Einen
raschen Überblick kann man sich verschaffen, wenn man die Phase
$b(0)$ bei $\omega = 0^+$ und die P h a s e n ä n d e r u n g Δb zwischen $\omega = 0^+$
und $\omega = \infty$ betrachtet. Aus Bild 10.1 ist der Beitrag eines Poles
und einer Nullstelle zu dieser Änderung leicht zu erkennen. Tab.10.1
gibt hierzu eine Übersicht. Dabei werden Pole in der rechten Halbebene aus später genannten Gründen nicht zugelassen, da sie bei
einem stabilen Netzwerk nicht vorhanden sein dürfen. Die Beiträge
der Pole und Nullstellen links und der Nullstellen rechts gehen
dann ohne weiteres aus Bild 10.1 hervor, wenn man berücksichtigt,
daß ein komplexer Pol (Nullstelle) stets mit dem konjugiert komplexen Wert zusammenwirkt. Eine Schwierigkeit stellen Pole und
Nullstellen im Ursprung und auf der imaginären Achse dar: Über-
schreitet die Frequenz ω einen solchen Wert, so springt die Phase

Tabelle 10.1. Beiträge der Pole und Nullstellen zur Phase

Lage	Art	Anzahl	Beitrag zu $b(0^+)$	$\Delta b_{\omega\,=\,0^+\,\cdots\,\infty}$
Linke Halbebene	Pol	n_1	0	$+\dfrac{\pi}{2}\,n_1$
	Nullstelle	m_1	0	$-\dfrac{\pi}{2}\,m_1$
Rechte Halbebene	Pol	n_r	ausgeschlossen	ausgeschlossen
	Nullstelle	m_r	$\pm\,\pi\,m_r$	$+\dfrac{\pi}{2}\,m_r$
Ursprung	Pol	n_0	$+\dfrac{\pi}{2}\,n_0$	0
	Nullstelle	m_0	$-\dfrac{\pi}{2}\,m_0$	0
Imaginäre Achse	Pol	n_i	0	$\pm\,\pi\,\dfrac{n_i}{2}$ $\Big\}$ unstetig
	Nullstelle	m_i	0	$\pm\,\pi\,\dfrac{m_i}{2}$

um $\pm\,\pi$, wobei nicht zu entscheiden ist, ob dieser Beitrag positiv oder negativ ist (es sei denn mit Hilfe eines Grenzüberganges). Der Phasenverlauf ist an solchen Punkten also unstetig, weswegen für $b(0)$ auch der Wert an der Stelle 0^+ verwendet wird. Solche Unstetigkeitsstellen sind genau zu spezifizieren, wenn Δb angegeben wird.

Nach Tab. 10.1 erhält man durch Addition der einzelnen Beiträge und Berücksichtigung des ersten Gliedes der Gl. (10.34):

$$b(0^+) = \begin{cases} 0 \\ +\pi \end{cases}\ \pm\,\pi\,m_r + \frac{\pi}{2}\,(n_0 - m_0) \tag{10.35}$$

$$\Delta b_{\omega\,=\,0^+\,\cdots\,\infty} = \frac{\pi}{2}\,(n_1 - m_1 + m_r) \pm \pi\,\frac{n_i - m_i}{2} \ . \tag{10.36}$$

Zusätzlich kann man den Beitrag der einzelnen Wurzelfaktoren nach
Gl.(10.34) getrennt betrachten und die Ergebnisse addieren (vgl.
Beispiel 10.5). Dadurch erhält man auch bei Zwischenwerten der
Frequenz eine bessere Annäherung an den Phasenverlauf. Die Stei-
gung der gesamten Phasenkurve oder einzelner Beiträge findet man
mit Hilfe der Gruppenlaufzeit (Abschnitt 10.4).

Sieht man vom letzten Glied in Gl.(10.36) ab, so erkennt man, daß
Nullstellen rechts (m_r) einen positiven Beitrag zur Phasenänderung
Δb liefern, während der Beitrag von Nullstellen links (m_l) negativ
ist. Ein Netzwerk mit gegebener Anzahl von Polen und Nullstellen
besitzt daher dann die kleinste Phasenänderung Δb, wenn alle
Nullstellen links liegen. Solche Netzwerke nennt man N e t z w e r -
ke m i n i m a l e r P h a s e oder M i n i m u m p h a s e n n e t z w e r k e.

> Satz 10.4: Ein Netzwerk, das nicht nur keine Pole, son-
> dern auch keine Nullstellen in der offenen rechten Halb-
> ebene hat, heißt Minimumphasennetzwerk (Netzwerk minimaler
> Phase).

Beispiel 10.5

Für die Systemfunktion aus Beispiel 10.4 gilt mit den Bezeichnungen nach Tab.10.1 und Gl.(10.34):

$$n_1 = 2; \quad m_1 = 1; \quad \arc \frac{q_n}{p_m} = 0 \quad .$$

Aus Gl.(10.35) und (10.36) folgt damit:

$$b(0^+) = 0 \quad ; \quad \Delta b_{\omega = 0^+ \ldots \infty} = \frac{\pi}{2}(2-1) = \frac{\pi}{2} \quad .$$

Die gesamte Phasendrehung beträgt also $\frac{\pi}{2}$. Außerdem handelt es sich
um ein Minimumphasennetzwerk, da keine Nullstellen in der rechten
Halbebene vorhanden sind.

Einen genaueren Überblick über den Verlauf der Phase ergibt eine
Untersuchung der Beiträge einzelner Wurzelfaktoren nach Gl.(10.34).
Allgemein liefert ein (fiktiver) Einzelpol $s_\infty = \sigma_\infty + j\omega_\infty$ in beliebiger Lage in der linken Halbebene nach Gl.(10.34) folgenden Bei-
trag:

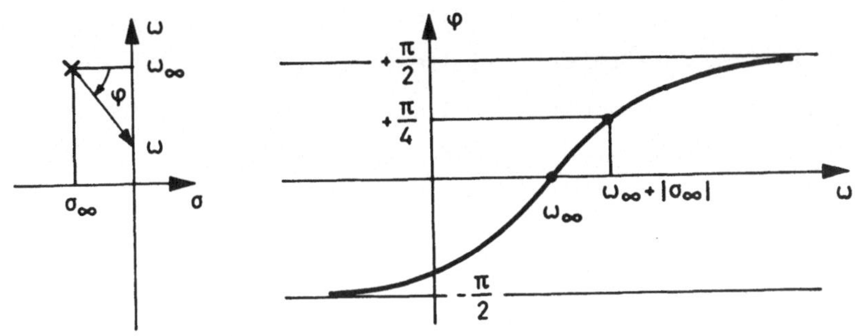

Es ist : $\varphi = \arctan \dfrac{\omega - \omega_\infty}{|\sigma_\infty|}$.

Die Steilheit der Phasenänderung hängt nur vom Abstand $|\sigma_\infty|$ des
Poles von der imaginären Achse ab. (Läge der Pol auf der imaginären Achse, so würde sich die Phase sprunghaft ändern.) Entsprechendes gilt für Nullstellen, deren Beitrag jedoch negativ ist,
sofern sie in der linken Halbebene liegen. Für Pole oder Nullstellen der Vielfachheit r ergibt sich nach Gl.(10.34) der r-fache
Beitrag. Durch Addition der Beiträge aller Pole und Nullstellen
erhält man einen guten Überblick über den Phasenverlauf.

Auf das vorliegende Beispiel angewendet ergibt sich folgendes
Bild:

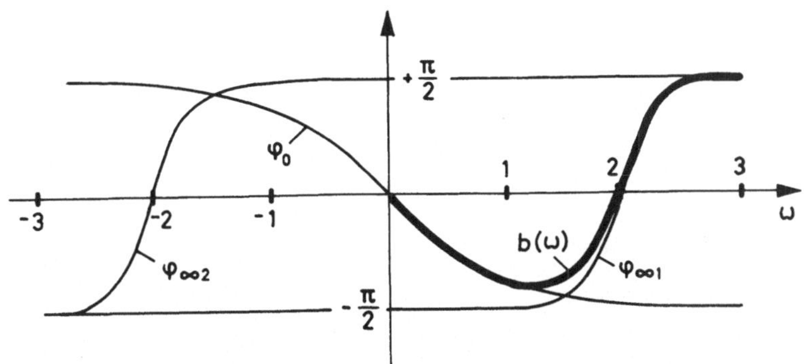

10.4. Gruppenlaufzeit

Wichtig für die Signalübertragung ist die sog. Laufzeit, wobei
man üblicherweise zwischen Phasenlaufzeit und Gruppenlaufzeit
unterscheidet. Beide lassen sich aus der Phase ableiten.

Als Phasenlaufzeit definiert man die Größe b/ω. Sie ist demgemäß
in gleicher Weise vieldeutig wie die Phase selbst und hat auch
keinen physikalischen Sinn. Sie wird daher hier nicht weiter betrachtet.

Die Gruppenlaufzeit dagegen ist eindeutig und ist bei verzerrungs-
armer Übertragung die tatsächliche Signallaufzeit. Ihre Definition
lautet:

$$t_g(\omega) = \frac{db(\omega)}{d\omega} \qquad . \tag{10.37}$$

Sie ergibt sich aus dem Differentialquotienten der Phase, d.h. aus
der Steigung der Phasenkurve. Sie kann berechnet werden, wenn die
Phase z.B. nach Gl.(10.18) bekannt ist. Obwohl die Phase eine
transzendente Funktion ist, ergibt sich für die Gruppenlaufzeit
durch die Differentiation wieder eine rationale Funktion.

Eine direkte Berechnung der Gruppenlaufzeit aus der Systemfunktion
folgt aus deren Darstellung in Betrag und Phase nach Gl.(10.9),
(10.10) und (10.14):

$$A(j\omega) = |A(j\omega)| \, e^{-jb(\omega)} \qquad . \tag{10.38}$$

Durch Logarithmieren ergibt sich (Hauptwert des Logarithmus):

$$\ln A(j\omega) = \ln |A(j\omega)| - jb(\omega) \qquad . \tag{10.39}$$

Die Differentiation nach $(j\omega)$ ergibt:

$$\frac{d}{d(j\omega)} \ln A(j\omega) = \frac{A'(j\omega)}{A(j\omega)} = -j \frac{d}{d\omega} \Big[\ln |A(j\omega)| \Big] - \frac{db(\omega)}{d\omega} \qquad . \tag{10.40}$$

In diesem Ausdruck tritt direkt die Gruppenlaufzeit auf; es
folgt

$$t_g(\omega) = \frac{db(\omega)}{d\omega} = \text{Re}\left[-\frac{A'(s)}{A(s)}\right]_{s=j\omega} \quad , \tag{10.41}$$

wobei $A'(s)$ die Ableitung von $A(s)$ nach s bedeutet. Mit Satz
10.2 gilt dann:

Satz 10.5: Die Gruppenlaufzeit eines Netzwerks ist stets
eine gerade Funktion von ω.

Aus Gl.(10.39) und (10.40) folgt noch eine weitere wichtige Eigenschaft der Gruppenlaufzeit: Setzt sich die Systemfunktion multi-
plikativ aus Teilfunktionen zusammen

$$A(s) = \frac{\prod_i P_i(s)}{\prod_i Q_i(s)} \quad , \tag{10.42}$$

deren Gruppenlaufzeiten t_{gP_i} und t_{gQ_i} bekannt sind, so ist

$$\frac{A'(s)}{A(s)} = \sum \frac{P_i'(s)}{P_i(s)} - \sum \frac{Q_i'(s)}{Q_i(s)} \quad \text{und damit} \tag{10.43}$$

$$t_g = \sum t_{gP_i} - \sum t_{gQ_i} \quad , \tag{10.44}$$

d.h. die Gesamtlaufzeit ist die Summe aus den Einzellaufzeiten
mit entsprechenden Vorzeichen. Kennt man also die Wurzelfaktoren
einer Systemfunktion nach Gl.(10.23), so kann man die Gesamtlaufzeit mit Hilfe der Gl.(10.41) und (10.43) angeben:

$$t_g(\omega) = \text{Re}\left[\sum_{i=1}^{l-1} \frac{r_{\infty i}}{j\omega - s_{\infty i}} - \sum_{i=1}^{h-1} \frac{r_{0i}}{j\omega - s_{0i}}\right] \quad . \tag{10.45}$$

Hieraus erkennt man zunächst, daß Pole und Nullstellen im Ursprung [Faktor $s^{\mu-\nu}$ in Gl.(10.23)] nichts zur Gruppenlaufzeit beitragen, da sie keinen Realteil liefern. Ebenso bringen Pole und Nullstellen auf der imaginären Achse keinen Beitrag; allerdings ist die Gruppenlaufzeit bei deren Frequenzen nicht erklärt, was man sich leicht aus dem unstetigen Phasenverlauf klarmachen kann. Aus Gl.(10.45) findet man schließlich noch die Gruppenlaufzeit bei $\omega = 0^+$ und für $\omega \to \infty$:

$$t_g(0^+) = \sum_{i=1}^{h-1} \frac{r_{0i}}{s_{0i}} - \sum_{i=1}^{l-1} \frac{r_{\infty i}}{s_{\infty i}} \qquad (10.46)$$

$$t_g(\omega \to \infty) = 0 \qquad . \qquad (10.47)$$

Eine Realteilbildung ist in Gl.(10.46) nicht mehr erforderlich, da sich die von konjugiert komplexen Polen und Nullstellen stammenden Imaginärteile bei der Summation herausheben.

Aus Gl.(10.45) geht der Beitrag der einzelnen Wurzelfaktoren zur Gruppenlaufzeit hervor. Man kann ihn dazu verwenden, die Steigung der Phasenkurve für den Beitrag eines Wurzelfaktors anzugeben [vgl. Abschnitt 10.3.2. hinter Gl.(10.36)].

Beispiel 10.6

In Beispiel 10.4 lautete die Systemfunktion :

$$A(s) = \frac{s + 0{,}5}{s^2 + 0{,}4s + 4} \qquad .$$

Ihre Ableitung nach s ergibt :

$$A'(s) = \frac{-s^2 - s + 3{,}8}{(s^2 + 0{,}4s + 4)^2} \qquad .$$

Zur Berechnung der Gruppenlaufzeit nach Gl.(10.41) muß von

$$-\frac{A'(s)}{A(s)} = \frac{s^2 + s - 3,8}{(s^2 + 0,4s + 4)(s + 0,5)} = \frac{s^2 + s - 3,8}{s^3 + 0,9s^2 + 4,2s + 2}$$

der Realteil gebildet werden. Mit Gl.(10.8) wird:

$$M_P = s^2 - 3,8 \quad ; \quad N_P = s$$

$$M_Q = 0,9s^2 + 2 \quad ; \quad N_Q = s^3 + 4,2s$$

$$\frac{M_P M_Q - N_P N_Q}{M_Q^2 - N_Q^2} = \frac{(s^2 - 3,8)(0,9s^2 + 2) - s\,(s^3 + 4,2s)}{(0,9s^2 + 2)^2 - (s^3 + 4,2s)^2}$$

$$= \frac{-0,1s^4 - 5,62s^2 - 7,6}{-s^6 - 7,59s^4 - 14,04s^2 + 4} \quad .$$

Durch Einsetzen von $s = j\omega$ ergibt sich die Gruppenlaufzeit zu :

$$t_g(\omega) = \frac{-0,1\omega^4 + 5,62\omega^2 - 7,6}{\omega^6 - 7,59\omega^4 + 14,04\omega^2 + 4} \quad .$$

Hieraus läßt sich durch Einsetzen von Werten die Gruppenlaufzeit,
d.h. die Steigung der Phasenkurve aus Beispiel 10.5, berechnen.
Für $\omega = 0$ findet man $t_g(0) = -1,9$, wie sich direkt auch aus
Gl.(10.46) ergibt. Setzt man den Zähler Null, so folgen daraus
die Wertepaare $\omega_1 \approx {}^+_- 1,18$ und $\omega_2 \approx {}^+_- 7,4$. An diesen Stellen ist
die Gruppenlaufzeit Null, d.h. die Phasenkurve hat eine waage-
rechte Tangente. Das Minimum der Phasenkurve in Beispiel 10.5
tritt also bei $\omega \approx 1,18$ auf. Für $\omega = 2$ ergibt sich $t_g(2) \approx 4,88$, was
etwa das Maximum der Gruppenlaufzeit, d.h. die steilste Stelle
der Phasenkurve ist. Die Gruppenlaufzeit hat damit näherungsweise
folgenden Verlauf:

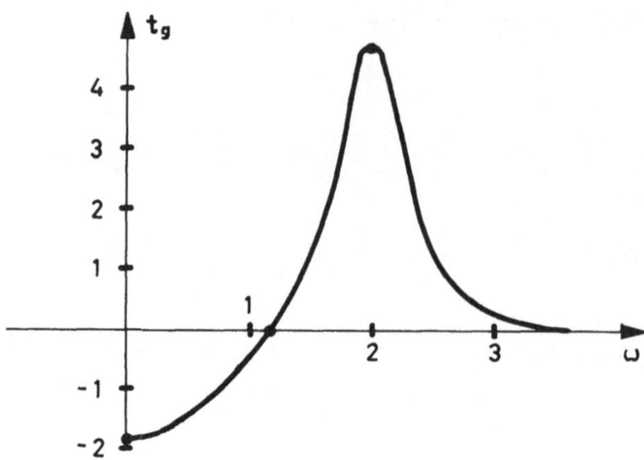

10.5. Stabilität, Hurwitzpolynome

10.5.1. Stabile und quasistabile Systeme

Nach Gl.(5.12) sowie Satz 7.6 ist die Impulsantwort eines Systems
nur von dessen Eigenschwingungen, d.h. den Polen der Systemfunktion, abhängig. Die Impulsantwort besteht, wie auch Tab.6.2 zeigt,
ausschließlich aus abklingenden Zeitfunktionen, sofern die Pole
in der linken Halbebene liegen, d.h. negativen Realteil besitzen.
Dies ist nach Gl.(5.12a) auch dann der Fall, wenn die Pole in der
linken Halbebene mehrfach sind, da eine Exponentialfunktion mit
negativem Exponenten stets stärker gegen Null strebt als eine
Potenzfunktion gegen Unendlich.

Es ist ein Kennzeichen stabiler Systeme, daß ihre Impulsantwort
nur abklingende Zeitfunktionen enthält, wodurch das System nach
der Erregung in seinen Ruhezustand zurückkehrt. Es gilt damit:

Satz 10.6: Die Pole der Systemfunktion $A(s) = P(s)/Q(s)$ eines
stabilen Netzwerks müssen alle in der linken Halbebene liegen, dürfen dort aber auch mehrfach sein. Das Nennerpolynom
$Q(s)$ muß ein sog. Hurwitzpolynom sein, d.h. es darf
nur Wurzeln mit negativem Realteil besitzen.

Den Grenzfall stabiler Systeme bilden solche mit Polen auf der
imaginären Achse. Hierzu gehören nach Tab.6.2 stationäre Zeitfunktionen, allerdings nur dann, wenn diese Pole einfach sind.
Andernfalls entstehen anklingende Zeitfunktionen, und das System
ist unstabil.

Systeme mit einfachen Polen auf der imaginären Achse heißen quasi-
stabil, und es gilt:

> Satz 10.7: Die Pole der Systemfunktion $A(s) = P(s)/Q(s)$ eines
> quasistabilen Netzwerks dürfen außer in der linken Halbebene
> auch auf der imaginären Achse liegen, müssen dort jedoch ein-
> fach sein. Das Nennerpolynom $Q(s)$ muß ein sog. m o d i f i z i e r
> t e s H u r w i t z p o l y n o m sein, d.h. es darf neben Wurzeln
> mit negativem Realteil nur einfache Wurzeln mit verschwin-
> dendem Realteil besitzen.

Für die Nullstellen der Systemfunktion, d.h. die Wurzeln des
Zählerpolynoms $P(s)$, besteht zunächst keine Einschränkung. Bei
Minimumphasennetzwerken dürfen nach Satz 10.4 auch keine Null-
stellen in der rechten Halbebene auftreten, jedoch in beliebiger
Vielfachheit auf der imaginären Achse liegen.

10.5.2. Stabilitätskriterien

Im folgenden wird lediglich die Stabilität des Systems in der
durch die Systemfunktion charakterisierten Betriebsweise untersucht. Kriterien für die absolute Stabilität von Systemen mit
beliebig beschaltbaren Klemmenpaaren folgen in Kapitel 13.

Kennt man die Pole der Systemfunktion, so sind deren Realteil
und Vielfachheit ein hinreichendes Kriterium für die Stabilität.
Oft möchte man jedoch die Stabilität ohne die zeitraubende Ermittlung der Pole beurteilen. Hierfür gibt es eine Anzahl von
Stabilitätskriterien, teils rechnerischer und teils grafischer

Art [1, S.399 ff.; 23, S.172 ff.]. Hier wird lediglich eine rechnerische Methode angegeben, die in uneinheitlicher Weise teils H u r w i t z , teils R o u t h zugeschrieben und daher meist Hurwitz-Routh-Kriterium genannt wird.

Die bei diesem Kriterium geltenden notwendigen und hinreichenden Bedingungen sind in Tab.10.2 zusammengestellt. Die notwendigen Bedingungen sind leicht zu überprüfen; man erspart sich weitere Untersuchungen bei Polynomen, die diese Bedingungen nicht erfül-

Tabelle 10.2. Hurwitzpolynome

Gegeben ein Polynom n-ten Grades $Q(s)$ zur Prüfung auf Hurwitz (alle Wurzeln in der linken Halbebene) oder modifiziert Hurwitz (auch einfache Wurzeln auf imaginärer Achse):

1. Notwendige Bedingungen:
1.1. Alle Koeffizienten müssen reell und von gleichem Vorzeichen sein.

1.2. Alle Potenzen zwischen dem Glied höchsten und niedrigsten Grades müssen vorhanden sein*).

Erfüllt $Q(s)$ diese Bedingungen nicht, so ist es kein Hurwitzpolynom. Erfüllt es sie, dann sind die hinreichenden Bedingungen zu prüfen.

*) Ausnahme zu 1.2.: Wenn alle geraden oder alle ungeraden Glieder fehlen, kann $Q(s)$ modifiziertes Hurwitzpolynom sein: Prüfung nach 2.2.

2. Notwendige und hinreichende Bedingungen:
2.1. Zerlegung in geraden und ungeraden Teil nach fallenden Potenzen von s: $Q(s) = M_Q(s)+N_Q(s)$. Kettenbruckentwicklung des

Quotienten aus den beiden Teilen (mit dem Teil vom Grad n im Zähler) muß n positive Entwicklungskoeffizienten liefern. Treten negative oder verschwindende Koeffizienten auf, so ist $Q(s)$ kein Hurwitzpolynom.

2.2. Bricht die Entwicklung frühzeitig mit dem größten gemeinschaftlichen Teiler $W(s)$ vom Grade ν ab, so ist $Q(s)$ ein modifiziertes Hurwitzpolynom, falls die Kettenbruchentwicklung von $W(s)/W'(s)$ ν positive Koeffizienten liefert. Andernfalls (nochmaliger Abbruch oder negative Koeffizienten) ist $Q(s)$ kein Hurwitzpolynom.

Für $\nu \leq 4$ können die Wurzeln von $W(s)$ direkt berechnet werden.

len. Zur Prüfung der hinreichenden Bedingungen zerlegt man das
gegebene Polynom in seinen geraden und ungeraden Teil

$$Q(s) = M_Q(s) + N_Q(s) \tag{10.48}$$

und bildet den Quotienten

$$\Phi(s) = \frac{M_Q(s)}{N_Q(s)} \text{ oder } \frac{N_Q(s)}{M_Q(s)} \quad , \tag{10.49}$$

so daß der Teil vom Grad n im Zähler steht. Auf $\Phi(s)$ wendet man
sodann den Euklidschen Algorithmus [2, S.108] an, d.h. man entwickelt
die Funktion in einen sog. Kettenbruch:

$$\Phi(s) = \alpha_1 s + \cfrac{1}{\alpha_2 s + \cfrac{1}{\alpha_3 s + \dots + \cfrac{1}{\alpha_n s}}} \quad . \tag{10.50a}$$

In platzsparender Schreibweise lautet diese Gleichung:

$$\Phi(s) = \alpha_1 s + \Big| \alpha_2 s + \Big| \alpha_3 s + \Big| \dots + \Big| \alpha_n s \quad . \tag{10.50b}$$

Diese Entwicklung liefert nach Tab.10.2 das gewünschte Kriterium.
Ein platzsparendes Rechenschema für die Kettenbruchentwicklung
wird im folgenden Beispiel angegeben.

Beispiel 10.7

a) Gegeben $Q(s) = s^3 + 2s^2 + 2s + 1$. Die notwendigen Bedingungen nach
Tab.10.2 sind erfüllt; es müssen die hinreichenden geprüft werden.

Mit $\quad M_Q(s) = 2s^2 + 1 \; ; \; N_Q(s) = s^3 + 2s$

muß laut Gl.(10.49)

$$\Phi(s) = \frac{s^3 + 2s}{2s^2 + 1}$$

in einen Kettenbruch nach Gl.(10.50) entwickelt werden. Hierzu kann man das folgende Schema verwenden. Man schreibt das Zählerpolynom links und das Nennerpolynom eine Zeile tiefer rechts an:

$$
\begin{array}{c|c|cl}
s^3 + 2s & & & \\
s^3 + \tfrac{1}{2}s & 2s^2 + 1 & \tfrac{1}{2}s & \leftarrow 1.\ \text{Division} \\
\hline
\tfrac{3}{2}s & 2s^2 & & \\
\end{array}
$$

2. Division $\rightarrow \dfrac{4}{3}s$

$$1 \quad \Big| \quad \tfrac{3}{2}s \leftarrow 3.\ \text{Division}$$

Man dividiert stets das Glied höchsten Grades des höher stehenden Polynoms durch das Glied höchsten Grades des niedriger stehenden Polynoms, hier also $s^3 : 2s^2 = s/2$. Das Ergebnis schreibt man sich an den Rand neben das niedriger stehende Polynom. Dieses wird mit dem Ergebnis wieder durchmultipliziert, das Ergebnis in die gleiche Zeile unter das höher stehende Polynom geschrieben und von diesem abgezogen. Das Resultat schreibt man darunter. Nun folgt die zweite Division nach demselben Verfahren, nur daß jetzt die Seiten vertauscht sind usw. Dieses Schema spart Schreibarbeit, und man behält auch bei komplizierten Ausdrücken die Übersicht.

Das Ergebnis der Kettenbruchentwicklung lautet:

$$\Phi(s) = \frac{1}{2}\,s + \left|\frac{4}{3}\,s + \right|\frac{3}{2}\,s \qquad .$$

Die Koeffizienten α_i der Gl.(10.50) sind also mit $n = 3$ (Zählerpolynom dritten Grades) vollzählig vorhanden und alle positiv: $Q(s)$ ist ein Hurwitzpolynom. Es handelt sich um das Nennerpolynom aus Beispiel 10.1. An dessen Wurzeln erkennt man, daß alle Realteile negativ sind.

b) Das Polynom $Q(s) = s^3 + s^2 + 4s + 30$ erfüllt alle notwendigen Bedingungen. Die Kettenbruchentwicklung

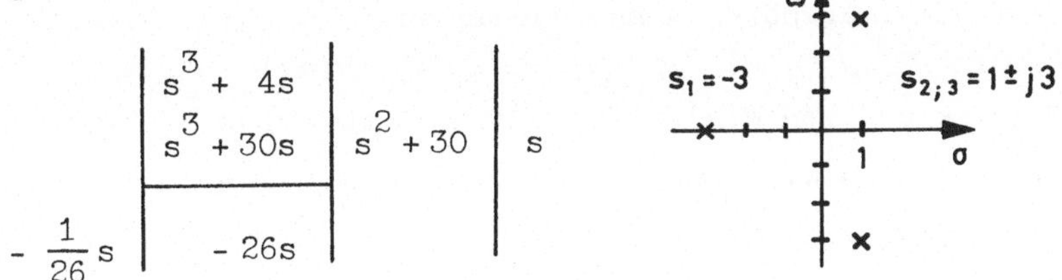

$$
\begin{array}{c|c|c}
s^3 + 4s & & \\
s^3 + 30s & s^2 + 30 & s \\
\hline
-\dfrac{1}{26}\,s \quad\; -26s & &
\end{array}
$$

liefert bei der zweiten Division einen negativen Koeffizienten und kann daher abgebrochen werden. $Q(s)$ ist kein Hurwitzpolynom, wie man durch Berechnung der Wurzeln nachprüfen kann. Ein Polpaar liegt in der rechten Halbebene.

c) Gegeben $Q(s) = s^6 + 2s^5 + 6s^4 + 10s^3 + 9s^2 + 8s + 4$.
Die Kettenbruchentwicklung

$$
\begin{array}{c|c|c}
s^6 + 6s^4 + 9s^2 + 4 & & \\
s^6 + 5s^4 + 4s^2 & 2s^5 + 10s^3 + 8s & \dfrac{1}{2}\,s \\
\hline
2s \quad\; s^4 + 5s^2 + 4 & 2s^5 + 10s^3 + 8s & \\
 & \underbrace{\qquad}_{W(s)} \quad 0 &
\end{array}
$$

bricht mit $W(s) = s^4 + 5s^2 + 4$ als letztem Divisor [d.h. größtem gemeinschaftlichen Teiler des geraden und ungeraden Teils von $Q(s)$] ab. Es kann sich höchstens um ein modifiziertes Hurwitzpolynom handeln. Mit $W'(s) = 4s^3 + 10s$ ergibt die Kettenbruchentwicklung des Quotienten $W(s)/W'(s)$ (das obenstehende Schema kann direkt mit W' fortgesetzt werden)

$$
\begin{array}{c|c|c}
s^4 + 5s^2 + 4 & & \\
s^4 + \dfrac{5}{2}s^2 & 4s^3 + 10s & \dfrac{1}{4}\,s \\
\hline
\dfrac{8}{5}\,s \quad\; \dfrac{5}{2}s^2 + 4 & 4s^3 + \dfrac{32}{5}s & \\
\hline
 \dfrac{5}{2}s^2 & \dfrac{18}{5}\,s & \dfrac{25}{36}\,s \\
\hline
\dfrac{9}{10}\,s \quad\; 4 & &
\end{array}
$$

ohne Abbruch vier weitere positive Koeffizienten. $Q(s)$ ist also
ein modifiziertes Hurwitzpolynom, d.h. es sind auch einfache Wurzeln auf der imaginären Achse vorhanden.

Die Entwicklung von $W(s)/W'(s)$ kann man sich hier sparen, da man
die Wurzeln von $W(s)$ auch direkt durch Lösen der biquadratischen
Gleichung findet:

$$s_{1;2} = \pm j \ ; \ s_{3;4} = \pm j2 \quad .$$

Die restlichen Wurzeln des Polynoms $Q(s)$ findet man nach Division
von $Q(s)$ durch $W(s)$ durch Lösen der verbleibenden quadratischen
Gleichung. Es ergibt sich eine doppelte Wurzel $s_{5;6} = -1$. Der
Polplan hat damit folgende Gestalt (Bild c):

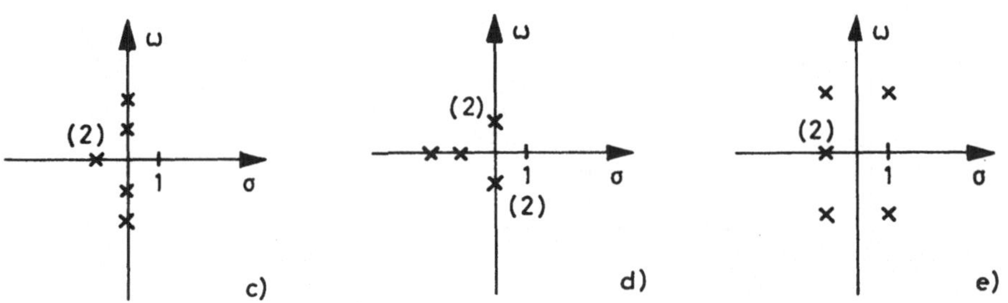

d) Bei Untersuchung des Polynoms $Q(s) = s^6 + 3s^5 + 4s^4 + 6s^3 + 5s^2 +$
$+ 3s + 2$ bricht die Entwicklung mit $W(s) = 2s^4 + 4s^2 + 2$ ab. Die Entwicklung von W/W' bricht erneut mit einem gemeinsamen Teiler
$2s^2 + 2$ ab. $Q(s)$ ist also weder ein Hurwitz- noch ein modifiziertes
Hurwitzpolynom. Eine Berechnung der Wurzeln ergibt einen Polplan
mit doppelten Polen auf der imaginären Achse (Bild d).

e) Bei dem Polynom $s^6 + 2s^5 + 7s^4 + 12s^3 + 31s^2 + 50s + 25$ bricht die
Entwicklung mit $W(s) = s^4 + 6s^2 + 25$ ab. Die Entwicklung von W/W'
liefert negative Koeffizienten. Wie auch der Polplan zeigt, liegt
kein Hurwitzpolynom vor, da Wurzeln in der rechten Halbebene vorhanden sind (Bild e).

f) Das Polynom $Q(s) = s^5 + 5s^3 + 4s$ hat nur ungerade Glieder. Es kann daher bestenfalls ein modifiziertes Hurwitzpolynom sein. Die Entwicklung $Q(s)/Q'(s)$ ergibt 5 positive Koeffizienten, $Q(s)$ ist also tatsächlich ein modifiziertes Hurwitzpolynom. Dies erkennt man auch durch direkte Berechnung der Wurzeln: sie liegen alle auf der imaginären Achse und sind einfach (Bild f):

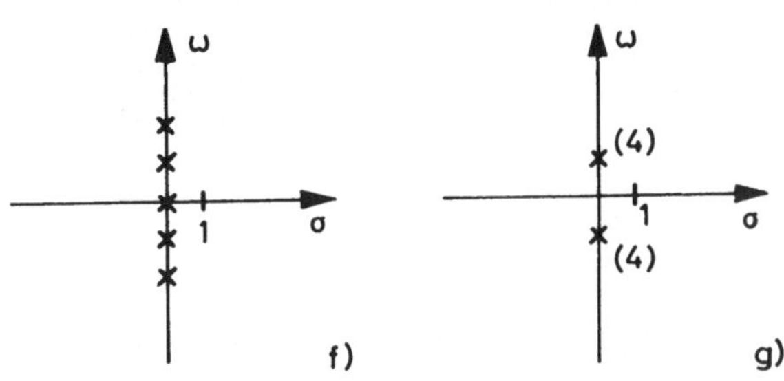

g) $Q(s) = s^8 + 4s^6 + 6s^4 + 4s^2 + 1$ hat nur gerade Glieder, muß also ebenfalls in der Form Q/Q' entwickelt werden. Die Entwicklung bricht ab. Es liegt kein modifiziertes Hurwitzpolynom vor, da vierfache Wurzeln auf der imaginären Achse vorhanden sind (Bild g).

h) Die beiden Polynome

$$Q(s) = s^7 + 3s^6 + 3s^5 + 2s^3 + s^2 + s + 1 \text{ und}$$
$$Q(s) = s^5 + 4s^4 - 6s^3 + 4s^2 + s$$

können keine Hurwitzpolynome sein, da die notwendigen Bedingungen nach Tab.10.1 nicht erfüllt sind (fehlendes bzw. negatives Glied). ∎

10.6. Transfer- und Zweipolfunktionen

Die Systemfunktion $A(s) = P(s)/Q(s)$ ergab sich bisher stets als das Verhältnis zweier Variablen, die jede für sich entweder einen Strom oder eine Spannung im Netzwerk bedeuten. Es wurde bisher nicht danach gefragt, an welcher Stelle des Netzwerks diese Ströme und Spannungen auftreten. Achtet man jedoch hierauf, so läßt sich zwischen Transfer- und Zweipolfunktionen unterscheiden, wobei diese Typen weitere gemeinsame Eigenschaften haben.

Zu den bisherigen einschränkenden Bedingungen nach Abschnitt 10.1 und 10.5., daß nämlich A(s) eine reelle Funktion und Q(s) ein Hurwitzpolynom sein muß, ergeben sich durch die Unterteilung in Transfer- und Zweipolfunktionen weitere Einschränkungen für die Systemfunktion.

10.6.1. Transferfunktionen

Liegen Antwort $A_g(s)$ und Erregung G(s) an zwei verschiedenen Klemmenpaaren (Toren), so kann man das Netzwerk nach Bild 10.4 als Vierpol oder Zweitor (vgl. die Bemerkungen am Anfang des Kapitels 11) auffassen, bei dem nur das Eingangstor 1,1' und das Ausgangstor 2,2' herausgeführt sind.

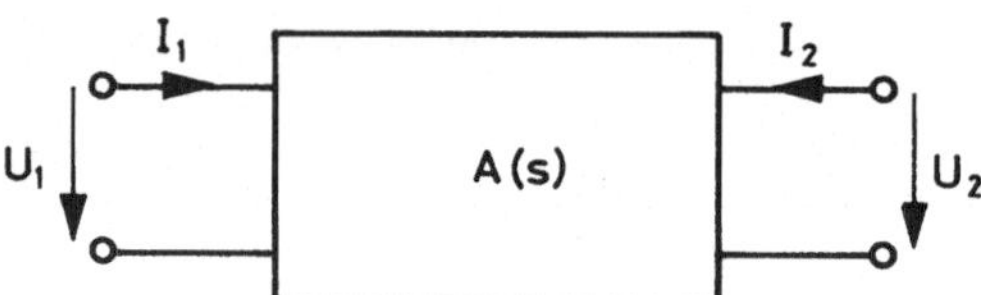

Bild 10.4. Zur Definition der Transferfunktionen

Da die Systemfunktion $A(s) = A_g(s)/G(s)$ als das Verhältnis von Antwort zu Erregung definiert ist, kann man je nach der Bedeutung von A_g und G für A(s) vier Fälle nach Tab.10.3 unterscheiden. Den Ausdruck "Immittanz" benutzt man dabei als Sammelnamen für Impedanz und Admittanz.

Über das Zählerpolynom P(s) der Systemfunktion wurde bisher lediglich ausgesagt, daß es reelle Koeffizienten haben muß (Abschnitt 10.1.). Über das Vorzeichen der Koeffizienten (außer bei Minimumphase nach Satz 10.4) und über fehlende Glieder war nichts ausge-

Tabelle 10.3. Transferfunktionen

Transferfunktionen			
Antw. $A_g(s)$	Erreg. $G(s)$	Syst.-Funkt. $A(s)$	Bezeichnungen
U_2	U_1	$\dfrac{U_2}{U_1}$	Spannungsübers. }
I_2	I_1	$\dfrac{I_2}{I_1}$	Stromübersetzung } Übersetzungen
U_2	I_1	$\dfrac{U_2}{I_1}$	Transimpedanz }
I_2	U_1	$\dfrac{I_2}{U_1}$	Transadmittanz } Transimmittanzen

sagt, und es bestehen bei Transferfunktionen hier auch keine Einschränkungen.

Betrachtet man Transferfunktionen p a s s i v e r Netzwerke, so kann für den Grad m des Zählerpolynoms eine Einschränkung nach oben gemacht werden. Ist n der Grad des Nennerpolynoms $Q(s)$, so gilt:

$$m \leq n \qquad \text{für Übersetzungen} \qquad\qquad (10.51)$$

$$m \leq n + 1 \quad \text{für Transimmittanzen} \qquad . \qquad (10.52)$$

Der Grad des Zählers darf also bei Übersetzungen höchstens gleich dem Grad des Nenners sein und bei Transimmittanzen den Nennergrad höchstens um 1 übersteigen. Nach unten bestehen bis zum Grad Null keine Einschränkungen.

Die Begründung für Gl.(10.52) folgt aus dem asymptotischen Verhalten der Systemfunktion bei hohen Frequenzen, das nach Abschnitt 10.3.2. durch die Glieder höchsten Grades im Zähler- und Nennerpolynom bestimmt wird:

$$A(s \rightarrow \infty) = \frac{p_m}{q_n} s^{m-n} \quad . \tag{10.53}$$

Der höchste Gradunterschied $m-n$ zwischen Zähler und Nenner entsteht dann, wenn der Vierpol bei sehr hohen Frequenzen entweder
zu einer Längskapazität oder zu einer Querinduktivität entartet
(Bild 10.5).

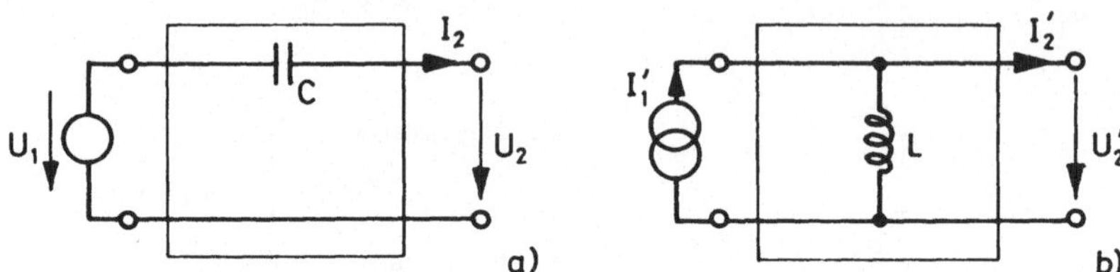

Bild 10.5. Netzwerk bei hohen Frequenzen

Man findet für Leerlauf in Bild 10.5a $(I_2 = 0)$ und für Kurzschluß
in Bild 10.5b $(U'_2 = 0)$:

$$\frac{U_2}{U_1} = 1 \quad ; \quad \frac{I'_2}{I'_1} = 1 \quad .$$

Dagegen ist für Kurzschluß in Bild 10.5a $(U_2 = 0)$ und für Leerlauf
in Bild 10.5b $(I'_2 = 0)$:

$$\frac{I_2}{U_1} = Cs \quad ; \quad \frac{U'_2}{I'_1} = Ls \quad .$$

Man sieht daraus, daß in Gl.(10.53) für Übersetzungen höchstens
$m = n$ und für Transimmittanzen höchstens $m = n + 1$ sein kann.

Schließlich ist noch zu beachten, daß der Kehrwert einer Transfer-
funktion im allgemeinen k e i n e Systemfunktion eines realisierbaren Netzwerkes darstellt.

10.6.2. Positiv reelle Funktionen

10.6.2.1. Allgemeine Zweipolfunktion. Betrachtet man die Antwort
$A_g(s)$ an demselben Klemmenpaar, an dem auch die Erregung $G(s)$
wirkt, so ist das Netzwerk ein Zweipol (Eintor) nach Bild 10.6. Je

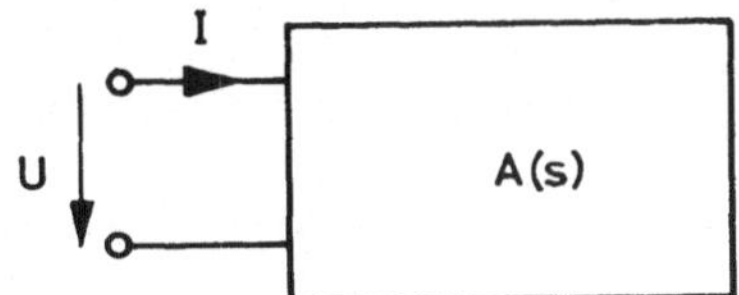

Bild 10.6. Zur Definition
der Zweipolfunktion

nach der Bedeutung von A und G kann man für $A(s)$ jetzt nur noch
zwei Fälle nach Tab.10.4 unterscheiden:

Tabelle 10.4. Zweipolfunktionen

Antw. $A_g(s)$	Err. $G(s)$	Syst.-F. $A(s)$	Bezeichnungen	
U	I	$\dfrac{U}{I}$	Impedanz $Z(s)$	
				Immittanzen
I	U	$\dfrac{I}{U}$	Admittanz $Y(s)$	$Z = \dfrac{1}{Y}$

Zweipolfunktionen sind also Immittanzfunktionen und stellen entweder eine Impedanz $Z(s)$ oder eine Admittanz $Y(s)$ dar, wobei die
eine gleich dem Kehrwert der anderen ist. Für $s = j\omega$ ist dies der
komplexe Widerstand bzw. der komplexe Leitwert am betreffenden
Klemmenpaar.

Für Zweipolfunktionen p a s s i v e r Netzwerke ergeben sich weitere
Einschränkungen für die Systemfunktion. Die notwendigen und hinreichenden Bedingungen sind von B r u n e gefunden worden, weswegen
Funktionen dieser Art auch Brune-Funktionen oder positiv reelle
(p.r.) Funktionen genannt werden:

Satz 10.8: Eine Funktion A(s) einer komplexen Veränderlichen s ist dann und nur dann eine p o s i t i v r e e l l e F u n k - t i o n , wenn sie eine reelle Funktion nach Satz 10.1

$$A(s) \text{ reell für s reell}$$

ist und wenn zusätzlich

$$\text{Re } A(s) \geq 0 \text{ für Re } s \geq 0$$

erfüllt ist. Zweipolfunktionen passiver Netzwerke aus linearen konzentrierten Bauelementen sind positiv reelle Funktionen. Der Kehrwert einer positiv reellen Funktion ist ebenfalls positiv reell.

Die Forderung nach Satz 10.8 bedeutet, daß der Realteil von A(s) in der ganzen rechten Halbebene von s stets größer oder gleich Null sein muß. Diese Forderung ist praktisch kaum nachzuprüfen.

Es gibt hierfür eine Reihe äquivalenter Bedingungen, die für eine Prüfung besser geeignet sind. Hier werden nur zwei dieser Alternativen ohne Beweis angeführt [6, Kap.3 u.4; 13, S.299 ff.]:

Eine reelle Funktion A(s) = P(s)/Q(s) ist positiv reell, wenn entweder Gl.(10.54a und b) oder Gl.(10.55a und b) erfüllt ist, d.h. wenn

a) A(s) keine Pole in der rechten s-Halbebene hat, imaginäre Pole höchstens einfach sind und positive und reelle Residuen liefern,

$$(10.54)$$

b) $\text{Re } A(j\omega) \geq 0$ für $0 \leq \omega \leq \infty$;

a) P(s) + Q(s) ein Hurwitzpolynom ist,

$$(10.55)$$

b) $\text{Re } A(j\omega) \geq 0$ für $0 \leq \omega \leq \infty$.

Anwendung der Gl.(10.54) empfiehlt sich, wenn die Pole bekannt oder einfach zu berechnen sind. Es empfiehlt sich ferner, die Prüfung (10.54a) auch auf 1/A(s) zu erstrecken, falls dies einfach

ist, da man sich im Falle des Versagens die Realteilprüfung nach
Gl.(10.54b) sparen kann.

Dagegen ist die Anwendung der Gl.(10.55) dann zweckmäßig, wenn die
Pole nicht bekannt oder schwer zu berechnen sind.

Die in beiden Fällen erforderliche Prüfung auf nichtnegativen
Realteil ist jetzt nur entlang der imaginären Achse vorzunehmen
und daher einfacher. Man braucht dazu nur den Zähler der Gl.(10.8a)
zu betrachten, da der Nenner stets positiv ist, d.h. Gl.(10.54b)
bzw. (10.55b) ist erfüllt, wenn

$$F(x) = M_P M_Q - N_P N_Q \Big|_{s = j\omega} \geq 0 \ \text{für} \ 0 \leq \omega \leq \infty \quad , \qquad (10.56)$$

wobei $x = \omega^2$ ist. Diese Bedingung ist z.B. dann erfüllt, wenn im
Polynom $F(x)$ die Koeffizienten der Glieder höchsten und niedrigsten Grades positiv sind und wenn die Gleichung $F(x) = 0$ keine
positiven reellen Wurzeln ungerader Vielfachheit hat.

Auch für die Prüfung auf positiv reellen Charakter einer Funktion
gibt es einige notwendige Bedingungen, die man zunächst anwenden
kann, um sich unnötige Arbeit zu sparen. Notwendige, aber nicht
hinreichende Bedingungen für eine positive reelle Funktion $A(s) =$
$P(s)/Q(s)$ sind:

a) Alle Koeffizienten im Zähler und Nenner müssen reell und positiv
sein.

b) In beiden Polynomen müssen zwischen dem Glied höchsten und
niedrigsten Grades alle Potenzen vorhanden sein, es sei denn, es
fehlen in einem Polynom alle geraden oder alle ungeraden Glieder.
Ist dies in beiden Polynomen der Fall, so muß eines der Polynome
gerade, das andere ungerade sein.

c) Wurzeln der Polynome auf der imaginären Achse müssen einfach sein.

d) Der Gradunterschied zwischen Zähler und Nenner darf, sowohl für die Glieder höchsten als auch für die Glieder niedrigsten Grades, höchstens 1 sein.

Die Bedingungen a) bis c) ergeben sich aus folgender Überlegung: Das Nennerpolynom eines stabilen oder quasistabilen Netzwerks muß nach Satz 10.6 und 10.7 H u r w i t z oder modifiziert H u r - w i t z sein. Da der Kehrwert einer Zweipolfunktion ebenfalls eine Zweipolfunktion ist, gilt das gleiche auch für das Zählerpolynom.

Bedingung d) folgt direkt aus Gl.(10.54a). Man kann sie jedoch auch mit folgender Überlegung begründen: Für das asymptotische Verhalten bei hohen bzw. tiefen Frequenzen sind jeweils die Glieder höchsten bzw. niedrigsten Grades in Zähler und Nenner maßgebend. Da ein passiver Zweipol bei hohen und tiefen Frequenzen bestenfalls zu einer Induktivität oder Kapazität entartet, kann der Gradunterschied der genannten Glieder höchstens 1 sein.

Sind die notwendigen Bedingungen nicht erfüllt, kann man sofort entscheiden, daß die fragliche Funktion nicht p.r. sein kann. Sind sie erfüllt, muß nach Gl.(10.54) oder (10.55) geprüft werden. Bei allen Prüfungen ist vorausgesetzt, daß eventuell vorhandene gemeinsame Wurzelfaktoren im Zähler und Nenner gekürzt worden sind.

Beispiel 10.8

Zu prüfen sind folgende Funktionen auf positiv reellen Charakter:

a) $A(s) = \dfrac{2s^2 + s + 1}{s^2 + s + 2}$.

Alle notwendigen Bedingungen sind erfüllt. Hinreichende Bedingungen nach Gl.(10.54):

Pole: $s_{\infty 1;2} = -\dfrac{1}{2} \pm \sqrt{\dfrac{1}{4} - \dfrac{8}{4}} = -\dfrac{1}{2} \pm j\,\dfrac{\sqrt{7}}{2}$ links

Nullstellen: $s_{01;2} = -\dfrac{1}{4} \pm \sqrt{\dfrac{1}{16} - \dfrac{8}{16}} = -\dfrac{1}{4} \pm j\,\dfrac{\sqrt{7}}{4}$ links

Realteil: $M_P = 2s^2 + 1$; $M_Q = s^2 + 2$ Zu untersuchen:

$$N_P = s \quad ; \qquad N_Q = s \qquad\qquad F(\omega^2) = M_P M_Q - N_P N_Q \Big|_{s\,=\,j\omega}$$

$$F(\omega^2) = (2s^2 + 1)(s^2 + 2) - s^2 \Big|_{s\,=\,j\omega} = 2\omega^4 - 4\omega^2 + 2$$

$$\tfrac{1}{2}\,F(x) = x^2 - 2x + 1 = 0 \quad ; \quad x_{1;2} = 1 \quad .$$

Die Wurzel ist zwar reell und positiv, hat aber gerade Vielfachheit.

Da alle Bedingungen erfüllt sind, ist $A(s)$ p.r.

b) $A(s) = \dfrac{2s^3 + 3s + 2}{s^4 + 3s^3 + 2s^2}$

ist nicht p.r., da die notwendigen Bedingungen b) und d) nicht erfüllt sind.

c) $A(s) = \dfrac{4s^2 + 3s + 3}{s^2 + s + 4}$.

Die notwendigen Bedingungen sind erfüllt. Prüfung nach Gl.(10.54):

Pole: $s_{\infty 1;2} = -\dfrac{1}{2} \pm \sqrt{\dfrac{1}{4} - \dfrac{16}{4}} = -\dfrac{1}{2} \pm j\,\dfrac{\sqrt{15}}{2}$ links

Nullstellen: $s_{01;2} = -\dfrac{3}{8} \pm \sqrt{\dfrac{9}{64} - \dfrac{48}{64}} = -\dfrac{3}{8} \pm j\,\dfrac{\sqrt{39}}{8}$ links

Realteil: $M_P = 4s^2 + 3$; $M_Q = s^2 + 4$

$$N_P = 3s \quad ; \qquad N_Q = s$$

$$F(\omega^2) = (4s^2 + 3)(s^2 + 4) - 3s^2 \Big|_{s = j\omega} = 4s^4 + 16s^2 + 12 \Big|_{s = j\omega}$$

$$= 4(\omega^4 - 4\omega^2 + 3)$$

$$\tfrac{1}{4} F(x) = x^2 - 4x + 3 = 0 \quad ; \quad x_{1;2} = 2 \pm 1 \quad .$$

Es sind einfache reelle positive Wurzeln vorhanden, d.h. $A(s)$ ist
n i c h t p.r. $F(\omega^2) = 4(\omega^2 - 1)(\omega^2 - 3)$ ist zwischen $\omega = 1$ und $\omega = \sqrt{3}$
negativ; die Realteilbedingung Gl.(10.54b) oder Gl.(10.55b) ist
verletzt.

d) $\quad A(s) = \dfrac{2s^3 + 2s^2 + 3s + 2}{s^2 + 1} \quad .$

Notwendige Bedingungen erfüllt (im Nennerpolynom fehlen alle ungeraden Glieder). Prüfung nach Gl.(10.55):

$$P + Q = 2s^3 + 3s^2 + 3s + 3 \text{ muß ein Hurwitzpolynom sein.}$$

Das Hurwitz-Kriterium

<pre>
        │ 2s³ + 3s   │
        │ 2s³ + 2s   │ 3s² + 3   │ 2/3 s
  3s   │   s   │ 3s²   │
        │   s   │   3   │ 1/3 s
        │   0   │   │
</pre>

ist erfüllt. Realteil:

$$M_P = 2s^2 + 2 \quad ; \quad M_Q = s^2 + 1$$
$$N_P = 2s^3 + 3s \quad ; \quad N_Q = 0$$

$$F(\omega^2) = (2s^2 + 2)(s^2 + 1) \Big|_{s = j\omega} = 2(1 - \omega^2)^2 \quad ; \quad F(x) = 2(1 - x)^2 \quad .$$

$x = 1$ ist eine zweifache Wurzel der Gleichung $F(x) = 0$. $A(s)$ ist p.r.

10.6.2.2. Spezielle Zweipolfunktionen. Die Untersuchung von Zweipolfunktionen kann man weiter spezialisieren, indem man bestimmte
Typen von Netzwerken betrachtet und deren Eigenschaften gesondert
untersucht. Man unterscheidet gegenüber dem allgemeinen, aus R, L
und C bestehenden Zweipol solche, die nur aus zwei Typen von Bauelementen bestehen:

> LC-Funktionen
>
> RC-Impedanz- oder RL-Admittanzfunktionen
>
> RL-Impedanz- oder RC-Admittanzfunktionen.

Die speziellen Eigenschaften dieser Typen sind insbesondere für
die Netzwerksynthese wichtig. Zunächst werden die LC - Funk -
t i o n e n kurz besprochen.

Gegeben sei eine Funktion als Quotient aus einem geraden und ungeraden Polynom oder umgekehrt:

$$A(s) = \frac{M_P}{N_Q} \quad \text{oder} \quad A(s) = \frac{N_P}{M_Q} \quad . \tag{10.57}$$

Eine solche Funktion kann durchaus alle notwendigen Bedingungen
einer p.r. Funktion erfüllen. Sie erfüllt ferner automatisch die
Bedingung Gl. (10.54b) bzw. (10.55b), da nach Gl. (10.8a) der Realteil identisch verschwindet:

$$\text{Re } A(j\omega) = \left. \frac{M_P M_Q - N_P N_Q}{M_Q{}^2 - N_Q{}^2} \right|_{s = j\omega} \equiv 0 \text{ für } A(s) \text{ nach Gl. (10.57)} \quad . \tag{10.58}$$

Sie ist damit p.r., sofern sie die nunmehr einzige hinreichende Bedingung Gl. (10.54a) oder (10.55a) erfüllt.

Eine solche Funktion ist ein Spezialfall einer Zweipolfunktion,
nämlich eine sog. LC-Funktion, die man unkorrekterweise auch

Reaktanzfunktion nennt. Sie stellt eine Rektanz o d e r Suszeptanz
dar, also den Widerstand oder Leitwert eines verlustfreien Zweipols, der nur aus idealen Kondensatoren und (ggf. gekoppelten)
Spulen besteht.

Satz 10.9: Eine positiv reelle Funktion, die gleich dem
Quotienten aus einem geraden und ungeraden Polynom (oder
umgekehrt) ist, stellt eine LC-Funktion (Reaktanzfunktion)
dar. Die Summe aus den beiden Polynomen ist stets ein Hurwitzpolynom. Daraus folgt, daß der Quotient aus geradem
und ungeradem Teil (oder umgekehrt) eines Hurwitzpolynoms
stets eine LC-Funktion und damit eine positiv reelle Funktion ist.

Da beide Polynome entweder gerade oder ungerade sind, ist jedes
für sich ein modifiziertes Hurwitzpolynom mit einfachen Wurzeln
auf der imaginären Achse. Da damit alle Pole und Nullstellen einer
LC-Funktion auf der imaginären Achse liegen, ist für $s = j\omega$ auch
die LC-Funktion rein imaginär:

$$A(j\omega) = jX(\omega) \quad . \tag{10.59}$$

Diese Tatsache folgt auch aus Gl.(10.58), wonach der Realteil
identisch verschwindet.

Nach Gl.(10.54a) sind alle Residuen, d.h. die Koeffizienten der
Partialbruchentwicklung, reell und positiv. Es läßt sich zeigen
[13, S.315 ff.], daß damit

$$\frac{dX(\omega)}{d\omega} \geq 0 \tag{10.60}$$

bei LC-Funktionen stets erfüllt ist. Das bedeutet, daß sich die
Pole und Nullstellen auf der imaginären Achse abwechseln (Separationseigenschaft).

Die beiden wahlweise verwendbaren Prüfvorschriften Gl.(10.54a)
und Gl.(10.55a) müssen natürlich von einer LC-Funktion beide erfüllt werden. Daraus ergeben sich einfache Möglichkeiten der
S y n t h e s e .

Nach Gl.(10.54a) hat die Partialbruchentwicklung reelle und positive Koeffizienten. Entwickelt man eine LC-Funktion nach Tab.5.2
in Partialbrüche und faßt konjugiert komplexe Pole zusammen, so
erhält man Ausdrücke der Form:

$$A(s) = K_0 s + \frac{K_1}{s} + \frac{2K_2 s}{s^2 + \omega_{\infty 2}^2} + \frac{2K_3 s}{s^2 + \omega_{\infty 3}^2} + \ldots \ldots \quad . \tag{10.61}$$

K_0 tritt nur auf, wenn Zählergrad > Nennergrad, K_1 tritt auf, wenn
ein Pol bei $s = 0$ vorhanden ist. Da voraussetzungsgemäß alle K_i
reell und positiv sind, lassen sich hieraus die sog. P a r t i a l -
b r u c h s c h a l t u n g e n direkt ablesen. Wenn $A(s)$ eine Reaktanz
darstellt, ergibt sich die Widerstands-Partialbruchschaltung nach
Bild 10.7.

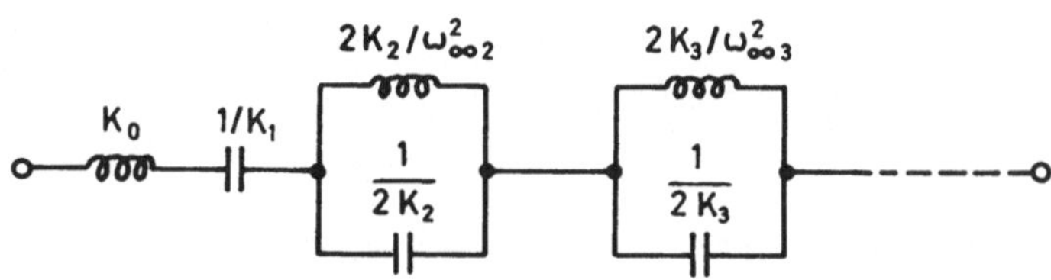

Bild 10.7. Widerstands-Partialbruchschaltung eines LC-Zweipols

Ist $A(s)$ dagegen eine Suszeptanz, so folgt daraus die Leitwerts-
Partialbruchschaltung nach Bild 10.8.

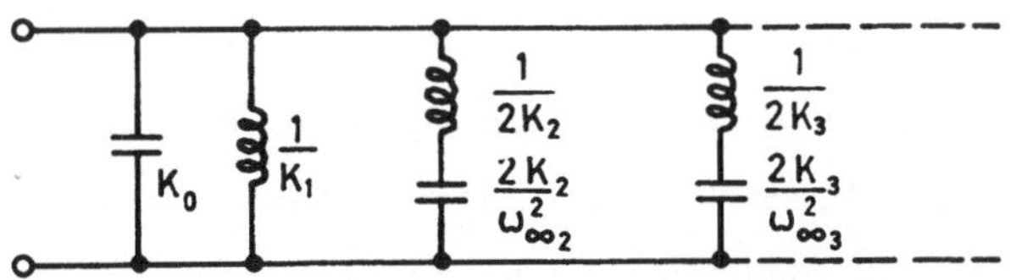

Bild 10.8. Leitwerts-Partialbruchschaltung eines LC-Zweipols

Die Schaltungen zeigen anschaulich, wie die Pole bei endlichen
Frequenzen durch Parallelschwingkreise beim Widerstand und Reihen-
schwingkreise beim Leitwert realisiert werden und wie die Pole
bei Null und Unendlich durch Einzelelemente entstehen.

Nach Gl.(10.55a) muß die Summe aus Zähler- und Nennerpolynom ein
Hurwitzpolynom sein. Das bedeutet, daß jede LC-Funktion eine
durchgehende Kettenbruchentwicklung mit reellen und positiven
Koeffizienten haben muß:

$$A(s) = A_1 s + \cfrac{1}{A_2 s + \cfrac{1}{A_3 s + \dots}} \qquad (10.62a)$$

oder in Kurzschreibweise

$$A(s) = A_1 s + \left|A_2 s + \right|A_3 s + \dots \quad . \qquad (10.62b)$$

(A_1 tritt nur auf, wenn Zählergrad > Nennergrad ist.) Hieraus
läßt sich unmittelbar die sog. K e t t e n b r u c h s c h a l t u n g
e r s t e r   A r t (vgl. Abschnitt 11.4.) angeben. Man erhält für
$A(s)$ als Reaktanz die Schaltung nach Bild 10.9a und als Suszeptanz
die Schaltung nach Bild 10.9b.

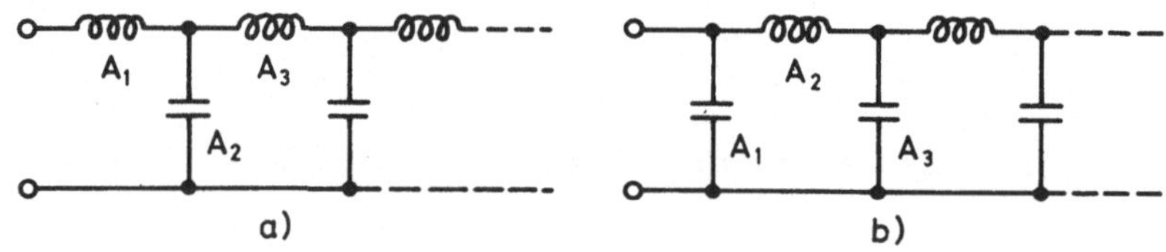

Bild 10.9. Kettenbruchschaltung erster Art eines LC-Zweipols

Bei der genannten Kettenbruchentwicklung erster Art wird mit den
Gliedern höchster Potenz begonnen, so daß sich die Ausdrücke $A_i s$
ergeben. Daneben gibt es die Kettenbruchentwicklung z w e i t e r
A r t, die mit den Gliedern niedrigster Potenz beginnt und so anzu-
setzen ist, daß sie Ausdrücke in A'_i/s liefert:

$$A(s) = \frac{A'_1}{s} + \left| \frac{A'_2}{s} + \right| \frac{A'_3}{s} + \ldots \quad .$$

$$(10.63)$$

(A'_1 tritt nur auf, wenn ein Pol bei $s = 0$ vorhanden ist.) Hieraus folgt die Kettenbruchschaltung zweiter Art für $A(s)$ als Reaktanz und Suszeptanz nach Bild 10.10a und b.

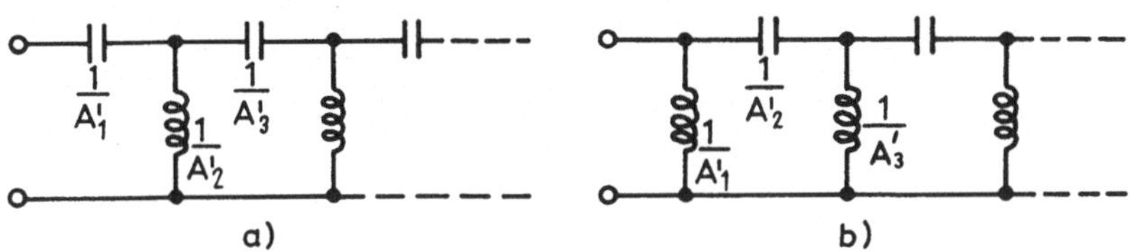

Bild 10.10. Kettenbruchschaltung zweiter Art eines LC-Zweipols

Eine Reaktanz $Z(s)$ läßt sich also stets auf vier Arten realisieren, nämlich als Widerstands- oder Leitwerts-Partialbruchschaltung oder als Kettenbruchschaltung erster oder zweiter Art (vgl. Beispiel 10.9). Da diese Schaltungen die geringstmögliche Zahl von Bauelementen haben, nennt man sie k a n o n i s c h e   S c h a l t u n g e n . Dasselbe gilt für eine Suszeptanz $Y(s)$.

Beispiel 10.9

Gegeben

$$A(s) = \frac{s^4 + 10s^2 + 9}{s^3 + 4s} = s + \frac{6s^2 + 9}{s^3 + 4s}$$

zur Prüfung auf LC Funktion. Da $A(s)$ Quotient aus geradem und ungeradem Polynom ist, verschwindet Re $A(j\omega)$ automatisch, d.h. Bedingung (10.54b) bzw. (10.55b) ist erfüllt. Da alle notwendigen Bedingungen für p.r. Funktion erfüllt sind, muß Bedingung (10.54a) o d e r (10.55a) geprüft werden.

Bedingung (10.54a):

Pole: $s_{\infty 1} = 0$; $s_{\infty 2;3} = \pm j2$.

Partialbruchentwicklung nach Tab.5.2:

$$A(s) = K_0 s + \frac{K_1}{s} + \frac{K_2}{s - j2} + \frac{K_3}{s + j2} \qquad (K_0 = 1)$$

$$\text{mit} \quad K_1 = \left.\frac{6s^2 + 9}{(s - j2)(s + j2)}\right|_{s = 0} = \frac{9}{4}$$

$$K_2 = \left.\frac{6s^2 + 9}{s(s + j2)}\right|_{s = j2} = \frac{-24 + 9}{-8} = \frac{15}{8}$$

$$K_3 = \left.\frac{6s^2 + 9}{s(s - j2)}\right|_{s = -j2} = \frac{-24 + 9}{-8} = \frac{15}{8} \qquad .$$

Alle Residuen sind reell und positiv, d.h. A(s) ist eine LC-
Funktion. Die Prüfung hätte ebensogut nach Gl.(10.55a) durch
Kettenbruchentwicklung von A(s) erfolgen können.

Die Nullstellen lassen sich ebenfalls leicht bestimmen:

$$s^2_{0a;b} = -5 \pm \sqrt{16} \quad ; \quad s_{01;2} = \pm j \quad ; \quad S_{03;4} = \pm j3 \qquad .$$

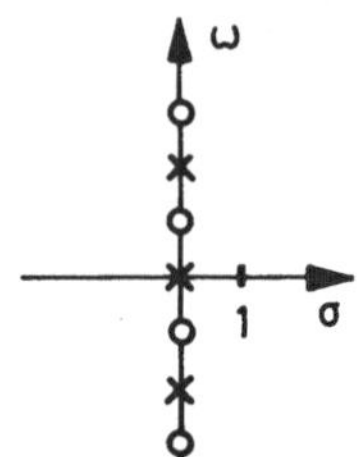

Aus dem Polplan
ist die Separationseigenschaft
zu erkennen:

Stellt man A(s) mit Hilfe der Wurzelfaktoren dar

$$A(s) = \frac{(s^2 + 1) \cdot (s^2 + 9)}{s(s^2 + 4)} \qquad ,$$

so folgt

$$A(j\omega) = \frac{(-\omega^2 + 1)(-\omega^2 + 9)}{j\omega(-\omega^2 + 4)} = j\,\frac{(\omega^2 - 1)(\omega^2 - 9)}{\omega \cdot (\omega^2 - 4)} = jX(\omega) \qquad ,$$

d.h. $X(\omega) = \dfrac{(\omega^2 - 1)(\omega^2 - 9)}{\omega(\omega^2 - 4)}$.

Aus der Darstellung von $X(\omega)$ erkennt man die Gültigkeit der Gl.(10.60):

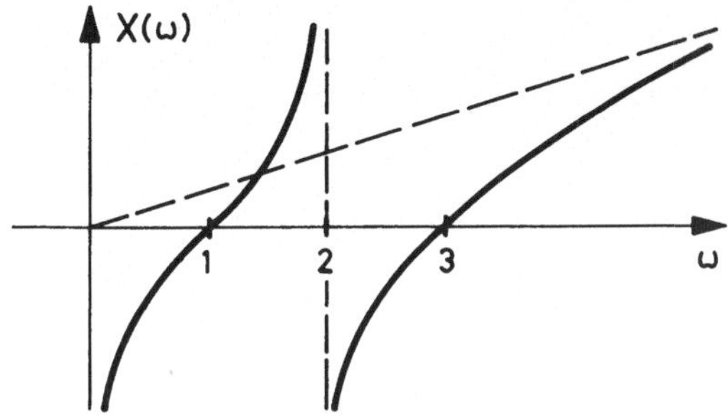

$A(s)$ stelle eine Reaktanz dar, d.h. $A(s) = Z(s)$. Dann liefert die Partialbruchentwicklung nach Zusammenfassen der konjugiert komplexen Pole:

$$Z(s) = s + \frac{9}{4s} + \frac{2 \cdot \frac{15}{8} s}{s^2 + 4} \qquad .$$

Dies entspricht der Gl.(10.61), und es folgt die Widerstands-Partialbruchschaltung nach Bild 10.7:

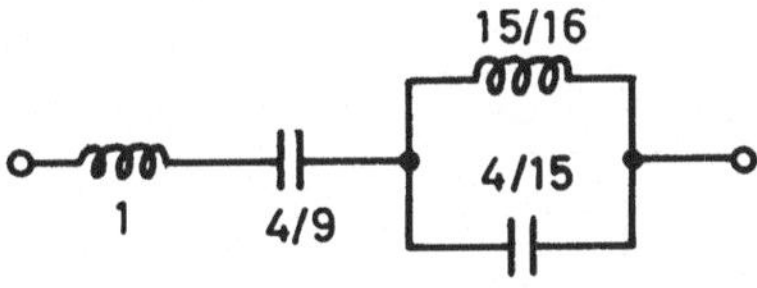

Um die Leitwerts-Partialbruchschaltung zu finden, muß man $Y(s) = 1/Z(s)$ in Partialbrüche entwickeln:

$$Y(s) = \frac{1}{Z(s)} = \frac{2 \frac{3}{16} s}{s^2 + 1} + \frac{2 \frac{5}{16} s}{s^2 + 9} \qquad .$$

Daraus die
Leitwerts-Partialbruchschaltung
nach Bild 10.8:

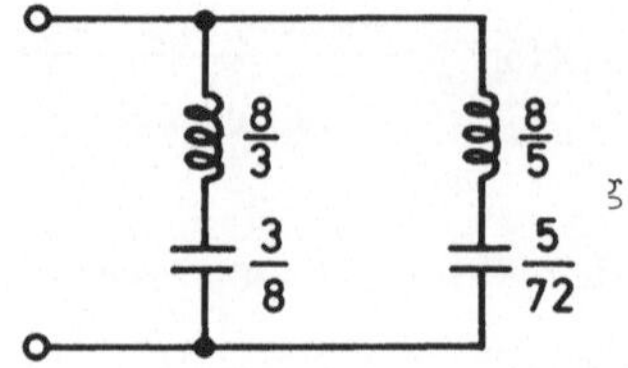

Die Kettenbruchentwicklung erster Art von $Z(s)$ liefert:

$$
\begin{array}{c|cc|c}
 & s^4 + 10s^2 + 9 & & \\
 & s^4 + 4s^2 & s^3 + 4s & s \\
\hline
\frac{1}{6}\,s & 6s^2 + 9 & s^3 + \frac{3}{2}\,s & \\
\hline
 & 6s^2 & \frac{5}{2}\,s & \frac{12}{5}\,s \\
\hline
\frac{5}{18}\,s & 9 & & \\
\end{array}
$$

Daraus folgen die Koeffizienten der Gl.(10.62), und damit die

Ketenbruchschaltung   erster Art nach Bild 10.9a:

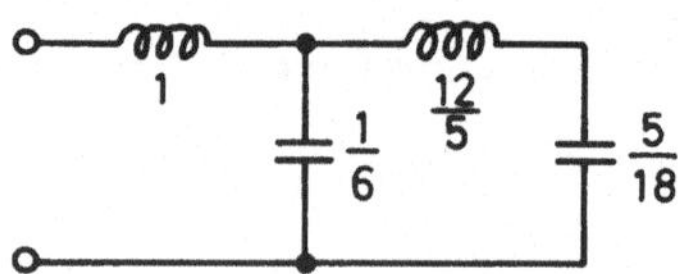

Die Kettenbruchentwicklung zweiter Art ergibt:

$$
\begin{array}{c|cc|c}
 & 9 + 10s^2 + s^4 & & \\
 & 9 + \frac{9}{4}s^2 & 4s + s^3 & \frac{9}{4s} \\
\hline
\frac{16}{31s} & \frac{31}{4}s^2 + s^4 & 4s + \frac{16}{31}s^3 & \\
\hline
 & \frac{31}{4}s^2 & \frac{15}{31}s^3 & \frac{961}{60s} \\
\hline
\frac{15}{31s} & s^4 & & \\
\end{array}
$$

Daraus folgen die Koeffizienten der Gl.(10.63), und damit die
Kettenbruchschaltung zweiter Art nach Bild 10.10a:

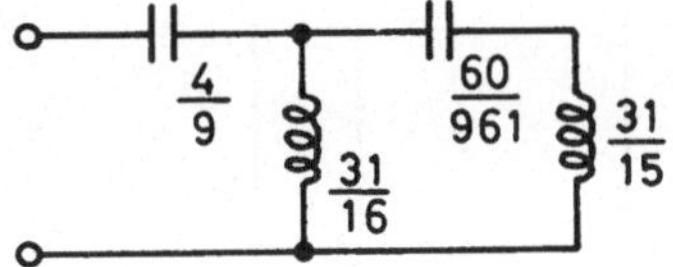

Die vier kanonischen Schaltungen enthalten je vier Bauelemente
und sind äquivalent bezüglich der Klemmen.

Die R C - u n d R L - F u n k t i o n e n werden nicht im einzelnen
besprochen. Ihre Eigenschaften sind in Tab.10.5 zusammenfassend
dargestellt. Es ist zu beachten, daß im Gegensatz zu den LC-Funktionen die Kehrwerte auf den jeweils anderen Funktionstyp führen.
Die Synthese liefert für jede Funktion wiederum 4 kanonische
Schaltungen (Tab. 10.5; die Werte ohmscher Beuelemente bedeuten
den Widerstand). Dabei ist noch zu beachten: Die Kettenbruchentwicklung erster bzw. zweiter Art muß stets mit dem Quotienten
$A(\infty)$ bzw. $A(0)$ beginnen, formal auch dann, wenn diese Größen verschwinden. Man denke sich in diesem Fall das jeweilige Zählerpolynom durch ein Glied mit dem Koeffizienten Null ergänzt.

10.7. Normierung der Systemfunktion

Bei der praktischen Berechnung von Systemfunktionen können die
Koeffizienten der Polynome je nach Größe der Bauelemente beliebige
Zahlenwerte annehmen. Zwei verschieden dimensionierte Netzwerke
desselben Typs mit prinzipiell gleichem Verhalten haben ganz verschiedene Koeffizienten.

Beispiel 10.10

Gegeben folgendes Netzwerk :

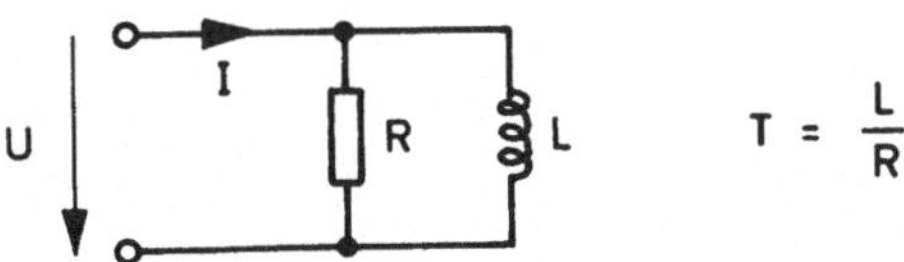

Tabelle 10.5. RC- und RL-Funktionen

RC-Impedanz-/RL Admittanzfunktion	A(s)	RL-Impedanz-/RC-Admittanzfunktion
Residuen positiv kein Pol bei s = ∞	notwendig und hinreichend Pole und Nullstellen einfach, auf neg. reeller Achse abwechselnd	Residuen negativ kein Pol bei s = 0
Pol in (oder bei) s = 0; Nullst. in (oder bei) s=∞ Zählergrad $\leq$ Nennergrad; A (∞) < A(0) Partialbruchentwicklung von A(s) oder Kettenbruchentwicklung 1. Art (Glieder in s)	Synthese	Nullst. in (oder bei) s = 0; Pol in (oder bei) s =∞ Nennergrad $\leq$ Zählergrad; A (∞) > A(0) Partialbruchentwicklung von A(s)/s oder Kettenbruchentwicklung 2.Art (Glieder in 1/s)

$$A(s) = \frac{2s^2+10s+8}{s^2+2s} = \frac{2(s+1)(s+4)}{s(s+2)}$$

Beispiele

$$A(s) = \frac{s^2+4s+3}{s+2} = \frac{(s+1)(s+3)}{s+2}$$

$$A(\infty) = 2 < \infty = A(0)$$

$$A(\infty) = \infty > \frac{3}{2} = A(0)$$

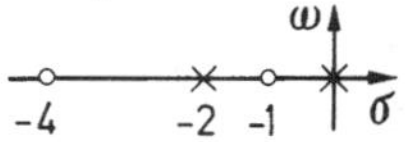

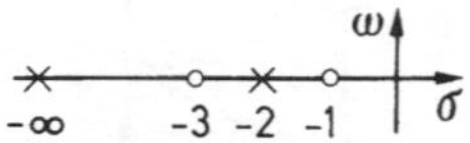

$$A(s) = 2 + \frac{4}{s} + \frac{2}{s+2}$$

Partialbruch

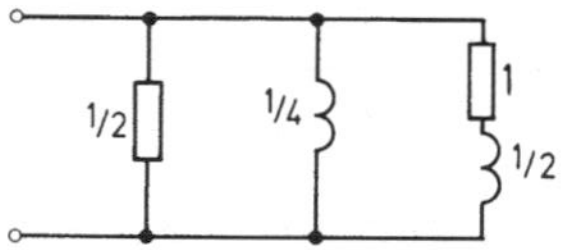

$$A(s)/s = 1 + \frac{3/2}{s} + \frac{1/2}{s+2}; \quad A(s) = s + \frac{3}{2} + \frac{s/2}{s+2}$$

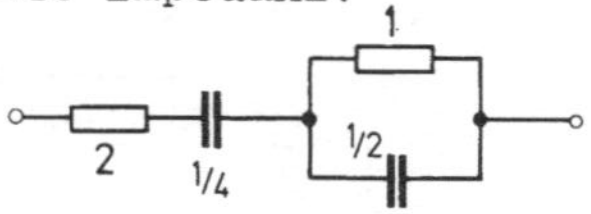

Als Impedanz:

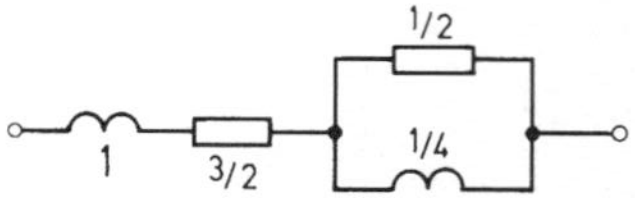

Als Admittanz:

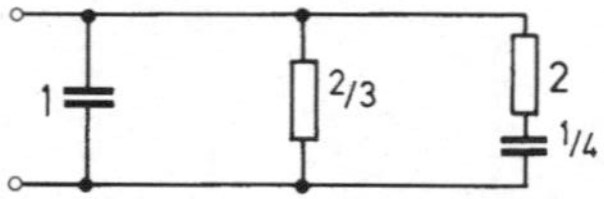

Als Impedanz:

Als Admittanz:

$$A(s) = 2 + \left|\frac{s}{6}\right. + \left|\,9\right. + \left|\frac{s}{12}\right.$$

1. Art

Kettenbruch

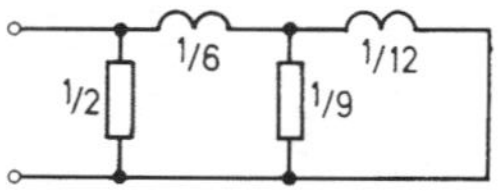

2. Art

$$A(s) = \frac{3}{2} + \left|\frac{4}{5s}\right. + \left|\frac{25}{2}\right. + \left|\frac{1}{5s}\right.$$

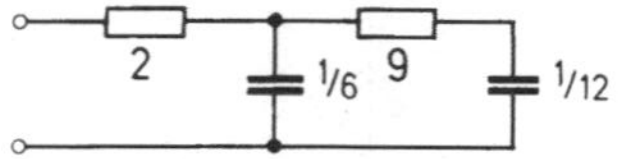

Als Impedanz:

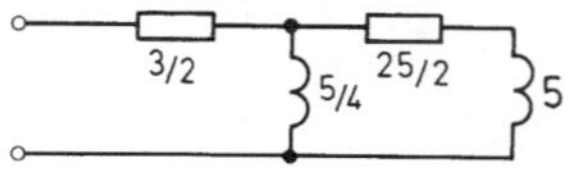

Als Admittanz:

Als Impedanz:

Als Admittanz:

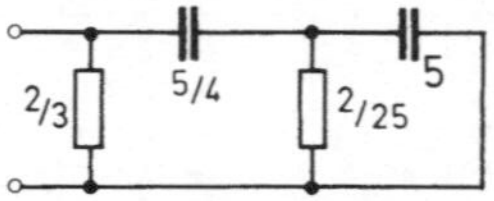

Die Zweipolfunktion für die Impedanz lautet:

$$\frac{U(s)}{I(s)} = A(s) = \frac{1}{\dfrac{1}{R} + \dfrac{1}{Ls}} = \frac{Ls}{\dfrac{L}{R}s + 1}$$

bzw.
$$A(s) = R\,\frac{s}{s + \dfrac{1}{T}} \quad .$$

Für zwei verschiedene Dimensionierungen folgt:

a) $R = 10^3\,\Omega$; $L = 10^{-3}\,H$: $T = 10^{-6}\,sec$

$$A(s) = 10^3\,\Omega \cdot \frac{s}{s + 10^6\,sec^{-1}} \quad .$$

Der Pol liegt bei $s_\infty = -10^6\,sec^{-1}$, die Impedanz für große s beträgt $10^3\,\Omega$.

b) $R = 1\,\Omega$; $L = 1\,H$: $T = 1\ sec$

$$A(s) = 1\,\Omega\,\frac{s}{s + 1\,sec^{-1}} \quad .$$

Hier liegt der Pol bei $s_\infty = -1\,sec^{-1}$, und die Impedanz für große s beträgt $1\,\Omega$. ■

Es ist oft sinnvoll, Netzwerke vom gleichen Typ trotz unterschiedlicher Dimensionierung durch eine einzige Systemfunktion zu beschreiben. Dieses erreicht man durch Normierung.

Zur Normierung einer Systemfunktion benötigt man:

> die normierende Frequenz ω_0
>
> sowie ggf. den normierenden Widerstand/Leitwert A_0 .

Letzterer ist nur bei Immittanzen (Zweipolfunktionen oder Transimmittanzen) erforderlich. Aus der nichtnormierten Funktion

$$A(s) = \frac{p_m s^m + \ldots p_1 s + p_0}{q_n s^n + \ldots q_1 s + q_0}$$

bildet man die normierte Funktion:

$$N_{A(s')} = \frac{A(\omega_0 s')}{A_0} = \frac{1}{A_0} \frac{p_m \omega_0^m s'^m + \ldots p_1 \omega_0 s' + p_0}{q_n \omega_0^n s'^n + \ldots q_1 \omega_0 s' + q_0} \ . \qquad (10.64)$$

Hierbei ist neben der Division durch A_0 [falls $A(s)$ eine Übersetzung bedeutet, ist $A_0 = 1$] die Substitution

$$s = \omega_0 s' \qquad (10.65)$$

gemacht worden. ω_0 und ggf. A_0 können nun beliebig so gewählt
werden, daß die Systemfunktion die gewünschte einfache Gestalt
annimmt und dimensionslos wird. Die neue Variable s' ist jetzt
ebenfalls eine reine Zahl.

Beispiel 10.11

Die Systemfunktion in Beispiel 10.10 lautete:

$$A(s) = R \ \frac{s}{s + \frac{1}{T}} \qquad .$$

Normierung mit A_0 und ω_0:

$$N_{A(s')} = \frac{A(\omega_0 s')}{A_0} = \frac{R}{A_0} \ \frac{\omega_0 s'}{\omega_0 s' + \frac{1}{T}} \qquad .$$

Gewählt: $\quad \omega_0 = \frac{1}{T} \quad ; \quad A_0 = R \quad .$

Damit: $\quad N_{A(s')} = \frac{s'}{s' + 1} \qquad .$

Unabhängig von der Dimensionierung liegt jetzt der Pol stets bei $s'_\infty = -1$, und die Impedanz für große s' beträgt stets 1.   ∎

Alle wesentlichen Systemeigenschaften können in normierter Form leichter und übersichtlicher ermittelt werden.

Wird ein Netzwerk, dessen Systemfunktion normiert worden ist, durch eine Erregung $g(t)$ ⊸ $G(s)$ erregt, so muß die Erregung ebenfalls nach Art der Gl.(10.64) normiert werden,

$$^N G(s') = \frac{G(\omega_0 s')}{G_0} \quad , \tag{10.66}$$

wobei G_0 beliebig gewählt werden kann, z.B. als normierendes Spannungs-Zeit- oder Strom-Zeit-Produkt. Die normierte Netzwerks-antwort hat jetzt nur noch die normierte Variable s' im Frequenz-bereich und eine normierte Zeit t' im Zeitbereich:

$$^N a_g(t') \; \circ\!\!-\!\!\bullet \; ^N A_g(s') = {}^N A(s') \cdot {}^N G(s') \quad . \tag{10.67}$$

Der Zusammenhang zwischen normierter und nichtnormierter Antwort folgt aus dem Ähnlichkeitssatz der Laplace-Transformation nach Tab.5.1:

$$F(a\,s) \; \bullet\!\!-\!\!\circ \; \frac{1}{a} f\left(\frac{t}{a}\right) \quad . \tag{10.68}$$

Mit $a = \omega_0$ und Berücksichtigung von A_0 und G_0 folgt hieraus mit Gl.(10.64), (10.66) und (10.67):

$$^N A_g(s') = \frac{1}{A_0 G_0} A_g(\omega_0 s') \; \bullet\!\!-\!\!\circ \; \frac{1}{A_0 G_0} \cdot \frac{1}{\omega_0} a_g\left(\frac{t'}{\omega_0}\right) = {}^N a_g(t') \quad . \tag{10.69}$$

Mit $t' = \omega_0 t$ erhält man hieraus die nichtnormierte Antwort $a_g(t)$, indem man die normierte Antwort $^N a_g(t')$ mit A_0, G_0 und ω_0 multi-pliziert und t' durch $\omega_0 t$ ersetzt:

$$a_g(t) = A_0 \cdot G_0 \cdot \omega_0 \cdot {}^N a_g(\omega_0 t) \quad . \tag{10.70}$$

Bei der praktischen Rechnung läßt man in der Regel das Normierungs-
zeichen N sowie die Striche bei s' und t' weg, da normierte
Funktionen meist eindeutig als solche zu erkennen sind.

Beispiel 10.12

Das Netzwerk aus Beispiel 10.10 werde zunächst in nichtnormierter
und dann in normierter Form nach Beispiel 10.11 betrachtet.

Nichtnormiert:

$$A(s) = R \, \frac{s}{s + \dfrac{1}{T}} \quad .$$

Erregung mit $i(t) = I\delta_{-1}(t) \;\circ\!\!-\!\!\bullet\; \dfrac{I}{s} = G(s)$:

$$A_g(s) = A(s) \cdot G(s) = IR \, \frac{1}{s + \dfrac{1}{T}} \quad .$$

Lösung im Zeitbereich:

$$a_g(t) = IR \, e^{-\frac{t}{T}} \quad .$$

Normierte Systemfunktion nach Beispiel 10.11:

$$^N A(s) = \frac{s'}{s' + 1}$$

mit $\omega_0 = \dfrac{1}{T}$ und $A_0 = R$. Normierte Erregung nach Gl.(10.66) mit
$\omega_0 = \dfrac{1}{T}$ und $G_0 = I \cdot T$:

$$^N G(s') = \frac{1}{s'}$$

Daraus:

$$^N A_g(s') = {}^N A(s') \cdot {}^N G(s') = \frac{1}{s' + 1} \quad .$$

Damit normierte Lösung im Zeitbereich:

$$N_{a_g}(t') = e^{-t'} \quad .$$

Hieraus folgt nach Gl.(10.70) die nicht normierte Lösung durch Multiplikation mit $A_0 G_0 \omega_0 = IR$ und Ersatz von t' durch $\omega_0 t = \dfrac{t}{T}$,

$$a_g(t) = IR\; e^{-\frac{t}{T}} \quad ,$$

was mit der oben gefundenen Lösung übereinstimmt. ■

10.8. Zusammenfassung

Im Kapitel 10 wurden die wichtigsten Eigenschaften der Systemfunktion besprochen. Für die hier betrachteten linearen Netzwerke aus konzentrierten Bauelementen ist sie eine reelle Funktion. Die Forderung nach Stabilität bedeutet gewisse Einschränkungen für das Nennerpolynom $Q(s)$. Die Unterscheidung zwischen Transfer- und Zweipolfunktionen bedingt auch Einschränkungen für das Zählerpolynom $P(s)$, insbesondere bei den Zweipol- oder positiv reellen Funktionen. Unter den Zweipolfunktionen lassen sich weitere spezielle Typen unterscheiden, von denen als Beispiel die LC-Funktionen behandelt wurden. Tab.10.6 gibt einen Überblick über die wichtigsten Zusammenhänge. Das Problem, eine Funktion als zu einem bestimmten Typ gehörig zu identifizieren, ist besonders bei der Synthese von Netzwerken wichtig: Eine Systemfunktion mit gewünschten Eigenschaften hat nur dann einen Sinn, wenn auch ein realisierbares Netzwerk dazu existiert.

Neben diesen allgemeinen Eigenschaften sind auch die Teile der Systemfunktion, wie Real- und Imaginärteil, Dämpfung (oder Betrag) und Phase sowie die aus der Phase abgeleitete Gruppenlaufzeit behandelt worden, da sie für die Signalübertragung maßgebliche

Tabelle 10.6. Eigenschaften der Systemfunktion

Allgemeine Systemfunktion $A(s) = \dfrac{P(s)}{Q(s)} \Rightarrow$ reelle Funktion
d.h. $A(s)$ reell für s reell

Stabilität oder Quasistabilität: $Q(s) \Rightarrow$ Hurwitz (Pole nur links) oder modifiziert Hurwitz (auch einfache imaginäre Pole). Notwendige und hinreichende Bedingungen Tab. 10.2.

Passive Netzwerke:

Transferfunktionen	Positiv reelle Funktionen (Zweipolfunktionen) $\Rightarrow$ reelle Funktionen mit Re $A(s) \geq 0$ für Re $s \geq 0$
Einschränkungen für $P(s)$:	Notwendige Bedingungen: a) Jene für $Q(s)$ gelten auch für $P(s)$. b) Gradunterschied Zähler/Nenner höchstens 1 sowohl für Glieder höchsten als auch niedrigsten Grades Hinreichende Bedingungen: entweder / oder
a) für Übersetzungen Zählergrad $\leq$ Nennergrad	a) keine Pole rechts, imaginäre Pole einfach mit reellen und pos. Residuen a) $P(s)+Q(s) \Rightarrow$ Hurwitz
b) für Transimmittanzen Zählergrad $\leq 1 +$ Nennergrad	b) Re $A(j\omega) \geq 0$ für $0 \leq \omega \leq \infty$
	Sonderfall LC-Funktion (Reaktanzfunktion): Quotient aus geradem und ungeradem Polynom oder umgekehrt. Hinreichende Bedingung a) ausreichend, da b) von selbst erfüllt. RC- und RL-Funktionen siehe Tab. 10.5.

Größen sind und besonders in der Filtertheorie zentrale Bedeutung haben.

Schließlich wurde noch die in vielen Fällen unentbehrliche Normierung der Systemfunktion behandelt. Nur durch geeignete Normierung läßt sich die Fülle der möglichen Netzwerke zusammenfassen und in gemeinsamen Grundeigenschaften darstellen. Ebenso kann eine sinnvolle Synthese nur in normierter Form erfolgen: Aus

einem Grundtyp können Netzwerke für die verschiedenen speziellen
Daten entworfen werden. Die Grundregeln der Normierung sind in
Tab.10.7 zusammengestellt.

Tabelle 10.7. Normierung der Systemfunktion

Normierung der Systemfunktion $A(s)$

Normierende Größen: Normierende Frequenz ω_0

Normierender Widerstand/Leitwert A_0 (bei Immittanzen)[*]

Normierte Systemfunktion: $^N\!A(s') = \frac{1}{A_0} A(\omega_0 s')$, d.h. Substitution $s = \omega_0 s'$ und ggf. Division durch A_0[*]

Normierte Erregung: $^N\!G(s') = \frac{1}{G_0} G(\omega_0 s')$, d.h. Substitution $s = \omega_0 s'$ und Division durch G_0

Normierte Systemantwort: $^N\!a_g(t') \circ\!\!-\!\!\bullet\ ^N\!A_g(s') = {^N\!A(s')} \cdot {^N\!G(s')}$

Nichtnormierte aus normierter Systemantwort:

$$a_g(t) = A_0 \cdot G_0 \cdot \omega_0 \cdot {^N\!a_g}(\omega_0 t)$$

durch Substitution $t' = \omega_0 t$, Multiplikation mit G_0, ω_0 und ggf. mit A_0[*]

---

[*] bei Übersetzungen ist $A_0 = 1$ zu setzen

11. Vierpole

In der Nachrichtentechnik dienen Netzwerke hauptsächlich zur
Übertragung eines Signals von einem Eingangsklemmenpaar zu einem
Ausgangsklemmenpaar; dieser Fall wurde bisher schon öfters
betrachtet. Das Netzwerk - mit beliebig komplizierter Struktur
im Innern - stellt hierbei einen Vierpol nach Bild 11.1 dar:

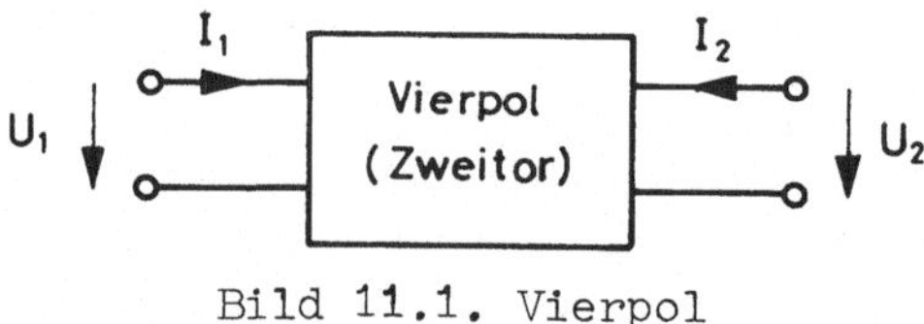

Bild 11.1. Vierpol

Bei den bisherigen Betrachtungen wurde jedoch stets eine vorgegebene Beschaltung des Vierpols etwa durch Quellen- und Abschluß-
widerstand vorausgesetzt, und es wurde die Systemfunktion für
eine gegebene Erregung und Antwort unter diesen Bedingungen definiert. Damit ist die Systemfunktion keine Eigenschaft des Vierpols allein, sie hängt vielmehr auch von der vorausgesetzten
Beschaltung ab. Eine allgemeine Beschreibung der Vierpoleigenschaften in dieser Weise ist nicht sinnvoll.

Die Darstellung der allgemeinen Vierpoleigenschaften ist Gegen-
stand der Vierpoltheorie [14], eines Teilgebietes der Netzwerktheorie. Hier können lediglich kurze Zusammenfassungen der wichtigsten Ergebnisse sowie Hinweise auf die in der Vierpoltheorie
auftretenden Systemfunktionen gegeben werden.

Zur Bezeichnung "Vierpol" oder allgemein "Mehrpol" sind noch einige
Bemerkungen erforderlich. Bei einer Schaltung mit mehreren zugänglichen Klemmen kann man verschiedene und unterschiedlich viele
Klemmenpaare bilden. Sinnvoller wäre es, in der Bezeichnung gleich
die Zahl der Klemmen p a a r e ("Tore") anzugeben, also von einem
"n-Klemmenpaar" oder "n-Tor" (engl. "n-port") zu sprechen. Ein
Vierpol nach üblichem Sprachgebrauch ist also ein Z w e i t o r
(engl. "two-port"), ein Zweipol ist ein E i n t o r (engl. "one-port").
Obwohl die Angabe der Tore sinnvoller ist und Mißverständnisse
vermeidet, werden die Bezeichnungen Vierpol und Zweipol hier beibehalten, da sie allgemein üblich sind. Jedoch sollte man in
Zweifelsfällen die anderen Bezeichnungen verwenden, besonders in
der Höchstfrequenztechnik, wo keine Klemmen mehr definierbar sind.

11.1. Vierpolmatrizen

Die allgemeine Beschreibung eines Vierpols durch eine einzige
Systemfunktion ist nicht möglich. Man muß vielmehr die vier Größen
U_1, I_1, U_2 und I_2 in Bild 11.1 miteinander verknüpfen. Bei den
hier betrachteten linearen Vierpolen geschieht dies durch zwei
lineare Gleichungen. Betrachtet man etwa I_1 und I_2 in Bild 11.1
als ein Paar von Variablen, so ergibt sich für das zweite Variab-
lenpaar U_1 und U_2 :

$$U_1 = Z_{11}I_1 + Z_{12}I_2$$
$$U_2 = Z_{21}I_1 + Z_{22}I_2$$

oder   (11.1)

$$\begin{pmatrix} U_1 \\ U_2 \end{pmatrix} = \begin{pmatrix} Z_{11} & Z_{12} \\ Z_{21} & Z_{22} \end{pmatrix} \cdot \begin{pmatrix} I_1 \\ I_2 \end{pmatrix}$$

mit der Matrix

$$\underline{Z} = \begin{pmatrix} Z_{11} & Z_{12} \\ Z_{21} & Z_{22} \end{pmatrix} . \qquad (11.2)$$

Man kann jedoch die Variablen auch zu beliebigen anderen Paaren zusammenfassen. Bei vier Variablen gibt es hierfür insgesamt sechs Möglichkeiten, die in der ersten Spalte der Tab. 11.1 dargestellt sind.

Tabelle 11.1. Vierpoldarstellung

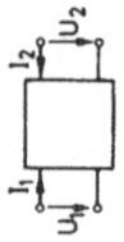 Vierpoldarstellung	Bedeutung der Parameter	Allgemeine Ersatzschaltbilder	Umkehrbarkeit (U) / Symmetrie (S)
$\begin{pmatrix} U_1 \\ U_2 \end{pmatrix} = \underline{Z} \begin{pmatrix} I_1 \\ I_2 \end{pmatrix}$	$Z_{11}=\dfrac{U_1}{I_1}\Big|_{I_2=0}$, $Z_{12}=\dfrac{U_1}{I_2}\Big|_{I_1=0}$, $Z_{21}=\dfrac{U_2}{I_1}\Big|_{I_2=0}$, $Z_{22}=\dfrac{U_2}{I_2}\Big|_{I_1=0}$	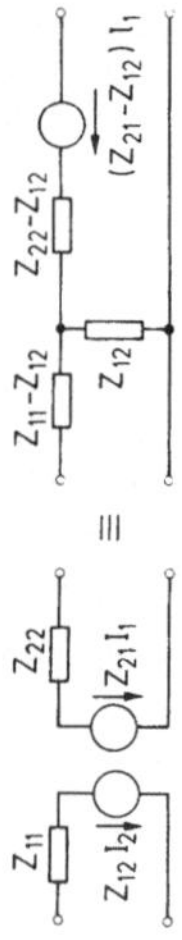 $Z_{11}-Z_{12}$, Z_{12}, $Z_{22}-Z_{12}$, $(Z_{21}-Z_{12})I_1$ $\;\equiv\;$ Z_{11}, $Z_{12}I_2$, Z_{22}, $Z_{21}I_1$	(U): $Z_{21}=Z_{12}$; (S): $Z_{22}=Z_{11}$
$\begin{pmatrix} I_1 \\ I_2 \end{pmatrix} = \underline{Y} \begin{pmatrix} U_1 \\ U_2 \end{pmatrix}$	$Y_{11}=\dfrac{I_1}{U_1}\Big|_{U_2=0}$, $Y_{12}=\dfrac{I_1}{U_2}\Big|_{U_1=0}$, $Y_{21}=\dfrac{I_2}{U_1}\Big|_{U_2=0}$, $Y_{22}=\dfrac{I_2}{U_2}\Big|_{U_1=0}$	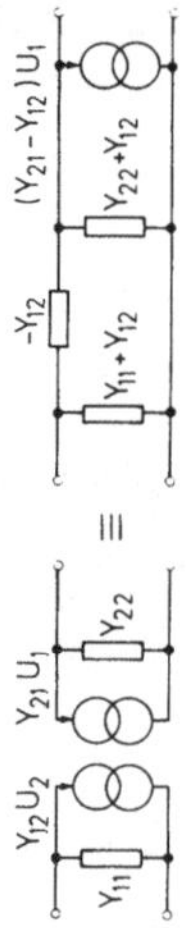 $-Y_{12}$, $Y_{11}+Y_{12}$, $Y_{22}+Y_{12}$, $(Y_{21}-Y_{12})U_1$ $\;\equiv\;$ Y_{11}, $Y_{12}U_2$, Y_{22}, $Y_{21}U_1$	(U): $Y_{21}=Y_{12}$; (S): $Y_{22}=Y_{11}$
$\begin{pmatrix} U_1 \\ I_2 \end{pmatrix} = \underline{H} \begin{pmatrix} I_1 \\ U_2 \end{pmatrix}$	$H_{11}=\dfrac{U_1}{I_1}\Big|_{U_2=0}$, $H_{12}=\dfrac{U_1}{U_2}\Big|_{I_1=0}$, $H_{21}=\dfrac{I_2}{I_1}\Big|_{U_2=0}$, $H_{22}=\dfrac{I_2}{U_2}\Big|_{I_1=0}$	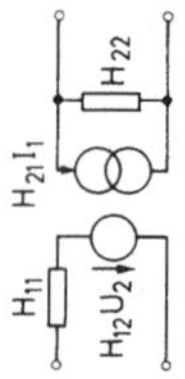 H_{11}, $H_{12}U_2$, H_{22}, $H_{21}I_1$	(U): $H_{21}=-H_{12}$; (S): $|H|=1$
$\begin{pmatrix} I_1 \\ U_2 \end{pmatrix} = \underline{G} \begin{pmatrix} U_1 \\ I_2 \end{pmatrix}$	$G_{11}=\dfrac{I_1}{U_1}\Big|_{I_2=0}$, $G_{12}=\dfrac{I_1}{I_2}\Big|_{U_1=0}$, $G_{21}=\dfrac{U_2}{U_1}\Big|_{I_2=0}$, $G_{22}=\dfrac{U_2}{I_2}\Big|_{U_1=0}$	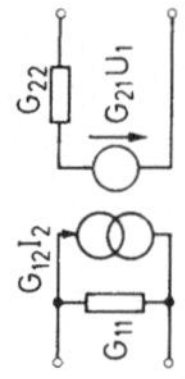 G_{11}, $G_{12}I_2$, G_{22}, $G_{21}U_1$	(U): $G_{21}=-G_{12}$; (S): $|G|=1$
$\begin{pmatrix} U_1 \\ I_1 \end{pmatrix} = \underline{A} \begin{pmatrix} U_2 \\ -I_2 \end{pmatrix}$	$A_{11}=\dfrac{U_1}{U_2}\Big|_{I_2=0}$, $A_{12}=\dfrac{U_1}{-I_2}\Big|_{U_2=0}$, $A_{21}=\dfrac{I_1}{U_2}\Big|_{I_2=0}$, $A_{22}=\dfrac{I_1}{-I_2}\Big|_{U_2=0}$	keine	(U): $|A|=1$; (S): $A_{22}=A_{11}$
$\begin{pmatrix} U_2 \\ I_2 \end{pmatrix} = \underline{B} \begin{pmatrix} U_1 \\ -I_1 \end{pmatrix}$	$B_{11}=\dfrac{U_2}{U_1}\Big|_{I_1=0}$, $B_{12}=\dfrac{U_2}{-I_1}\Big|_{U_1=0}$, $B_{21}=\dfrac{I_2}{U_1}\Big|_{I_1=0}$, $B_{22}=\dfrac{I_2}{-I_1}\Big|_{U_1=0}$	keine	(U): $|B|=1$; (S): $B_{22}=B_{11}$

Ein Vierpol wird also durch eine Matrix mit vier im allgemeinen komplexen Elementen beschrieben, wobei es sechs Möglichkeiten für diese Matrix gibt. Die Namen dieser Matrizen (Tab.11.2) sowie auch

Tabelle 11.2. Vierpolparameter zu Tab. 11.1 ($|X| = \det X = X_{11}X_{22} - X_{12}X_{21}$)

gesucht \ gegeben	$\underline{Z}$	$\underline{Y}$	$\underline{H}$	$\underline{G}$	$\underline{A}$	$\underline{B}$
Impedanzmatrix $\underline{Z}$	$\begin{matrix} Z_{11} & Z_{12} \\ Z_{21} & Z_{22} \end{matrix}$	$\begin{matrix} \dfrac{Y_{22}}{\lvert Y\rvert} & -\dfrac{Y_{12}}{\lvert Y\rvert} \\[4pt] -\dfrac{Y_{21}}{\lvert Y\rvert} & \dfrac{Y_{11}}{\lvert Y\rvert} \end{matrix}$	$\begin{matrix} \dfrac{\lvert H\rvert}{H_{22}} & \dfrac{H_{12}}{H_{22}} \\[4pt] -\dfrac{H_{21}}{H_{22}} & \dfrac{1}{H_{22}} \end{matrix}$	$\begin{matrix} \dfrac{1}{G_{11}} & -\dfrac{G_{12}}{G_{11}} \\[4pt] \dfrac{G_{21}}{G_{11}} & \dfrac{\lvert G\rvert}{G_{11}} \end{matrix}$	$\begin{matrix} \dfrac{A_{11}}{A_{21}} & \dfrac{\lvert A\rvert}{A_{21}} \\[4pt] \dfrac{1}{A_{21}} & \dfrac{A_{22}}{A_{21}} \end{matrix}$	$\begin{matrix} \dfrac{B_{22}}{B_{21}} & \dfrac{1}{B_{21}} \\[4pt] \dfrac{\lvert B\rvert}{B_{21}} & \dfrac{B_{11}}{B_{21}} \end{matrix}$
Admittanzmatrix $\underline{Y}$	$\begin{matrix} \dfrac{Z_{22}}{\lvert Z\rvert} & -\dfrac{Z_{12}}{\lvert Z\rvert} \\[4pt] -\dfrac{Z_{21}}{\lvert Z\rvert} & \dfrac{Z_{11}}{\lvert Z\rvert} \end{matrix}$	$\begin{matrix} Y_{11} & Y_{12} \\ Y_{21} & Y_{22} \end{matrix}$	$\begin{matrix} \dfrac{1}{H_{11}} & -\dfrac{H_{12}}{H_{11}} \\[4pt] \dfrac{H_{21}}{H_{11}} & \dfrac{\lvert H\rvert}{H_{11}} \end{matrix}$	$\begin{matrix} \dfrac{\lvert G\rvert}{G_{22}} & \dfrac{G_{12}}{G_{22}} \\[4pt] -\dfrac{G_{21}}{G_{22}} & \dfrac{1}{G_{22}} \end{matrix}$	$\begin{matrix} \dfrac{A_{22}}{A_{12}} & -\dfrac{\lvert A\rvert}{A_{12}} \\[4pt] -\dfrac{1}{A_{12}} & \dfrac{A_{11}}{A_{12}} \end{matrix}$	$\begin{matrix} \dfrac{B_{11}}{B_{12}} & -\dfrac{1}{B_{12}} \\[4pt] -\dfrac{\lvert B\rvert}{B_{12}} & \dfrac{B_{22}}{B_{12}} \end{matrix}$
Hybridmatrix $\underline{H}$	$\begin{matrix} \dfrac{\lvert Z\rvert}{Z_{22}} & \dfrac{Z_{12}}{Z_{22}} \\[4pt] -\dfrac{Z_{21}}{Z_{22}} & \dfrac{1}{Z_{22}} \end{matrix}$	$\begin{matrix} \dfrac{1}{Y_{11}} & -\dfrac{Y_{12}}{Y_{11}} \\[4pt] \dfrac{Y_{21}}{Y_{11}} & \dfrac{\lvert Y\rvert}{Y_{11}} \end{matrix}$	$\begin{matrix} H_{11} & H_{12} \\ H_{21} & H_{22} \end{matrix}$	$\begin{matrix} \dfrac{G_{22}}{\lvert G\rvert} & -\dfrac{G_{12}}{\lvert G\rvert} \\[4pt] -\dfrac{G_{21}}{\lvert G\rvert} & \dfrac{G_{11}}{\lvert G\rvert} \end{matrix}$	$\begin{matrix} \dfrac{A_{12}}{A_{22}} & \dfrac{\lvert A\rvert}{A_{22}} \\[4pt] -\dfrac{1}{A_{22}} & \dfrac{A_{21}}{A_{22}} \end{matrix}$	$\begin{matrix} \dfrac{B_{12}}{B_{11}} & \dfrac{1}{B_{11}} \\[4pt] -\dfrac{\lvert B\rvert}{B_{11}} & \dfrac{B_{21}}{B_{11}} \end{matrix}$
Inverse Hybridmatrix $\underline{G}$	$\begin{matrix} \dfrac{1}{Z_{11}} & -\dfrac{Z_{12}}{Z_{11}} \\[4pt] \dfrac{Z_{21}}{Z_{11}} & \dfrac{\lvert Z\rvert}{Z_{11}} \end{matrix}$	$\begin{matrix} \dfrac{\lvert Y\rvert}{Y_{22}} & \dfrac{Y_{12}}{Y_{22}} \\[4pt] -\dfrac{Y_{21}}{Y_{22}} & \dfrac{1}{Y_{22}} \end{matrix}$	$\begin{matrix} \dfrac{H_{22}}{\lvert H\rvert} & -\dfrac{H_{12}}{\lvert H\rvert} \\[4pt] -\dfrac{H_{21}}{\lvert H\rvert} & \dfrac{H_{11}}{\lvert H\rvert} \end{matrix}$	$\begin{matrix} G_{11} & G_{12} \\ G_{21} & G_{22} \end{matrix}$	$\begin{matrix} \dfrac{A_{21}}{A_{11}} & -\dfrac{\lvert A\rvert}{A_{11}} \\[4pt] \dfrac{1}{A_{11}} & \dfrac{A_{12}}{A_{11}} \end{matrix}$	$\begin{matrix} \dfrac{B_{21}}{B_{22}} & -\dfrac{1}{B_{22}} \\[4pt] \dfrac{\lvert B\rvert}{B_{22}} & \dfrac{B_{12}}{B_{22}} \end{matrix}$
Kettenmatrix *) $\underline{A}$	$\begin{matrix} \dfrac{Z_{11}}{Z_{21}} & \dfrac{\lvert Z\rvert}{Z_{21}} \\[4pt] \dfrac{1}{Z_{21}} & \dfrac{Z_{22}}{Z_{21}} \end{matrix}$	$\begin{matrix} -\dfrac{Y_{22}}{Y_{21}} & -\dfrac{1}{Y_{21}} \\[4pt] -\dfrac{\lvert Y\rvert}{Y_{21}} & -\dfrac{Y_{11}}{Y_{21}} \end{matrix}$	$\begin{matrix} -\dfrac{\lvert H\rvert}{H_{21}} & -\dfrac{H_{11}}{H_{21}} \\[4pt] -\dfrac{H_{22}}{H_{21}} & -\dfrac{1}{H_{21}} \end{matrix}$	$\begin{matrix} \dfrac{1}{G_{21}} & \dfrac{G_{22}}{G_{21}} \\[4pt] \dfrac{G_{11}}{G_{21}} & \dfrac{\lvert G\rvert}{G_{21}} \end{matrix}$	$\begin{matrix} A_{11} & A_{12} \\ A_{21} & A_{22} \end{matrix}$	$\begin{matrix} \dfrac{B_{22}}{\lvert B\rvert} & \dfrac{B_{12}}{\lvert B\rvert} \\[4pt] \dfrac{B_{21}}{\lvert B\rvert} & \dfrac{B_{11}}{\lvert B\rvert} \end{matrix}$
Kehrmatrix *) $\underline{B}$	$\begin{matrix} \dfrac{Z_{22}}{Z_{12}} & \dfrac{\lvert Z\rvert}{Z_{12}} \\[4pt] \dfrac{1}{Z_{12}} & \dfrac{Z_{11}}{Z_{12}} \end{matrix}$	$\begin{matrix} -\dfrac{Y_{11}}{Y_{12}} & -\dfrac{1}{Y_{12}} \\[4pt] -\dfrac{\lvert Y\rvert}{Y_{12}} & -\dfrac{Y_{22}}{Y_{12}} \end{matrix}$	$\begin{matrix} \dfrac{1}{H_{12}} & \dfrac{H_{11}}{H_{12}} \\[4pt] \dfrac{H_{22}}{H_{12}} & \dfrac{\lvert H\rvert}{H_{12}} \end{matrix}$	$\begin{matrix} -\dfrac{\lvert G\rvert}{G_{12}} & -\dfrac{G_{22}}{G_{12}} \\[4pt] -\dfrac{G_{11}}{G_{12}} & -\dfrac{1}{G_{12}} \end{matrix}$	$\begin{matrix} \dfrac{A_{22}}{\lvert A\rvert} & \dfrac{A_{12}}{\lvert A\rvert} \\[4pt] \dfrac{A_{21}}{\lvert A\rvert} & \dfrac{A_{11}}{\lvert A\rvert} \end{matrix}$	$\begin{matrix} B_{11} & B_{12} \\ B_{21} & B_{22} \end{matrix}$

*) Zählrichtungen siehe Tab. 11.1

die Zählrichtungen für Ströme und Spannungen (Tab.11.1) werden in der Literatur u n t e r s c h i e d l i c h gehandhabt. Hier werden die Ströme symmetrisch angesetzt, außer bei der Ketten- und der Kehrmatrix, die jeweils für negative Ausgangsströme definiert sind.

Ist eine der Vierpolmatrizen bekannt, so kann jede andere daraus berechnet werden. Tab.11.2 enthält die Umrechnungsbeziehungen unter Berücksichtigung der unterschiedlichen Zählrichtungen bei Ketten- und Kehrmatrix.

Die Bedeutung der Vierpolparameter, d.h. der Matrixelemente, ist in Spalte 2 der Tab.11.1 angegeben. Es handelt sich durchweg um Systemfunktionen für bestimmte Betriebszustände des Vierpols, nämlich Leerlauf oder Kurzschluß am Ausgang oder Eingang. Es treten dabei sowohl Transferfunktionen nach Abschnitt 10.6.1., also Übersetzungen oder Transimmittanzen, als auch Zweipolfunktionen nach Abschnitt 10.6.2.1., also Immittanzen, auf. So enthält die Z-Matrix z.B. zwei Impedanzen und zwei Transimpedanzen, die Y-Matrix entsprechende Admittanzen, die H-Matrix eine Impedanz, eine Admittanz, eine Strom- und eine Spannungsübersetzung usw. Die A- und B-Matrix enthalten überhaupt nur Transferfunktionen, nämlich je zwei Übersetzungen und je zwei Transimmittanzen.

Die Vierpolgleichungen mit den Matrizen $\underline{Z}$, $\underline{Y}$, $\underline{H}$ und $\underline{G}$ führen direkt auf die in Spalte 3 Tab.11.1 dargestellten allgemeinen E r s a t z s c h a l t b i l d e r , aus denen die Bedeutung der Vierpolparameter besonders anschaulich hervorgeht. Selbstverständlich sind die vier Schaltungen ä q u i v a l e n t und lassen sich ineinander umrechnen. Aus den Matrizen $\underline{A}$ und $\underline{B}$ folgt kein Ersatzschaltbild, da diese Matrizen nur Transferfunktionen enthalten.

Die beiden aus der Z- und Y-Matrix folgenden allgemeinen Ersatzschaltbilder lassen sich durch Umstellen der Vierpolgleichungen auch noch in Ersatzschaltbilder mit nur je einer gesteuerten Quelle umrechnen (Tab.11.1). Es sind dies die allgemeine T-Ersatzschaltung und die allgemeine π-Ersatzschaltung eines Vierpols.

Die zur Beschreibung eines Vierpols erforderlichen v i e r komplexen Parameter reduzieren sich auf d r e i , wenn der Vierpol umkehrbar o d e r symmetrisch ist; sie reduzieren sich auf z w e i , wenn der Vierpol umkehrbar u n d symmetrisch ist. (Zu Umkehrbarkeit und

Symmetrie vgl. Abschnitt 1.2.2.).Die Bedingungen für Umkehrbarkeit
und Symmetrie sind in der letzten Spalte Tab.11.1 angegeben. Bei
umkehrbaren Vierpolen entfallen in der T- und π-Schaltung die
gesteuerten Quellen. Der Vierpol ist dann durch passive Elemente
entsprechend diesen Ersatzschaltungen realisierbar, sofern keine
negativen Bauelemente auftreten. Bei umkehrbaren und symmetrischen
Vierpolen werden die T- und π-Schaltung ebenfalls symmetrisch.

Für diese umkehrbaren und symmetrischen Vierpole gibt es nach dem
Symmetrietheorem von B a r t l e t t stets auch eine weitere Ersatz-
schaltung, nämlich die X- S c h a l t u n g oder Kreuzschaltung. Ihre
Struktur und das Auffinden ihrer Bauelemente ist in Tab.11.3 be-

Tabelle 11.3. Äquivalente X-Schaltung umkehrbarer symmetrischer Vierpole

Gegebener symme-trischer Vierpol	Aufteilung in symmetrische Hälften	Kurzschluß- und Leerlaufimmittanz einer Hälfte	Äquivalente X-Schaltung
Allgemein: 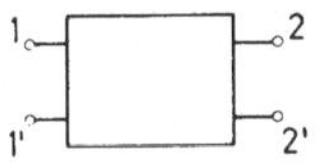	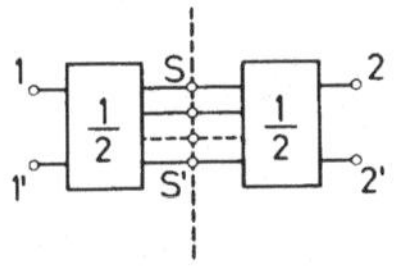	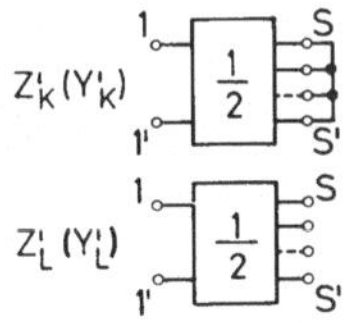 $Z'_k (Y'_k)$ $Z'_L (Y'_L)$	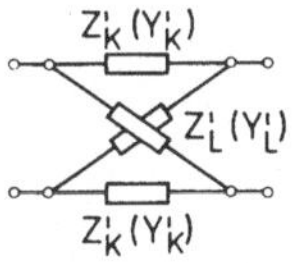
T-Schaltung: Z_1, Z_1, Z_2 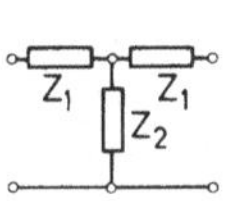	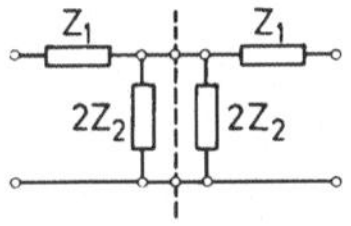 Z_1, Z_1, $2Z_2$, $2Z_2$	$Z'_k = Z_1$ $Z'_L = Z_1 + 2Z_2$	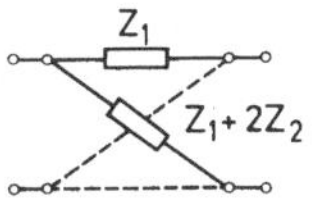 Z_1 $Z_1 + 2Z_2$
π-Schaltung: Y_1, Y_2, Y_1 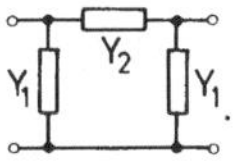	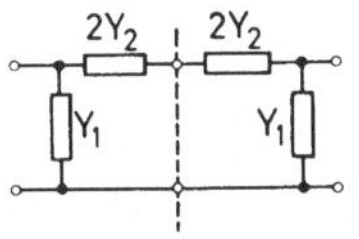 $2Y_2$, $2Y_2$, Y_1, Y_1	$Y'_k = Y_1 + 2Y_2$ $Y'_L = Y_1$	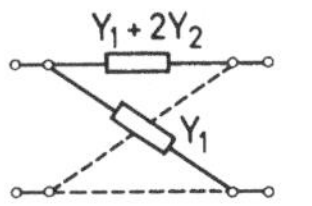 $Y_1 + 2Y_2$ Y_1

schrieben. Die X-Schaltung ist einer Brückenschaltung äquivalent,
was man durch Umzeichnen leicht erkennt. Sie stellt die allgemeine
Form eines umkehrbaren symmetrischen Vierpols dar. Der umgekehrte

Weg von der X- zur T- oder π-Schaltung ist nicht immer möglich,
da sich negative Elemente ergeben können.

Für die Z u s a m m e n s c h a l t u n g von Vierpolen gibt es mehrere
Möglichkeiten. Sie sind in Tab.11.4 zusammengestellt. Die Matrix
des jeweiligen Gesamtvierpols ergibt sich - je nach Art der Zusammenschaltung - durch Addition oder Multiplikation der angegebenen
Matrizen oder Einzelvierpole, wobei die Beziehungen selbstverständlich auch auf mehr als zwei Vierpole erweiterbar sind. Es
ist i.a. nicht möglich, Vierpole ohne Verwendung von Übertragern
zusammenzuschalten, da die Gefahr von gegenseitigen Neben- oder
Kurzschlüssen besteht und damit die angegebenen Beziehungen ungültig werden. Bei den zwei wichtigsten Schaltungen, der Reihen-
und Parallelschaltung, kann man auf die Übertrager verzichten,
sofern die Einzelvierpole die gestrichelt gezeichneten, durchgehen-
den Leiter besitzen.

11.2. Berechnung der Vierpolmatrizen

Die Vierpolgleichungen stellen von den vier Größen U_1, I_1, U_2 und
I_2 zwei beliebige als Funktion der beiden anderen dar. Es handelt
sich somit um ein Netzwerk mit zwei Erregungen und zwei Antworten,
das sich prinzipiell stets nach Kapitel 9 berechnen läßt: der
Ansatz mit einem geeigneten Analyseverfahren, die Auswahl der
gewünschten und die Elimination der nicht gewünschten Variablen
führt stets zum Ziel.

Die Rechnung wird oft dadurch einfacher, daß die Variablen an
insgesamt nur zwei Klemmenpaaren auftreten und daß daher eine
Unterscheidung zwischen abhängigen und unabhängigen Variablen
(d.h. zwischen Erregung und Antwort) zunächst nicht erforderlich
ist, da die Vierpolmatrizen ineinander umrechenbar sind.

Tabelle 11.4. Zusammenschaltung von Vierpolen

Reihenschaltung:

$$\underline{Z} = \underline{Z}^A + \underline{Z}^B$$

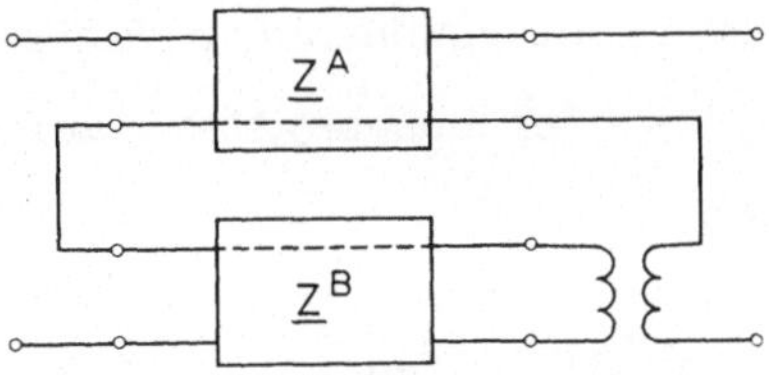

Parallelschaltung:

$$\underline{Y} = \underline{Y}^A + \underline{Y}^B$$

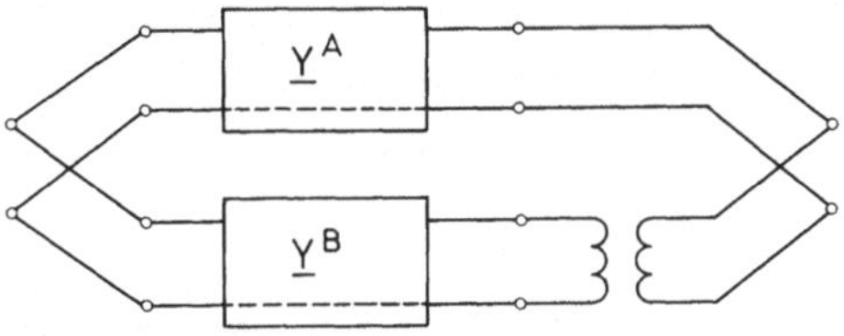

Reihen-Parallelschaltung:

$$\underline{H} = \underline{H}^A + \underline{H}^B$$

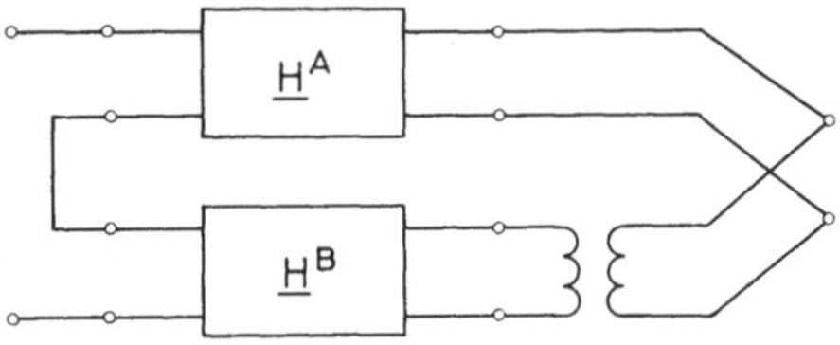

Parallel-Reihenschaltung:

$$\underline{G} = \underline{G}^A + \underline{G}^B$$

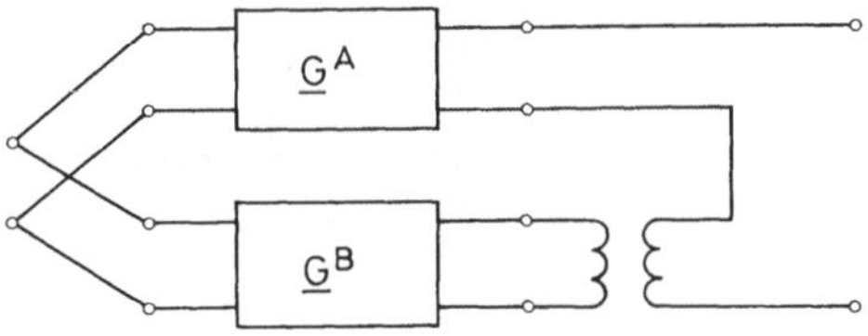

Kettenschaltung:

$$\underline{A} = \underline{A}^A \cdot \underline{A}^B$$

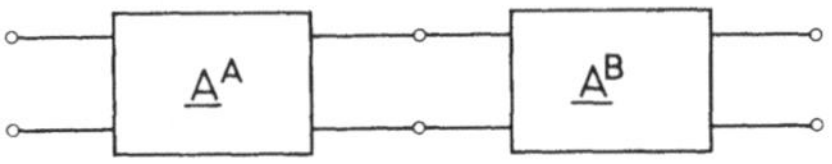

Kettenschaltung in Kehrlage:

$$\underline{B} = \underline{B}^A \cdot \underline{B}^B$$

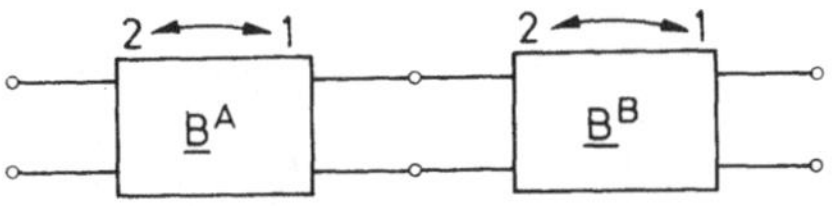

Bei Reihen- und Parallelschaltung können ideale Übertrager (1 : 1) entfallen, falls durchgehende Leiter (gestrichelt) vorhanden.

Der Ansatz mit einem der in Kapitel 4 besprochenen Analyseverfahren, nämlich der Schleifen- oder Knotenanalyse, führt - ggf. nach
Elimination nicht gewünschter Variabler - unmittelbar und o h n e
Auflösung des Gleichungssystems auf eine Vierpolmatrix. Und zwar
ergibt sich

    mit der Schleifenanalyse die Impedanzmatrix $\underline{Z}$,
    mit der Knotenanalyse die Admittanzmatrix $\underline{Y}$.

Man wird bei einem gegebenen Netzwerk in der Regel dasjenige
Analyseverfahren wählen, das die geringste Zahl von Unbekannten
und damit die geringste Zahl oder ggf. gar keine Elimination erfordert. Aus der sich ergebenden Z oder Y-Matrix läßt sich dann
jede beliebige Vierpolmatrix nach Tab.11.2 berechnen.

Beispiel 11.1

a) Gesucht sind die Vierpolgleichungen einer sog. Doppel-T-Schaltung folgender Konfiguration mit normierten Bauelementen:

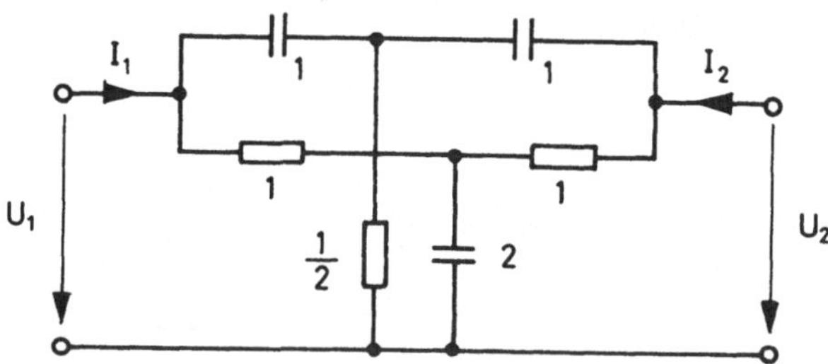

Eine Gesamtanalyse ist selbstverständlich möglich. Es ist jedoch
vorteilhafter, den Gesamtvierpol nach Tab.11.4 als Parallelschaltung der beiden folgenden Teilvierpole A und B zu betrachten
und seine Y-Matrix durch Addition der Y-Matrizen der Teilvierpole
zu berechnen:

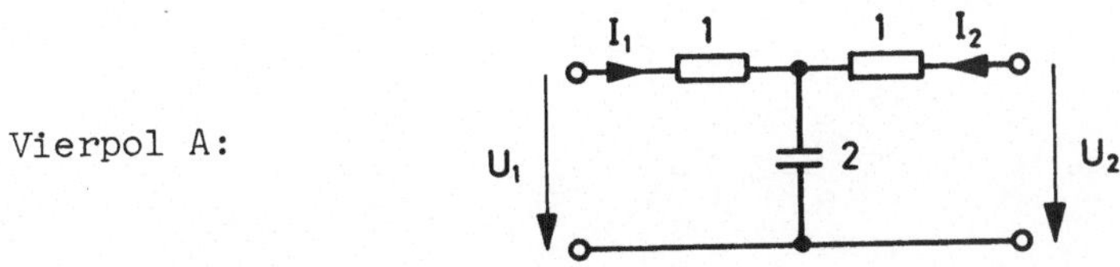

Vierpol A:

Zur direkten Berechnung der Y-Matrix wäre Knotenanalyse mit drei
Variablen (einer Elimination) erforderlich. Die Schleifenanalyse
dagegen liefert mit den beiden Schleifenströmen I_1 und I_2 sofort
die Z-Matrix, aus der sich die Y-Matrix dann nach Tab.11.2 berechnen läßt.

Schleifenanalyse:
$$\begin{pmatrix} 1+\dfrac{1}{2s} & \dfrac{1}{2s} \\[2ex] \dfrac{1}{2s} & 1+\dfrac{1}{2s} \end{pmatrix} \begin{pmatrix} I_1 \\[2ex] I_2 \end{pmatrix} = \begin{pmatrix} U_1 \\[2ex] U_2 \end{pmatrix} \quad ,$$

d.h.
$$Z_{11}^{A} = Z_{22}^{A} = 1+\frac{1}{2s}$$
$$Z_{12}^{A} = Z_{21}^{A} = \frac{1}{2s} \quad .$$

Determinante:
$$|Z|^{A} = Z_{11}^{A}\, Z_{22}^{A} - Z_{12}^{A}\, Z_{21}^{A} = 1+\frac{1}{s} \quad .$$

Nach Tab.11.2:
$$Y_{11}^{A} = Y_{22}^{A} = \frac{Z_{22}^{A}}{|Z|^{A}} = \frac{1+\dfrac{1}{2s}}{1+\dfrac{1}{s}} = \frac{2s+1}{2s+2}$$

$$Y_{12}^{A} = Y_{21}^{A} = -\frac{Z_{12}^{A}}{|Z|^{A}} = -\frac{\dfrac{1}{2s}}{1+\dfrac{1}{s}} = -\frac{1}{2s+2} \quad .$$

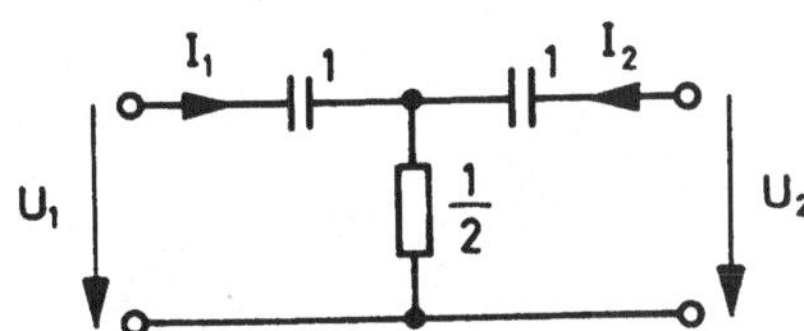

Vierpol B:

Schleifenanalyse:
$$\begin{pmatrix} \dfrac{1}{2}+\dfrac{1}{s} & \dfrac{1}{2} \\[2ex] \dfrac{1}{2} & \dfrac{1}{2}+\dfrac{1}{s} \end{pmatrix} \begin{pmatrix} I_1 \\[2ex] I_2 \end{pmatrix} = \begin{pmatrix} U_1 \\[2ex] U_2 \end{pmatrix} \quad ,$$

d.h.

$$Z_{11}^{B} = Z_{22}^{B} = \frac{1}{2} + \frac{1}{s}$$

$$Z_{12}^{B} = Z_{21}^{B} = \frac{1}{2} \quad .$$

Determinante:

$$|Z|^{B} = \frac{1}{s} + \frac{1}{s^{2}} \quad .$$

Damit nach Tab.11.2:

$$Y_{11}^{B} = Y_{22}^{B} = \frac{\frac{1}{2} + \frac{1}{s}}{\frac{1}{s} + \frac{1}{s^{2}}} = \frac{s^{2} + 2s}{2s + 2}$$

$$Y_{12}^{B} = Y_{21}^{B} = -\frac{\frac{1}{2}}{\frac{1}{s} + \frac{1}{s^{2}}} = -\frac{s^{2}}{2s + 2} \quad .$$

Für den Gesamtvierpol als Parallelschaltung der Teilvierpole A
und B ergeben sich die Elemente der Y-Matrix nach Tab.11.4 durch
Addition der entsprechenden Elemente der Teilvierpole A und B:

$$Y_{11} = Y_{22} = Y_{11}^{A} + Y_{11}^{B} = \frac{s^{2} + 4s + 1}{2s + 2}$$

$$Y_{12} = Y_{21} = Y_{12}^{A} + Y_{12}^{B} = -\frac{s^{2} + 1}{2s + 2} \quad .$$

b) Vom Teilvierpol B seien die π- und X-Ersatzschaltung gesucht.

π-Schaltung: Nach Tab.11.1 treten in der π-Schaltung die beiden
Querleitwerte

$$Y_{11}^{B} + Y_{12}^{B} = \frac{2s}{2s + 2} = \frac{1}{1 + \frac{1}{s}}$$

und der Längsleitwert

$$-Y_{12} = \frac{s^{2}}{2s + 2}$$

auf. Dieser ist nicht realisierbar, da $-Y_{12}$ schon wegen des Grad-unterschiedes keine p.r. Funktion sein kann.

X-Schaltung: Nach Tab.11.3 wird

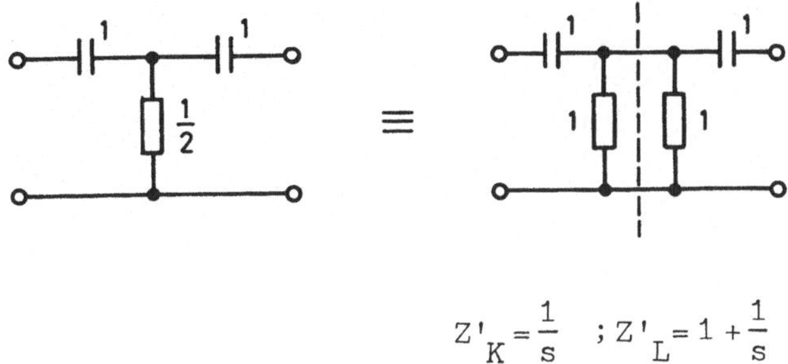

$$Z'_K = \frac{1}{s} \quad ; Z'_L = 1 + \frac{1}{s}$$

Damit:

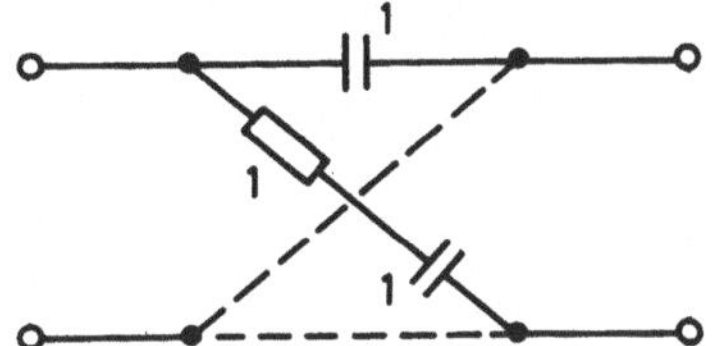

Beispiel 11.2

Die Vierpolgleichungen folgender Schaltung (mit normierten Bau-elementen) sind gesucht:

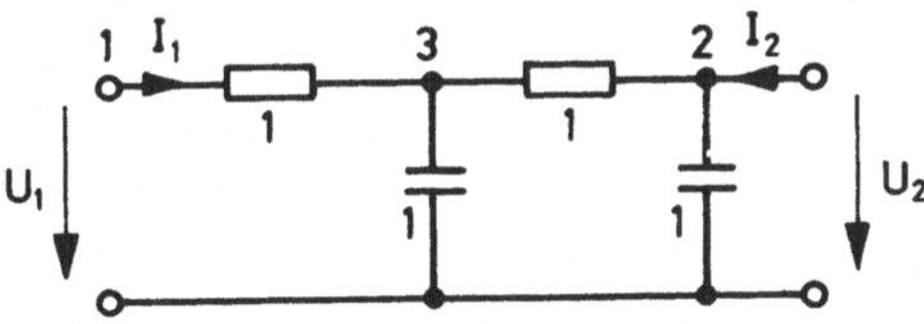

Der Struktur nach ist dies eine sog. Abzweigschaltung, die sich auch auf andere Weise analysieren läßt (vgl. Abschnitt 11.4.). Hier soll jedoch mit Schleifen- oder Knotenanalyse gearbeitet werden.

Die Schaltung erfordert in jedem Falle 3 Variable, ob man nun Schleifen- oder Knotenanalyse verwendet. In beiden Fällen muß eine

Variable eliminiert werden. Man wird also die Schleifenanalyse ansetzen, wenn man die Z-Matrix und die Knotenanalyse, wenn man die Y-Matrix haben will.

Knotenanalyse:

$$\begin{pmatrix} 1 & 0 & -1 \\ 0 & s+1 & -1 \\ -1 & -1 & s+2 \end{pmatrix} \begin{pmatrix} U_1 \\ U_2 \\ U_3 \end{pmatrix} = \begin{pmatrix} I_1 \\ I_2 \\ 0 \end{pmatrix} \, .$$

Elimination von U_3 (dritte Gleichung mit $\dfrac{1}{s+2}$ multipliziert und zur ersten und zweiten addiert):

$$\begin{pmatrix} 1 - \dfrac{1}{s+2} & -\dfrac{1}{s+2} \\ -\dfrac{1}{s+2} & s+1 - \dfrac{1}{s+2} \end{pmatrix} \begin{pmatrix} U_1 \\ U_2 \end{pmatrix} = \begin{pmatrix} I_1 \\ I_2 \end{pmatrix} \, .$$

Damit lautet die gesuchte Y-Matrix:

$$\underline{Y} = \frac{1}{s+2} \begin{pmatrix} s+1 & -1 \\ -1 & s^2 + 3s + 1 \end{pmatrix} \, .$$

11.3. Der beschaltete Vierpol

Die Vierpolgleichungen sind eine allgemeine, vom Betriebszustand unabhängige Beschreibung des Vierpols. Die Elemente der Matrizen hängen nur vom Vierpol selbst ab. Sie stellen, wie im Abschnitt 11.1. und in Tab.11.1 angegeben, Systemfunktionen (Übersetzungen, Transimmittanzen oder Immittanzen) für besondere Fälle, nämlich Leerlauf oder Kurzschluß, dar.

In der Praxis hat man es jedoch meist mit beschalteten Vierpolen zu tun, d.h. die Vierpole werden nach Bild 11.2 zwischen einem

Generator mit Quellenimmittanz und einer Lastimmittanz betrieben.

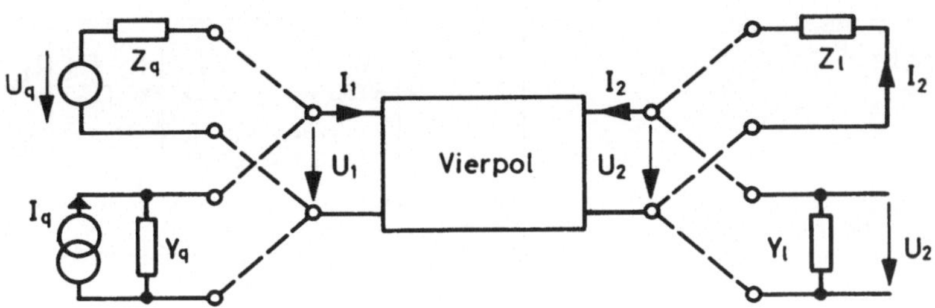

Bild 11.2. Beschalteter Vierpol

Die Quelle kann wahlweise als Spannungs- oder Stromquelle aufge-
faßt werden. Die Last kann man als Längswiderstand mit nachfolgendem Kurzschluß oder als Querleitwert mit nachfolgendem Leerlauf interpretieren, was selbstverständlich dasselbe ist.

Aus Bild 11.2 liest man ab:

$$U_2 = -\, Z_l I_2 \quad \text{oder} \quad I_2 = -\, Y_l U_2 \qquad\qquad (11.3a)$$

$$U_1 = U_q - I_1 Z_q \quad \text{oder} \quad I_1 = I_q - Y_q U_1 \quad . \qquad (11.3b)$$

Mit Gl.(11.3) und einem beliebigen Paar von Vierpolgleichungen
hat man vier Gleichungen für die vier Unbekannten U_1, U_2, I_1 und
I_2, mit denen jede gewünschte Übersetzung und (Trans)Immittanz
berechenbar ist. Dieses Verfahren erfordert Rechenarbeit, die
man sich mit folgender Betrachtungsweise sparen kann:

Die Vierpoleigenschaften seien durch eine der Matrizen $\underline{Z}$, $\underline{Y}$, $\underline{H}$ oder
$\underline{G}$ beschrieben. Zeichnet man die entsprechenden Ersatzschaltbilder
aus Tab.11.1 in Bild 11.2 ein, entsteht Tab.11.5. Die Beschaltung
läßt sich dabei stets so wählen, daß sich ihre Elemente in einfacher Weise zu den Hauptdiagonalelementen der Matrix des gegebenen Vierpols addieren lassen. Es entstehen damit die in Tab.11.5
gestrichelt gezeichneten Vierpole, die in Kurzschluß oder Leerlauf betrieben werden und die von einer idealen Spannungs- oder
Stromquelle gespeist werden. Damit läßt sich jeder dieser gestri-

Tabelle 11.5. Der beschaltete Vierpol

Z-Matrix des gestrichel-
ten Vierpols:

$$\begin{pmatrix} Z_{11} + Z_q & Z_{12} \\ Z_{21} & Z_{22} + Z_1 \end{pmatrix}$$

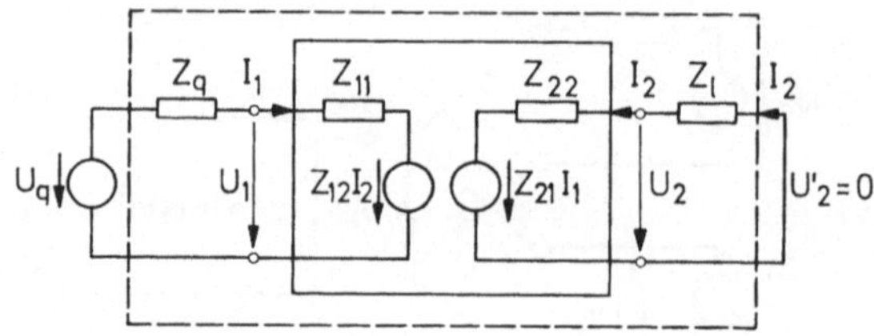

Y-Matrix des gestrichel-
ten Vierpols:

$$\begin{pmatrix} Y_{11} + Y_q & Y_{12} \\ Y_{21} & Y_{22} + Y_1 \end{pmatrix}$$

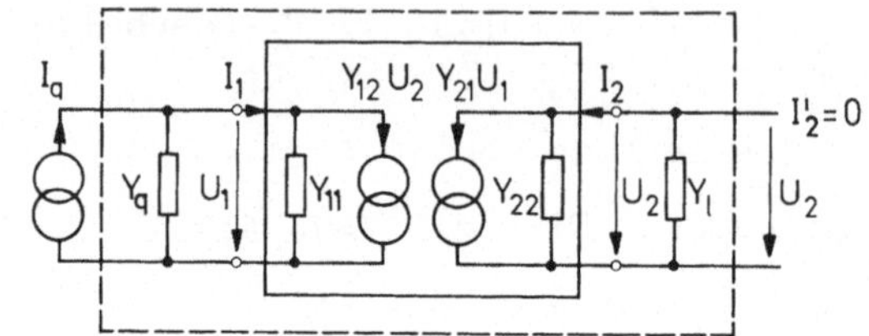

H-Matrix des gestrichel-
ten Vierpols:

$$\begin{pmatrix} H_{11} + Z_q & H_{12} \\ H_{21} & H_{22} + Y_1 \end{pmatrix}$$

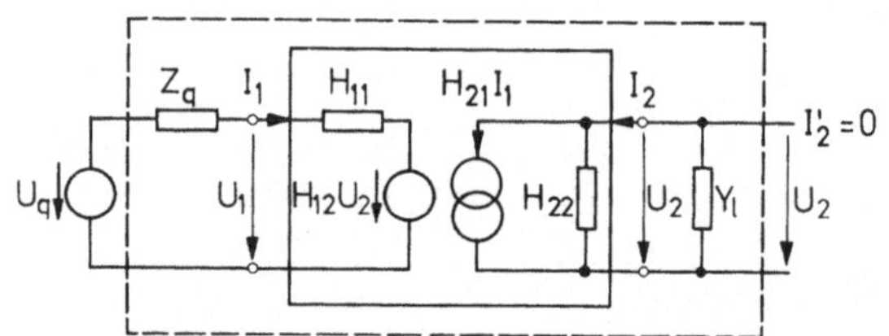

G-Matrix des gestrichel-
ten Vierpols:

$$\begin{pmatrix} G_{11} + Y_q & G_{12} \\ G_{21} & G_{22} + Z_1 \end{pmatrix}$$

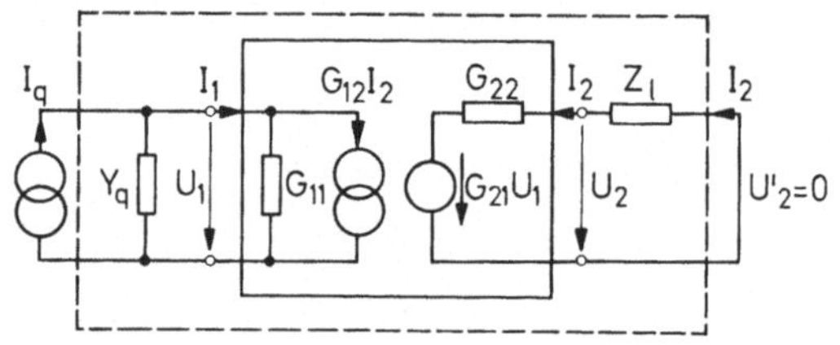

chelten Vierpole wie ein u n b e s c h a l t e t e r Vierpol behandeln,
und jede gewünschte Übertragungsgröße kann mit Hilfe der Tab.11.1
und 11.2 sofort hingeschrieben werden, wobei ggf. noch Gl.(11.3a)
benötigt wird. Zu beachten ist lediglich, daß sich die gestrichelten Vierpole untereinander nicht nach Tab.11.2 umrechnen lassen,
da sie ja durch die Art der Beschaltung verschieden sind. Zu einer
derartigen Umrechnung besteht allerdings auch keine Veranlassung.
Am Beispiel eines durch die Z-Matrix gegebenen Vierpols sollen
alle Transferfunktionen aus Tab.10.3 angegeben werden:

Die Transadmittanz I_2/U_q entspricht nach Tab.11.1 dem Element

$$Y_{21} = \left. \frac{I_2}{U_q} \right|_{U'_2 = 0}$$

des gestrichelten Vierpols in Tab.11.5. Dieses Element ist nicht
bekannt, da der Vierpol ja durch seine Z-Matrix beschrieben ist.
Aus Tab.11.2 folgt aber für den gestrichelten Vierpol:

$$Y_{21} = \frac{-Z_{21}}{|Z|} \qquad .$$

Setzt man nun die Elemente des gestrichelten Vierpols aus Tab.11.5
ein, hat man sofort das Ergebnis:

$$\frac{I_2}{U_q} = - \frac{Z_{21}}{(Z_{11} + Z_q)(Z_{22} + Z_1) - Z_{12}Z_{21}} \qquad . \tag{11.4}$$

Die Spannungsübersetzung U_2/U_q folgt daraus sofort mit Gl.(11.3a):

$$\frac{U_2}{U_q} = \frac{Z_{21}\, Z_1}{(Z_{11} + Z_q)(Z_{22} + Z_1) - Z_{12}Z_{21}} \qquad . \tag{11.5}$$

Die Stromübersetzung I_2/I_1 und die Transimpedanz U_2/I_1 haben keine
Bedeutung als Übertragungsgrößen, da I_1 keine Eigenschaft der
Quelle ist. Man kann jedoch in Gl.(11.4) und (11.5)

$$U_q = I_q Z_q \tag{11.6}$$

setzen und erhält dann Stromverstärkung und Transimpedanz, bezogen auf den Kurzschlußstrom der Quelle.

Dagegen interessiert noch eine Zweipolfunktion, nämlich die Eingangsimpedanz U_1/I_1 des mit Z_1 abgeschlossenen Vierpols. Hierfür
setzt man $Z_q = 0$, wodurch $U_q = U_1$ wird. Nach Tab.11.1 und 11.2

findet man das gesuchte Verhältnis als $1/Y_{11} = |Z|/Z_{22}$ des gestrichelten, jedoch mit $Z_q = 0$ beschalteten Vierpols:

$$\frac{U_1}{I_1} = Z_{11} - \frac{Z_{12}Z_{21}}{Z_{22} + Z_1} \quad . \tag{11.7}$$

In entsprechender Weise lassen sich die interessierenden Übertragungsgrößen ermitteln, wenn der Vierpol durch eine der drei übrigen Matrizen $\underline{Y}$, $\underline{H}$ oder $\underline{G}$ beschrieben wird.

Beispiel 11.3

Die Y-Matrix der Doppel-T-Schaltung aus Beispiel 11.1a lautete:

$$\underline{Y} = \frac{1}{2s + 2} \begin{pmatrix} s^2 + 4s + 1 & - (s^2 + 1) \\[2ex] - (s^2 + 1) & s^2 + 4s + 1 \end{pmatrix} \quad .$$

Dieser Vierpol werde nun nach Bild 11.2 zwischen einer Last und einer Stromquelle mit den normierten Admittanzen $Y_1 = 1$ und $Y_q = 1$ betrieben.

Gesucht sei die Transimpedanz:

$$A(s) = \frac{U_2}{I_q} \quad .$$

Sie entspricht nach Tab.11.1 und 11.2 dem Element

$$Z_{21} = - \frac{Y_{21}}{|Y|}$$

des gestrichelten Vierpols in Tab.11.5. Es folgt mit dessen Y-Parametern (Addition von 1 zu den Elementen der Hauptdiagonale):

$$A(s) = \frac{U_2}{I_q} = (2s + 2) \frac{s^2 + 1}{(s^2 + 6s + 3)^2 - (s^2 + 1)^2} \quad .$$

Die Funktion soll hier nicht näher untersucht werden.   ■

Das genannte Verfahren läßt sich nicht in dieser Weise verwenden,
wenn die Vierpoleigenschaften durch die A- oder B-Matrix gegeben
sind, da hierzu keine Ersatzschaltbilder existieren. Man verwendet in diesem Fall eine Umrechnung aus anderen Parametern oder
eine direkte Berechnung, wie sie zu Beginn dieses Abschnittes beschrieben wurde.

Ist z.B. der Vierpol durch die A-Matrix gegeben ,

$$U_1 = A_{11}U_2 + A_{12}(-I_2)$$
$$I_1 = A_{21}U_2 + A_{22}(-I_2) \quad , \tag{11.8}$$

so folgen die oben in den Z-Parametern ausgedrückten Größen (bzw.
ihre Kehrwerte) mit Hilfe der Gl.(11.3) nach einigen Umrechnungen
zu:

$$\frac{U_q}{-I_2} = Z_1 A_{11} + A_{12} + Z_q Z_1 A_{21} + Z_q A_{22} \tag{11.9}$$

$$\frac{U_q}{U_2} = A_{11} + \frac{1}{Z_1} A_{12} + Z_q A_{21} + \frac{Z_q}{Z_1} A_{22} \quad . \tag{11.10}$$

Auch hier kann man mit $U_q = Z_q I_q$ auf den Kurzschlußstrom der Quelle
beziehen. Der Eingangswiderstand ergibt sich zu:

$$\frac{U_1}{I_1} = \frac{A_{11}Z_1 + A_{12}}{A_{21}Z_1 + A_{22}} \quad . \tag{11.11}$$

11.4. Abzweigschaltungen

Eine besondere und häufig vorkommende Struktur bei Vierpolen ist
die sog. Abzweigschaltung nach Bild 11.3. Man kann eine solche
Schaltung selbstverständlich mit der Schleifen- oder Knotenanalyse

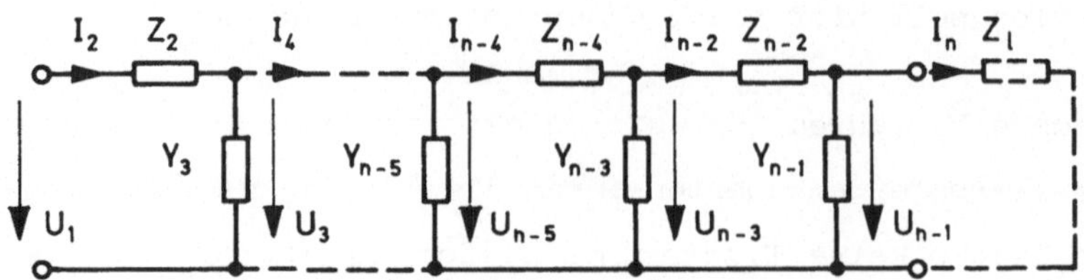

Bild 11.3. Abzweigschaltung

berechnen. Bei hoher Gliederzahl benötigt man jedoch sehr viele Variablen. Einfacher ist dann folgendes Verfahren:

Man numeriert Ströme und Spannungen sowie Bauelemente in der angegebenen Weise. Nun wendet man, am Ende beginnend, abwechselnd die Knoten- und Schleifenregel an:

$$I_{n-2} = I_n + Y_{n-1} U_{n-1}$$

$$U_{n-3} = U_{n-1} + Z_{n-2} I_{n-2}$$

$$I_{n-4} = I_{n-2} + Y_{n-3} U_{n-3}$$

$$U_{n-5} = U_{n-3} + Z_{n-4} I_{n-4} \qquad\qquad (11.12)$$

$$\dots\dots\dots\dots\dots\dots\dots\dots$$

$$I_2 = I_4 + Y_3 U_3$$

$$U_1 = U_3 + Z_2 I_2 \quad .$$

Setzt man nun die erste Gleichung in die zweite und dritte, dann die zweite Gleichung in die dritte und vierte ein, erhält man U_{n-5} und I_{n-4} als Funktion von U_{n-1} und I_n. Fährt man so fort, erhält man schließlich die Größen U_1 und I_2 als Funktion von U_{n-1} und I_n, d.h. die Kettenmatrix des Vierpols ist bekannt.

Will man nicht die Vierpolmatrix, sondern direkt die Systemfunktion für einen gegebenen Lastwiderstand Z_1 haben (gestrichelt in Bild 11.3), so eliminiert man über

$$U_{n-1} = Z_1 I_n \qquad\qquad (11.13)$$

entweder die Spannung oder den Strom aus der ersten Gleichung und rechnet nur mit der gewünschten Unbekannten bis nach vorne durch, wobei man die Quelle am Eingang mit in die Analyse einbeziehen kann.

Beispiel 11.4

a) Die Schaltung aus Beispiel 11.2 läßt sich auch als Abzweigschaltung analysieren. Die Bauelemente seien dabei allgemein gegeben und die Numerierung nach Bild 11.3 vorgenommen ($n = 6$):

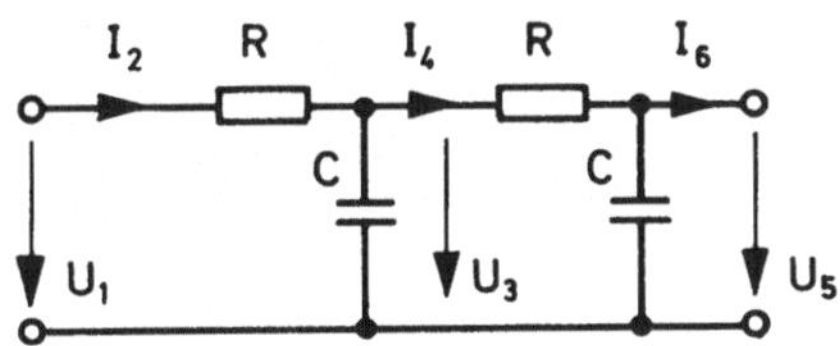

Gesucht sei die Kettenmatrix des Vierpols. Mit Gl.(11.12) ergibt sich:

$$I_4 = I_6 + CsU_5$$

$$U_3 = U_5 + R\,I_4 = (1 + RCs)\,U_5 + R\,I_6$$

$$I_2 = I_4 + CsU_3 = I_6 + CsU_5 + Cs(1 + RCs)\,U_5 + RCsI_6$$

$$= \underbrace{Cs(2 + RCs)}_{A_{21}} U_5 + \underbrace{(1 + RCs)}_{A_{22}} I_6$$

$$U_1 = U_3 + RI_2$$

$$= (1 + RCs)U_5 + RI_6 + R(1 + RCs)I_6 + RCs(2 + RCs)U_5$$

$$= \underbrace{(1 + 3RCs + R^2C^2s^2)}_{A_{11}} U_5 + \underbrace{R(2 + RCs)}_{A_{12}} I_6 \qquad .$$

Daraus folgt die Kettenmatrix $(T = RC)$:

$$\underline{A} = \begin{pmatrix} 1 + 3Ts + T^2 s^2 & R(2 + Ts) \\ \\ Cs(2 + Ts) & 1 + Ts \end{pmatrix} \quad .$$

Bei Darstellung in normierter Form wäre hier $R = C = T = 1$ zu setzen. Eine Umrechnung in die Y-Parameter ergibt dann das Ergebnis aus Beispiel 11.3.

b) Die Schaltung sei mit dem Widerstand R abgeschlossen und aus einer Quelle U_q mit Innenwiderstand R gespeist. Gesucht sei die Systemfunktion:

$$A(s) = \frac{U_5}{U_q} \quad .$$

Mit $I_6 = \frac{1}{R} U_5$ wird:

$$I_4 = \left(\frac{1}{R} + Cs\right) U_5$$

$$U_3 = U_5 + R I_4 = (2 + RCs) U_5$$

$$I_2 = I_4 + Cs U_3 = \left(\frac{1}{R} + 3Cs + RC^2 s^2\right) U_5$$

$$U_q = U_3 + 2R I_2 = (4 + 7RCs + 2R^2 C^2 s^2) U_5 \quad .$$

Daraus mit $T = RC$:

$$A(s) = \frac{1}{2T^2 s^2 + 7Ts + 4} \quad .$$

Zum selben Ergebnis führt die Berechnung aus der Kettenmatrix mit Gl.(11.10), wenn man $Z_q = Z_1 = R$ setzt:

$$\frac{1}{A(s)} = A_{11} + \frac{1}{R} A_{12} + R A_{21} + A_{22}$$

$$= 1 + 3Ts + T^2 s^2 + 2 + Ts + 2Ts + T^2 s^2 + 1 + Ts$$

$$= 2T^2 s^2 + 7Ts + 4 \quad .$$

Der Eingangswiderstand einer Schaltung nach Bild 11.3 ergibt sich
in Kurzschreibweise nach Gl.(10.62b) zu

$$Z(s) = \frac{U_1}{I_1} = Z_2 + \left| Y_3 + \right| Z_4 + \left| \ldots\ldots\ldots \right. \quad , \tag{11.14}$$

ist also ein Kettenbruch, weswegen eine Abzweigschaltung als Zweipol auch K e t t e n b r u c h s c h a l t u n g heißt. Diese Tatsache
spielt eine Rolle in der Netzwerksynthese: Falls eine positiv
reelle Funktion, d.h. eine Zweipolfunktion, eine durchgehende
Kettenbruchentwicklung besitzt, läßt sie sich als Abzweigschaltung
realisieren, wobei die Bauelemente aus dem Kettenbruch direkt
ablesbar sind. Da spezielle Zweipolfunktionen stets eine durchgehende Kettenbruchentwicklung haben müssen, ist die Kettenbruchschaltung eine der Möglichkeiten der Synthese solcher Zweipole
(vgl. Abschnitt 10.6.2.2. und Beispiel 10.9).

11.5. Wellenparameter symmetrischer Vierpole

Neben der Beschreibung eines Vierpols mit Hilfe einer der genannten Vierpolmatrizen gibt es noch die klassische Darstellung der
Vierpoleigenschaften mit Hilfe der sog. Wellenparameter. Die Wellenparametertheorie für Vierpole stammt aus Analogiebetrachtungen
zur Leitungstheorie und war früher praktisch die einzige Methode
für Berechnung und Entwurf von Filtern. Wegen ihrer Durchsichtig-
keit wird sie trotz ihrer Unvollkommenheit z.T. auch heute noch
gebraucht, wenn mit geringem rechnerischen Aufwand und unter Verzicht auf genaue und optimale Ergebnisse ein Filter entworfen werden soll.

Hier kann lediglich eine kurze Einführung unter Beschränkung auf
u m k e h r b a r e   s y m m e t r i s c h e Vierpole gegeben werden. Die
Zusammenhänge sind in Tab.11.6 dargestellt.

Tabelle 11.6. Wellenparameter umkehrbarer symmetrischer Vierpole

Definitionen:

Wellenwiderstand Z:

Z_L Leerlaufwiderstand $\left. \dfrac{U_1}{I_1} \right|_{I_2 = 0}$

$$Z = \sqrt{Z_L Z_K}$$

Z_K Kurzschlußwiderstand $\left. \dfrac{U_1}{I_1} \right|_{U_2 = 0}$

Wellenübertragungsmaß g (Wellendämpfung a, Wellenphase b):

$$g = a + jb = \ln \frac{U_1}{U_2} = \ln \frac{I_1}{-I_2} \quad \text{für } U_2 = -ZI_2$$

Zusammenhang zwischen Z,g und Kettenmatrix $\underline{A}\,(A_{22} = A_{11};\ |A| = 1)$:

$$Z = \sqrt{\frac{A_{12}}{A_{21}}}$$

$$\underline{A} = \begin{pmatrix} A_{11} & A_{12} \\ A_{21} & A_{22} \end{pmatrix} = \begin{pmatrix} \cosh g & Z \sinh g \\ \frac{1}{Z} \sinh g & \cosh g \end{pmatrix}$$

$$e^{g} = A_{11} + \sqrt{A_{12} A_{21}} \quad \text{oder} \quad \cosh g = A_{11}$$

Kettenschaltung von Vierpolen mit gleichem Wellenwiderstand:

$$g = \ln \frac{U_1}{U_{n+1}} = \ln \frac{I_1}{-I_{n+1}}$$

$$g = a + jb = \sum_{i=1}^{n} g_i = g_1 + g_2 + \dots g_n \quad \text{d.h.} \quad a = a_1 + a_2 + \dots a_n; \quad b = b_1 + b_2 + \dots b_n$$

Ein umkehrbarer symmetrischer Vierpol kann nach Abschnitt 11.1. durch zwei komplexe Parameter beschrieben werden. In der Wellenparametertheorie sind dies:

Wellenwiderstand Z

Wellenübertragungsmaß g.

Der Wellenwiderstand ist definiert als das geometrische Mittel aus Leerlaufwiderstand Z_L und Kurzschlußwiderstand Z_K eines Vierpols:

$$Z = \sqrt{Z_L Z_K} \quad . \tag{11.15}$$

Diese Definition ist so getroffen, daß ein mit seinem Wellenwiderstand abgeschlossener Vierpol als Eingangswiderstand ebenfalls den Wellenwiderstand besitzt. Dies kann man z.B. mit Gl.(11.11) zeigen. Bestimmt man unter Berücksichtigung der Bedingungen für umkehrbare symmetrische Vierpole nach Tab.11.1, nämlich $A_{22} = A_{11}$ und $|A| = 1$, Leerlauf- und Kurzschlußwiderstand aus Gl.(11.11), so folgt mit Gl.(11.15):

$$Z = \sqrt{\frac{A_{12}}{A_{21}}} \quad . \tag{11.16}$$

Setzt man diesen Wert für Z_1 wieder in Gl.(11.11) ein, ergibt das Verhältnis U_1/I_1 ebenfalls den Wert Z. Der Wellenwiderstand ist damit auch definierbar als der Eingangswiderstand einer unendlich langen Kette gleichartiger Vierpole.

Das Wellenübertragungsmaß besteht wie das allgemeine Übertragungsmaß in Abschnitt 10.3.2. aus Wellendämpfung und Wellenphase. Es läßt sich nach Gl.(10.10) definieren, wenn man für $A(s)$ die Spannungs- oder Stromübersetzung des mit seinem Wellenwiderstand abgeschlossenen Vierpols einsetzt (Tab.11.6.):

$$e^{-g} = \frac{U_2}{U_1} = \frac{-I_2}{I_1} \qquad \text{für } U_2 = -ZI_2 \quad . \tag{11.17}$$

$$g = a + jb = \ln \frac{U_1}{U_2} = \ln \frac{I_1}{-I_2}$$

Aus Gl.(11.8) läßt sich das Wellenübertragungsmaß leicht in den Parametern der Kettenmatrix ausdrücken:

$$e^{g} = A_{11} + \sqrt{A_{12}A_{21}} \quad . \tag{11.18}$$

Berücksichtigt man hierin noch $|A| = 1$, so ergibt sich:

$$\frac{1}{2}\left(e^{g} + e^{-g}\right) = \cosh g = A_{11} \quad .$$

$$(11.19)$$

Umgekehrt kann man aus Gln. (11.16, 11.19) und der Bedingung $|A| = 1$ die Elemente der Kettenmatrix in den Wellenparametern ausdrücken. Die Werte sind in Tab.11.6 gegeben. Damit und mit Tab.11.2 ist bei Bedarf auch eine Umrechnung auf beliebige andere Vierpolparameter möglich.

Der Hauptvorteil der Wellenparameter sind die einfachen Verhältnisse bei der Kettenschaltung von Vierpolen mit gleichem Wellenwiderstand (Tab.11.6.).Da jeder Vierpol für sich mit seinem Wellenwiderstand abgeschlossen ist, kann man die Spannungs- oder Stromübersetzung einfach miteinander multiplizieren, d.h. die Wellenübertragungsmaße einfach addieren:

$$e^{-g} = \frac{U_{n+1}}{U_1} = \frac{U_2}{U_1} \cdot \frac{U_3}{U_2} \ \ldots \ \frac{U_{n+1}}{U_n} = e^{-g_1} \cdot e^{-g_2} \ \ldots \ e^{-g_n}$$

$$= e^{-(g_1 + g_2 + \ldots + g_n)}$$

$$(11.20)$$

$$\text{oder} \quad g = g_1 + g_2 + \ldots g_n \quad .$$

$$(11.21)$$

Damit gilt aber auch, daß sich die Wellendämpfungen wie auch die Wellenphasen der einzelnen Vierpole einfach addieren.

Aufgrund dieser einfachen Gesetze ist es z.B. möglich, Filter für verschiedene Anforderungen aus ganz einfachen und leicht zu berechnenden Grundgliedern aufzubauen und, je nach verlangten Eigenschaften, eine entsprechende Anzahl Grundglieder in Kette zu schalten. Nach diesem Prinzip wurden vor Einführung moderner Syntheseverfahren praktisch alle Filter entworfen.

Der Nachteil dieser Wellenparametertheorie besteht darin, daß ihre Voraussetzungen im praktischen Betrieb selten erfüllt sind. Der

vorgeschriebene Lastwiderstand ist der Wellenwiderstand Z, der
nach Gl.(11.15) oder (11.16) als Wurzel aus rationalen Funktionen
i.a. keine rationale Funktion und daher nicht realisierbar ist.
In der Regel wird ein Vierpol nach Bild 11.2 zwischen Generator
und Last betrieben. Der geforderte Lastwiderstand Z kann durch
einen realisierbaren Widerstand Z_1, etwa durch einen Ohmschen
Widerstand R, nur angenähert werden. Das gleiche gilt für den
Generatorwiderstand. Infolgedessen treten in den Betriebsparame-
tern, d.h. den tatsächlich im Betrieb vorhandenen Übersetzungen,
Dämpfungen und Phasen, mehr oder weniger große Abweichungen von
den Wellenparametern auf, die man in Kauf nehmen muß.

So definiert man z.B. als B e t r i e b s ü b e r s e t z u n g zwischen
gleichen und reellen Widerständen die Spannung an einem reellen
Lastwiderstand $Z_1 = R$, bezogen auf die halbe Leerlaufspannung
$U_q/2$ eines Generators mit dem reellen Innenwiderstand $Z_q = R$. Hierfür ergibt sich aus Gl.(11.10):

$$e^{g_B} = \frac{U_q/2}{U_2} = \frac{1}{2} \left(A_{11} + \frac{1}{R} A_{12} + R A_{21} + A_{22} \right) \quad , \qquad (11.22)$$

und das Betriebsübertragungsmaß folgt durch Logarithmieren dieses
Ausdruckes. Drückt man die Parameter der Kettenmatrix nach Tab.11.6
in den Wellenparametern aus, so folgt nach einigen Umrechnungen:

$$e^{g_B} = e^{g} \frac{(R+Z)^2}{4RZ} \left[1 - e^{-2g} \cdot \left(\frac{R-Z}{R+Z} \right)^2 \right] \quad . \qquad (11.23)$$

Für $R = Z$ würden Wellen- und Betriebsübersetzung gleich sein, d.h.
auch die Übertragungsmaße wären gleich: $g_B = g$. Je nachdem, wie
stark R von Z abweicht, ergeben sich Unterschiede infolge der sog.
Fehlanpassung $R \neq Z$ am Ein- und Ausgang des Vierpols.

Wegen dieser Nachteile der Wellenparametertheorie entstand die
sog. B e t r i e b s p a r a m e t e r t h e o r i e und damit die moderne
Netzwerksynthese. Für einfache und rasch zu lösende Probleme wird

die Wellenparametertheorie jedoch noch verwendet. Angaben über
den Entwurf von Filtern nach der Wellenparametertheorie findet
man in der Literatur [15; 16, S.107 ff.].

11.6. Zusammenfassung

Im Kapitel 11 wurde nur ein Abriß der Vierpoltheorie gegeben. Die
Definitionen der Vierpolgleichungen führen auf sechs verschiedene
Matrizen, deren Elemente anschauliche Bedeutung haben (Tab.11.1).
Dabei ist auf die Zählrichtungen zu achten. Aus einigen Matrizen
folgen anschauliche Ersatzschaltbilder. Die Bedingungen für
Umkehrbarkeit und Symmetrie lassen sich angeben.

Die Vierpolmatrizen sind alle ineinander umrechenbar (Tab.11.2),
was bei praktischen Berechnungen mit Vorteil ausgenutzt werden
kann.

Für umkehrbare symmetrische Vierpole existiert stets eine äquivalente X-Schaltung, die sich nach Tab.11.3 finden läßt.

Bei Zusammenschaltungen von Vierpolen ergeben sich, je nach Art,
einfache Beziehungen in jeweils einer der sechs verschiedenen
Matrixdarstellungen.

Zur Berechnung der Vierpolmatrizen kann ein beliebiges Analyseverfahren verwendet werden. Durch zweckmäßige Auswahl und ggf. durch
Aufteilung in Teilvierpole kann Arbeit gespart werden.

Der beschaltete Vierpol erfordert in der Regel einen gewissen
Rechenaufwand, je nach der gesuchten Systemfunktion. Durch eine
geeignete Betrachtungsweise kann der beschaltete auf einen unbe-
schalteten Vierpol zurückgeführt werden (Tab.11.5), wodurch die
interessierenden Systemfunktionen sehr einfach angegeben werden
können.

Für die sog. Abzweigschaltungen ist der Schleifen- oder Knotenanalyse ein spezielles Analyseverfahren unter Umständen vorzu-
ziehen.

Schließlich ist noch eine Beschreibung der Vierpole mit Hilfe der
Wellenparameter möglich. Für umkehrbare symmetrische Vierpole
sind die Wellenparameter in Tab.11.6 definiert, und es ist ihr
Zusammenhang mit den Elementen der Kettenmatrix und damit auch
aller übriger Matrizen angegeben. Die Berechnung von Schaltungen
nach der Wellenparametertheorie liefert in der Regel nur Nähe-
rungslösungen, da die Wellenwiderstände nicht exakt realisierbar
sind.

12. Filter und Allpässe

12.1. Filter

Eines der wichtigsten Anwendungsgebiete von Vierpolen in der
Übertragungstechnik sind die Filter. Sie haben die Aufgabe,
Schwingungen in einem gegebenen Frequenzbereich möglichst unge-
schwächt zu übertragen und in anderen Frequenzbereichen möglichst
vollständig zu sperren. Ihr Charakteristikum ist also in erster Linie
der Verlauf der Dämpfung als Funktion der Frequenz. Hiernach unterscheidet man vier Grundtypen nach Tab.12.1: T i e f p a ß , H o c h p a ß ,
B a n d p a ß und B a n d s p e r r e .

Tabelle 12.1. Filtertypen

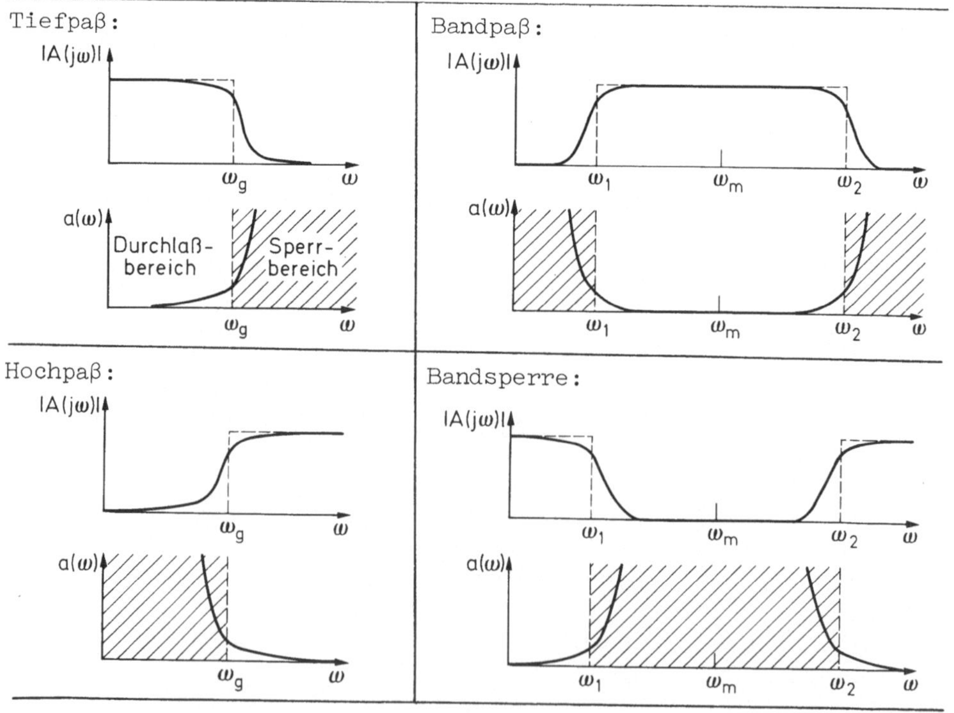

Der Tiefpaß hat die Aufgabe, alle Frequenzen unterhalb einer
Grenzfrequenz ω_g durchzulassen und oberhalb dieser Frequenz zu
sperren. Beim sog. idealen Tiefpaß müßte die Dämpfung bis zur
Frequenz ω_g Null sein und dann auf einen unendlich hohen Wert
springen (gestrichelt in Tab.12.1). Dementsprechend unterscheidet
man einen D u r c h l a ß - und einen S p e r r b e r e i c h . Ideale
Filter sind nicht realisierbar; die Dämpfung eines realen Filters
wird also vom Durchlaß- zum Sperrbereich mehr oder weniger steil
ansteigen und bei der Grenzfrequenz irgend einen vorgeschriebenen
Wert annehmen. Entsprechendes gilt für die anderen Typen. Bandpaß
und Bandsperre haben als Durchlaß- bzw. Sperrbereich ein Frequenz-
band, das sich von einer unteren Grenzfrequenz ω_1 über die Bandmittenfrequenz ω_m bis zur oberen Grenzfrequenz ω_2 erstreckt. Bandpaß und Bandsperre kann man sich aus Tief- und Hochpaß zusammengesetzt, oder durch Verschiebung eines zu negativen Frequenzen
hin ergänzten Tief- und Hochpasses um die Frequenz ω_m entstanden
denken.

12.1.1. Normierter Tiefpaß und Frequenztransformation

Ein wichtiges Hilfsmittel beim Entwurf von Filtern ist die Frequenztransformation. Sie gestattet es, ein gewünschtes Filter,
also Hochpaß, Bandpaß, Bandsperre oder auch kompliziertere Filter,
als Tiefpaß zu entwerfen. Dies ist wesentlich einfacher, da der
Grad der Systemfunktion beim Tiefpaß nur halb so hoch ist wie z.B.
beim Bandpaß. Ist die Systemfunktion des Tiefpasses bekannt, so
kann man durch Frequenztransformation daraus die Systemfunktion
eines anderen Filters "erzeugen". Die dazugehörige Schaltung
findet man, indem man Spulen und Kondensatoren des Tiefpasses,
also die Reaktanzen, entsprechend dieser Transformation durch
andere Zweipole ersetzt. Man spricht daher auch von "Reaktanz-
transformation".

Die allgemeine Transformation ergibt sich, indem man in der Systemfunktion des normierten Tiefpasses den Übergang

$$s \;\to\; F(s) \tag{12.1}$$

vornimmt, d.h. s durch eine Funktion von s ersetzt. Diese Funktion
muß eine LC-Funktion sein, da man nur dann die Bauelemente L und
C des Tiefpasses durch realisierbare LC-Zweipole ersetzen kann.

Hier sollen nur die einfachen Transformationen aus dem Tiefpaß
in den Hochpaß, Bandpaß und in die Bandsperre betrachtet werden.
Die dazugehörigen Frequenztransformationen und die Änderung der
Bauelemente sind in Tab.12.2 zusammengestellt. Alle Werte der
Frequenz und der Bauelemente sind als normiert zu betrachten.

Gegeben sei ein Tiefpaß nach Bild 12.1 mit Last- und Generatorwiderstand, wie er in Beispiel 5.2 betrachtet wurde, hier jedoch
normiert dargestellt ist:

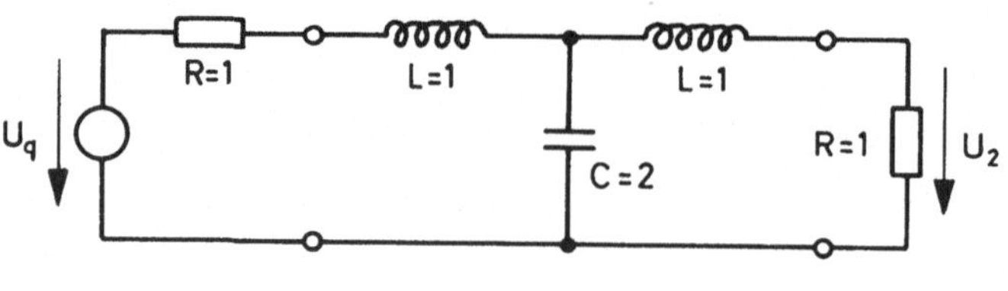

Bild 12.1. Tiefpaß

Wie sich aus den Ergebnissen des Beispiels 5.1 leicht angeben läßt,
beträgt seine Betriebsübersetzung $A(s) = 2U_2/U_q$ in normierter Form:

$$A(s) = \frac{1}{s^3 + 2s^2 + 2s + 1} \;. \tag{12.2}$$

Man erkennt daraus sofort das Tiefpaßverhalten: Für tiefe Frequenzen folgt aus den Gliedern niedrigsten Grades nach Gl.(10.25)

Tabelle 12.2 Frequenztransformation

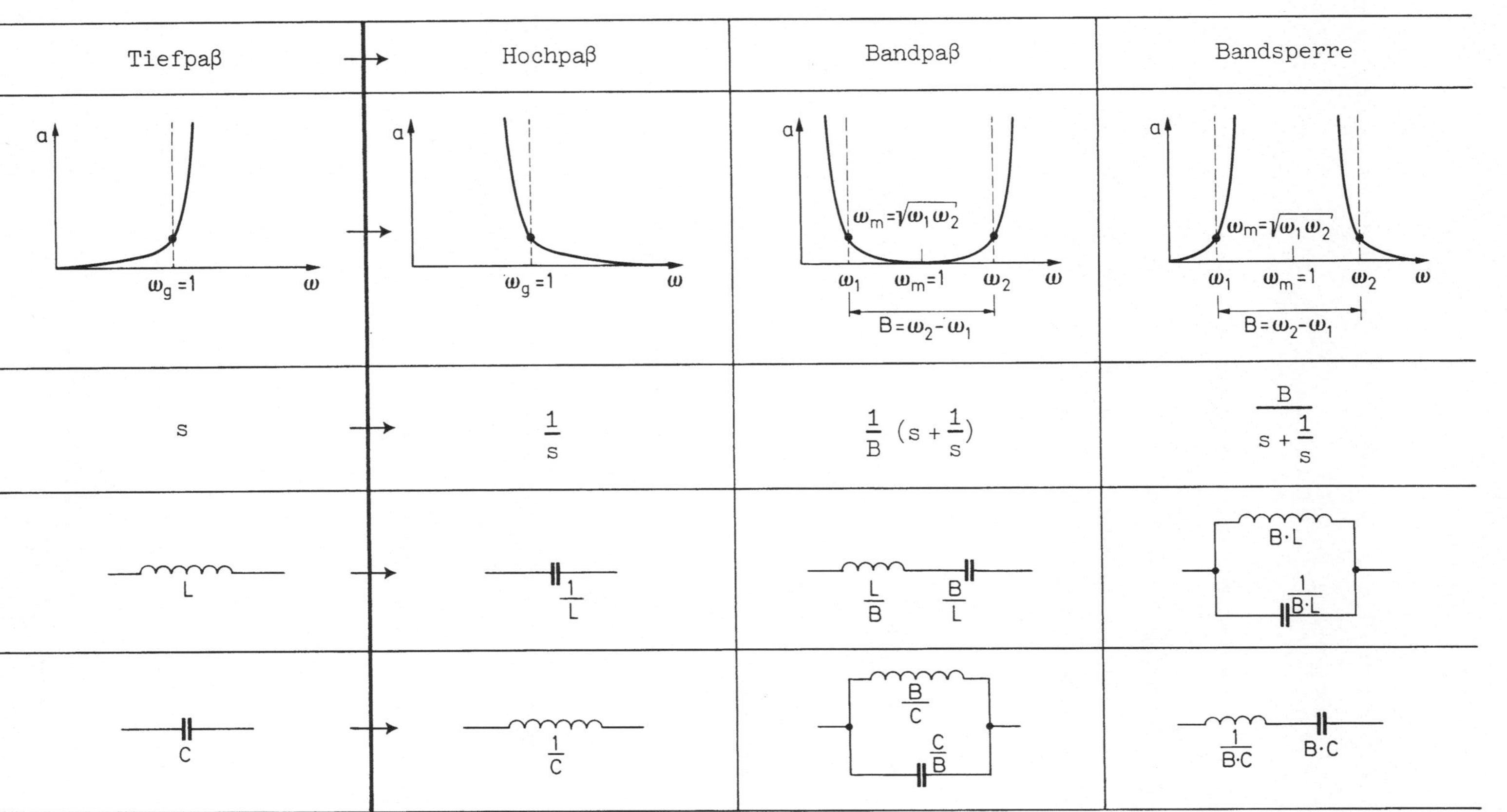

	Tiefpaß	Hochpaß	Bandpaß	Bandsperre
	$\omega_g = 1$	$\omega_g = 1$	$\omega_m = \sqrt{\omega_1 \omega_2}$, $\omega_m = 1$, $B = \omega_2 - \omega_1$	$\omega_m = \sqrt{\omega_1 \omega_2}$, $\omega_m = 1$, $B = \omega_2 - \omega_1$
	s	$\dfrac{1}{s}$	$\dfrac{1}{B}\left(s + \dfrac{1}{s}\right)$	$\dfrac{B}{s + \dfrac{1}{s}}$
	L	$\dfrac{1}{L}$	$\dfrac{L}{B}$, $\dfrac{B}{L}$	$B\cdot L$, $\dfrac{1}{B\cdot L}$
	C	$\dfrac{1}{C}$	$\dfrac{B}{C}$, $\dfrac{C}{B}$	$\dfrac{1}{B\cdot C}$, $B\cdot C$

$$a \ (\omega \ \rightarrow \ 0) = 0 \tag{12.3}$$

und für hohe Frequenzen aus den Gliedern höchsten Grades nach
Gl.(10.30) mit $\omega_{g2} = 1$:

$$a \ (\omega \ \rightarrow \ \infty) = 2{,}3 \cdot 3 \cdot \lg \omega \quad . \tag{12.4}$$

Als Tiefpaß mit dem Gradunterschied 3 tritt der dreifache Grundanstieg nach Bild 10.3 auf, also 6,9 Np/Dekade. Bei der Grenzfrequenz $\omega = 1$ ergibt sich aus Gl.(12.2):

$$A \ (j1) = \frac{1}{-j - 2 + j2 + 1} = \frac{1}{-1 + j}$$

oder $\quad |A \ (j1)| = \dfrac{1}{\sqrt{2}}$ und $a \ (1) = 0{,}35 \ \text{Np} \quad . \tag{12.5}$

Das Ergebnis ist in Tab.12.3 dargestellt. Nun soll dieser Tiefpaß
nach Tab.12.2 in einen Hochpaß, Bandpaß und in eine Bandsperre
transformiert werden. Hier wird nur die Transformation in den
Bandpaß ausgeführt. Die übrigen Transformationen gehen entsprechend;
die Ergebnisse stehen in Tab.12.3.

Bei der Transformation aus dem Tiefpaß in einen Bandpaß mit der
Bandmittenfrequenz 1 und der Bandbreite $\omega_2 - \omega_1 = B$ muß anstelle
der allgemeinen Transformation Gl.(12.1) laut Tab.12.2 in der
Systemfunktion Gl.(12.2) des Tiefpasses die Substitution

$$s \ \rightarrow \ \frac{1}{B} \cdot (s + \frac{1}{s}) = \frac{s^2 + 1}{Bs} \tag{12.6}$$

vorgenommen werden. Die Forderung, daß F(s) eine LC-Funktion sei,
ist erfüllt. Daher lassen sich die Bauelemente entsprechend
transformieren:

$$Ls \ \rightarrow \ \frac{L}{B}s + \frac{L}{B}\frac{1}{s} \quad , \tag{12.7}$$

Tabelle 12.3. Beispiel zur Frequenztransformation

Schaltung	Betriebsübersetzung $A(s) = \dfrac{2U_2}{U_q}$	Betriebsdämpfung $a_B = \ln[1/|A(j\omega)|]$
Tiefpaß	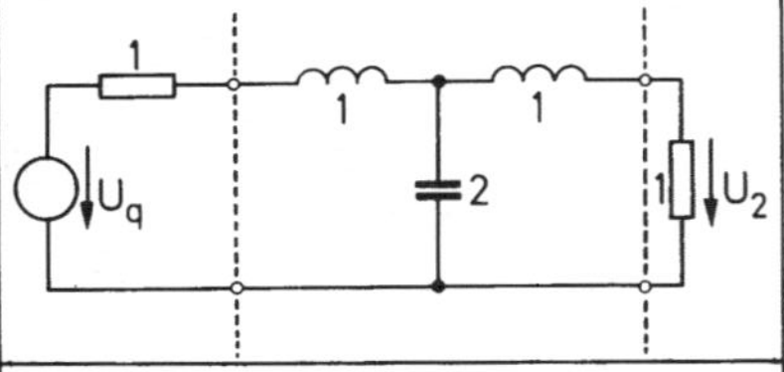 $\dfrac{1}{s^3 + 2s^2 + 2s + 1}$	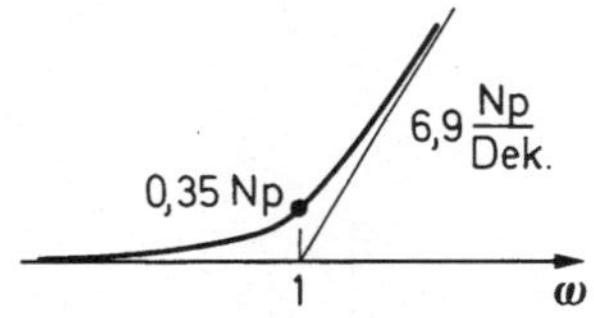
Hochpaß	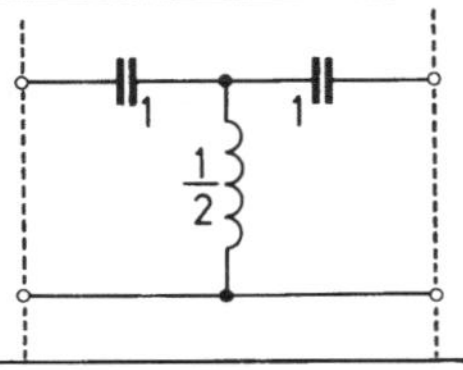 $\dfrac{s^3}{s^3 + 2s^2 + 2s + 1}$	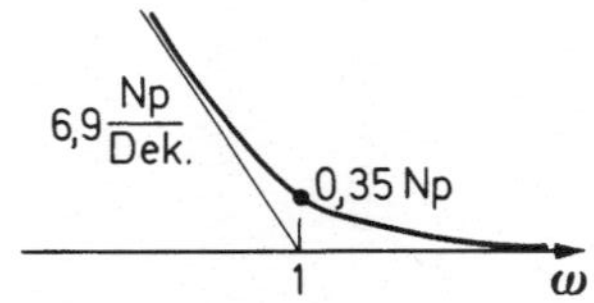
Bandpaß	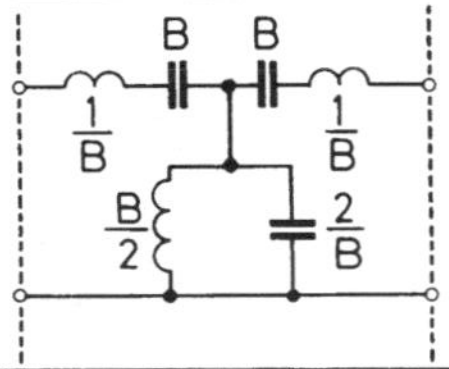 $\dfrac{B^3 s^3}{s^6 + 2Bs^5 + (2B^2 + 3)s^4 + (B^3 + 4B)s^3 + (2B^2 + 3)s^2 + 2Bs + 1}$	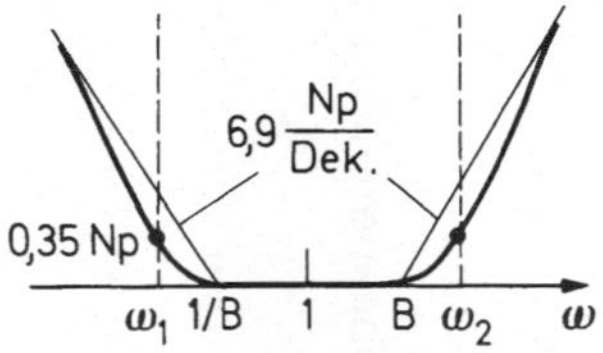
Bandsperre	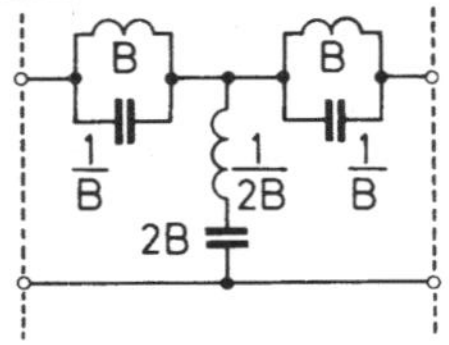 $\dfrac{s^6 + 3s^4 + 3s^2 + 1}{s^6 + 2Bs^5 + (2B^2 + 3)s^4 + (B^3 + 4B)s^3 + (2B^2 + 3)s^2 + 2Bs + 1}$	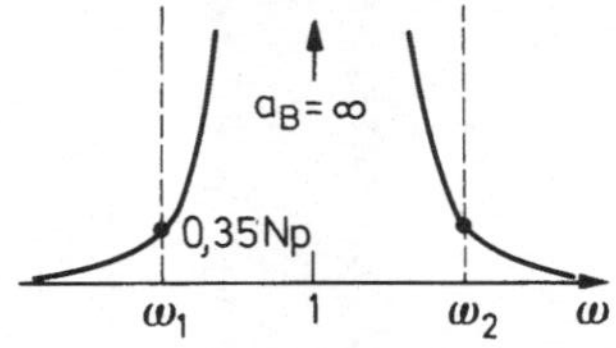

d.h. eine Induktivität L geht in einen Reihenschwingkreis mit der Induktivität $\frac{L}{B}$ und der Kapazität $\frac{B}{L}$ über. Eine Kapazität geht in einen entsprechenden Parallelschwingkreis über (Tab.12.2).

Führt man die Tranformation Gl.(12.6) in Gl.(12.2) ein, so folgt nunmehr für den Bandpaß:

$$A(s) = \frac{1}{\dfrac{(s^2+1)^3}{B^3 s^3} + \dfrac{2(s^2+1)^2}{B^2 s^2} + \dfrac{2(s^2+1)}{Bs} + 1} \qquad . \tag{12.8}$$

Dieser Ausdruck ergibt nach einigen Umrechnungen:

$$A(s) = \frac{B^3 s^3}{s^6 + 2Bs^5 + (2B^2+3)s^4 + (B^3+4B)s^3 + (2B^2+3)s^2 + 2Bs + 1} \qquad . \tag{12.9}$$

Der Bandpaß ist vom Grad 6, während der Tiefpaß vom Grad 3 war. Daß es ein Bandpaß ist, erkennt man sofort am Gradunterschied der Glieder höchsten und niedrigsten Grades: Er beträgt in Gl.(12.9) jeweils 3. Für tiefe Frequenzen ergibt sich nach Gl.(10.25)

$$a(\omega \rightarrow 0) = 2{,}3 \; \lg \frac{1}{B^3 \omega^3} = 6{,}9 \; \lg \frac{1}{B\omega} \tag{12.10}$$

und für hohe Frequenzen nach Gl.(10.28):

$$a(\omega \rightarrow \infty) = 2{,}3 \; \lg \frac{\omega^3}{B^3} = 6{,}9 \; \lg \frac{\omega}{B} \qquad . \tag{12.11}$$

Die Asymptoten setzen bei $\omega = \frac{1}{B}$ und $\omega = B$ ein und haben den gleichen Anstieg wie beim Tiefpaß. Diese Einsatzpunkte stimmen nicht mit den Grenzfrequenzen ω_1 und ω_2 überein; diese wurden so gewählt, daß die Dämpfung hier gerade 0,35 Np beträgt. Die Bandpaßcharakteristik ist bei logarithmischer Frequenzskala symmetrisch zu ω_m, der sog. Bandmittenfrequenz. Zwischen dieser und den Grenzfrequenzen besteht nach Tab.12.2 der Zusammenhang

$$\omega_m = \sqrt{\omega_1 \cdot \omega_2} \quad , \tag{12.12}$$

sie ist also das geometrische Mittel aus den Grenzfrequenzen. Für die Bandbreite B gilt dagegen nach Tab.12.2:

$$B = \omega_2 - \omega_1 \quad . \tag{12.13}$$

Aus diesen beiden Gleichungen kann man bei Bedarf die Grenzfrequenzen in B und ω_m ausdrücken.

In der Bandmitte folgt aus Gl.(12.8) mit $s = j1$:

$$A(j1) = 1 \quad , \tag{12.14}$$

d.h. die Betriebsdämpfung ist hier Null.

Die übrigen Transformationen lassen sich ebenso untersuchen. Lediglich bei der Bandsperre können mit den genannten einfachen Mitteln keine Asymptoten gefunden werden; ein Bode-Diagramm müßte mit Hilfe einzelner Wurzelfaktoren ermittelt werden. Es läßt sich jedoch leicht feststellen, daß $A(j1) = 0$ ist, d.h. daß die Dämpfung in der Bandmitte unendlich groß wird.

12.1.2. Charakteristische Frequenzgänge

Es ist Aufgabe der Netzwerksynthese, Filter mit vorgeschriebenen Eigenschaften zu realisieren. Die Probleme können hier nur angedeutet werden; die Ausführungen sollen hauptsächlich dazu dienen, einige Standardbegriffe der Filtertheorie mitzuteilen.

Wie schon erwähnt, werden bei Filtern meist Anforderungen an den Verlauf der Dämpfung über der Frequenz gestellt. Man kann sich

dabei auf den Tiefpaß beschränken, da sich die anderen Filtertypen durch Frequenztransformation gewinnen lassen. Da ideale
Tiefpässe nicht realisierbar sind, werden die Anforderungen meist
durch ein Toleranzschema für die Dämpfung nach Bild 12.2 formuliert: Im Durchlaßbereich bis $\omega = 1$ soll die Dämpfung stets unterhalb des vorgegebenen Wertes a_1 bleiben, im Sperrbereich dagegen
stets oberhalb des Wertes a_2, wobei die Breite $\Delta\omega$ des Übergangs-
gebietes gegeben ist.

Die Synthese eines solchen Filters bietet zwei Probleme:

    a) Approximation

    b) Realisierung   .

Unter Approximation versteht man das Auffinden einer rationalen
Funktion, deren Dämpfung die Anforderungen erfüllt, d.h. in das
Toleranzschema paßt, und die alle Eigenschaften einer Systemfunk-
tion hat. Andernfalls wäre sie nicht durch ein Netzwerk reali-

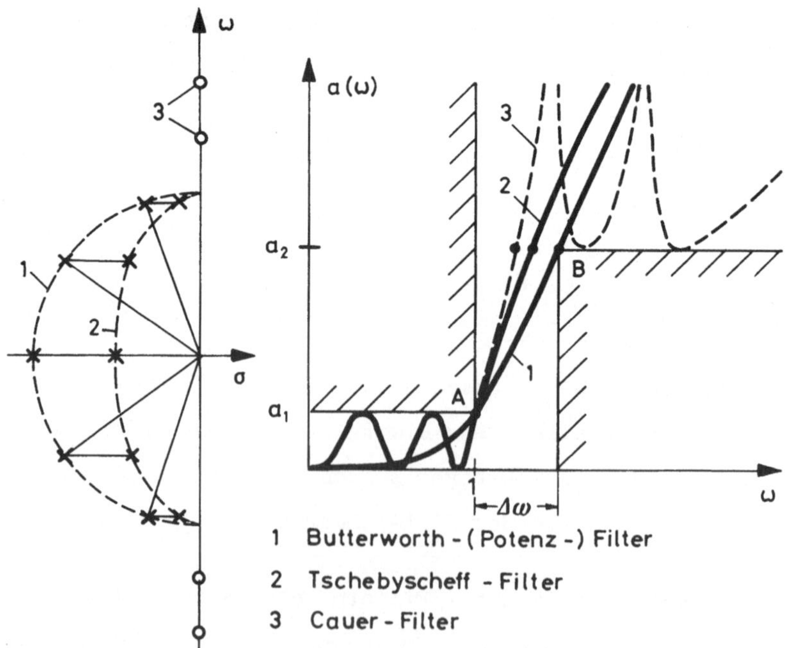

1 Butterworth - (Potenz -) Filter
2 Tschebyscheff - Filter
3 Cauer - Filter

Bild 12.2. Charakteristische Dämpfungsverläufe

sierbar. Unter Realisierung versteht man das Auffinden eines (oder
mehrerer) zugehöriger Netzwerke. Hier seien lediglich einige Möglichkeiten der Approximation angedeutet, vgl. z.B.[6, Kap.13].

Man kann z.B. einen monoton ansteigenden Dämpfungsverlauf (Kurve 1
in Bild 12.2) mit einem nach B u t t e r w o r t h genannten Filter
erreichen. Man spricht auch von "maximal flachem" Verlauf der
Dämpfung (oder des Betrages) im Ursprung oder von einem "Potenz-
filter", da die Dämpfung durch eine Potenzfunktion

$$a(\omega) = \frac{1}{2} \ln (1 + \epsilon^2 \omega^{2n}) \qquad\qquad (12.15)$$

beschrieben wird, wobei ϵ ein Maß für die Dämpfungstoleranz a_1
und n der Grad des Filters ist. Wie man aus Gl.(12.15) sieht,
erfolgt der Dämpfungsanstieg um so plötzlicher, je höher der Grad
n ist. Dieser muß also so hoch gewählt werden, daß die Dämpfungs-
kurve das Toleranzschema in den beiden kritischen Punkten A und B
höchstens berührt. Ein solches Filter hat lediglich n Pole im Endlichen (eine n-fache Nullstelle liegt bei $s = \infty$), die nach Bild
12.2 gleichmäßig auf einem Halbkreis in der linken Halbebene verteilt sind (hier für n = 5 dargestellt). Der im Abschnitt 12.1.1.
behandelte Tiefpaß nach Bild 12.1 ist ein Beispiel für ein Butterworth-Filter mit n = 3.

Die Dämpfungstoleranz im Durchlaßbereich läßt sich jedoch durch
einen Verlauf nach Kurve 2 (Bild 12.2) besser ausnutzen. Hierbei
pendelt die Dämpfung im Durchlaßbereich je nach dem Grad des Filters mehrfach innerhalb des gegebenen Toleranzbereiches. Sie verläuft nach der Beziehung

$$a(\omega) = \frac{1}{2} \ln [1 + \epsilon^2 T_n^2(\omega)] \quad , \qquad\qquad (12.16)$$

wobei ϵ ein Maß für die Dämpfungstoleranz a_1 und $T_n(\omega)$ das
Tschebyscheff-Polynom n-ter Ordnung ist [12, S.236 ff.].* Aus die-

---

* Es ist $T_0 = 1$; $T_1 = \omega$; $T_{n+1} = 2\omega T_n - T_{n-1}$.

sem Grunde nennt man solcher Filter auch T s c h e b y s c h e f f - Filter. Seine Pole liegen nach Bild 12.2 auf einer Ellipse in der linken Halbebene, die um so schmaler ist, je größer der Wert ϵ bzw. die Dämpfungstoleranz a_1 ist. Mit einem Tschebyscheff-Filter erhält man einen steileren Dämpfungsanstieg im Übergangsgebiet zum Sperrbereich als mit einem Butterworth-Filter gleichen Grades; man kann also bei gleichem Grad ein kleineres $\Delta\omega$ oder ein gegebenes $\Delta\omega$ mit niedrigerem Grad realisieren. Der Dämpfungsanstieg bei hohen Frequenzen ist dagegen nur vom Gradunterschied abhängig und bei beiden Typen gleich.

Schließlich kann man auch noch die im Sperrbereich gegebene Toleranz ausnutzen (Kurve 3 in Bild 12.2), indem man noch Nullstellen (Dämpfungspole) auf der imaginären Achse vorsieht. Ein solches Filter wird nach C a u e r benannt und ergibt einen noch steileren Übergang vom Durchlaß- zum Sperrbereich. Der Dämpfungsanstieg bei hohen Frequenzen ist jedoch geringer als bei den zwei anderen Typen gleichen Grades, da die Nullstellen der Systemfunktion den Gradunterschied zwischen Zähler- und Nennerpolynom verkleinern.

Zu den drei beschriebenen Approximationen lassen sich rationale Funktionen angeben, die durch passive Netzwerke realisiert werden können. Mit solchen Filtern kann man einen großen Teil der praktisch auftretenden Filterprobleme lösen. Für den praktischen Entwurf gibt es umfangreiche Filterkataloge [20; 21; 22].

Es können auch Fälle auftreten, in denen nicht ein vorgegebener Dämpfungsverlauf, sondern z.B. der Verlauf der Gruppenlaufzeit approximiert werden muß. Neben diesen Approximationen im Frequenzbereich (Dämpfung, Gruppenlaufzeit) gibt es schließlich auch die Aufgabe der Approximation im Zeitbereich, d.h. der Realisierung eines vorgegebenen Impuls- oder Sprungverhaltens. Die genannten Probleme sind Aufgabe der Netzwerksynthese und können hier nicht weiter ausgeführt werden.

12.2. Allpässe

Bei den Filtern wurde nur der Betrag der Systemfunktion bzw. die
Dämpfung betrachtet. Bei vielen Übertragungsproblemen ist außer
dem Dämpfungsverlauf auch der Phasenverlauf von gleicher Bedeutung. Man müßte also Filter entwerfen, die beide Gesichtspunkte
berücksichtigen. Dies ist nur in beschränktem Maße möglich.

Systemfunktionen haben voraussetzungsgemäß ihre Pole nur in der
linken Halbebene. Die Nullstellen dürfen dagegen auch in der
rechten Halbebene liegen. Ein Netzwerk ohne Nullstellen in der
rechten Halbebene ist nach Satz 10.4 ein Minimumphasennetzwerk.

Eine allgemeine Systemfunktion mit beliebigen Nullstellen, z.B.
die Übertragungsfunktion eines Vierpols, läßt sich stets in einen
Minimumphasenanteil und einen restlichen Anteil zerlegen. In der
Funktion

$$A(s) = \frac{P(s)}{Q(s)} = \frac{P_M(s) \cdot P_A(s)}{Q(s)} \tag{12.17}$$

zerlegt man zunächst das Zählerpolynom in einen Anteil P_A, dessen
Wurzeln in der rechten Halbebene liegen, und in einen restlichen
Anteil P_M. Nun erweitert man mit einem Polynom $P_A(-s)$, dessen
Wurzeln durch die Substitution nun spiegelbildlich bezüglich der
imaginären Achse zu den Wurzeln von $P_A(s)$ liegen, sich also
sicher in der linken Halbebene befinden:

$$A(s) = \frac{P_M(s) \cdot P_A(-s)}{Q(s)} \cdot \frac{P_A(s)}{P_A(-s)} = A_M(s) \cdot A_A(s) \quad . \tag{12.18}$$

Die Verhältnisse sind in Bild 12.3 am Beispiel eines Polplanes
erklärt. Der Anteil $A_M(s)$ stellt nun mit Sicherheit ein Minimumphasennetzwerk dar, da keine Nullstellen rechts liegen. Der
Anteil $A_A(s)$ stellt einen sog. A l l p a ß dar, dessen Eigenschaften
aus seinem Polplan abzulesen sind:

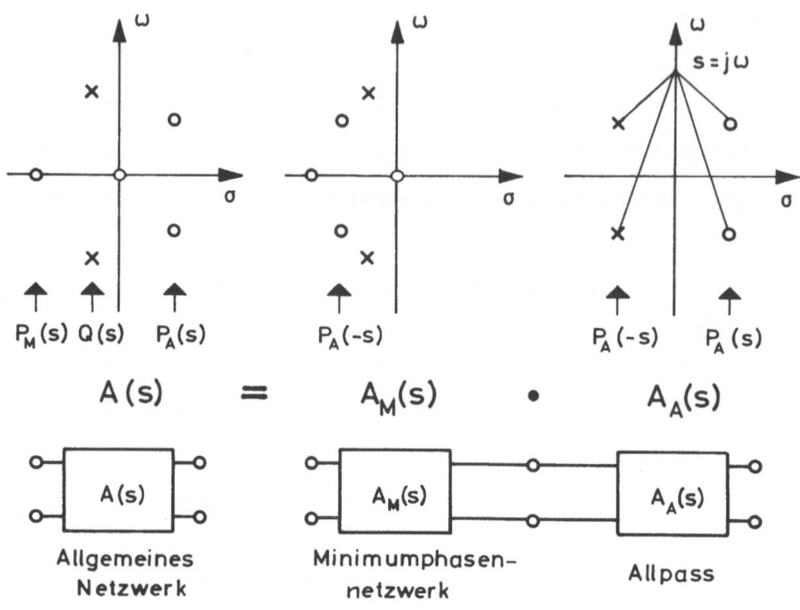

Bild 12.3. Zerlegen eines Netzwerks
in Minimumphasen- und Allpaßanteil

a) Die Pole liegen nur in der linken Halbebene, $P_A(-s)$ ist ein
Hurwitzpolynom. Die Nullstellen liegen nur in der rechten Halbebene, und zwar spiegelbildlich zu den Polen bezüglich der imaginären Achse. $A_A(s)$ ist in Zähler und Nenner vom gleichen Grad.

b) Für $s = j\omega$ haben die Wurzelfaktoren der Pole stets den gleichen
Betrag wie die Wurzelfaktoren entsprechender Nullstellen. Der Betrag der Allpaßfunktion ist damit nach Gl.(10.20) stets konstant,
d.h. frequenzunabhängig:

$$|A_A(j\omega)| = \text{const} \ . \tag{12.19}$$

c) Zur Phasenänderung innerhalb des Frequenzbereiches $0 \leq \omega \leq \infty$
tragen die Nullstellen nach Gl.(10.36) im selben Maße bei wie die
Pole. Ist n der Grad der Allpaßfunktion, so ist

$$\Delta b\big|_{\omega = 0 \ldots \infty} = \pi \cdot n \ . \tag{12.20}$$

Satz 12.1: Eine Systemfunktion vom Typ

$$A(s) = \frac{P(s)}{P(-s)} \quad \text{mit} \quad P(-s) \Longrightarrow \mathrm{H\,u\,r\,w\,i\,t\,z}$$

ist eine Allpaßfunktion, deren Betrag $A(j\omega)$ auf der imaginären Achse konstant ist und deren Wirkung daher lediglich in einer Phasendrehung besteht. Jede allgemeine Systemfunktion läßt sich in eine Funktion minimaler Phase und in einen Allpaßfaktor aufspalten.

Beispiel 12.1

a) Die Systemfunktion in Beispiel 10.1 lautete

$$A(s) = \frac{-s+1}{s^2 + s + 1}$$

und hatte folgenden Polplan:

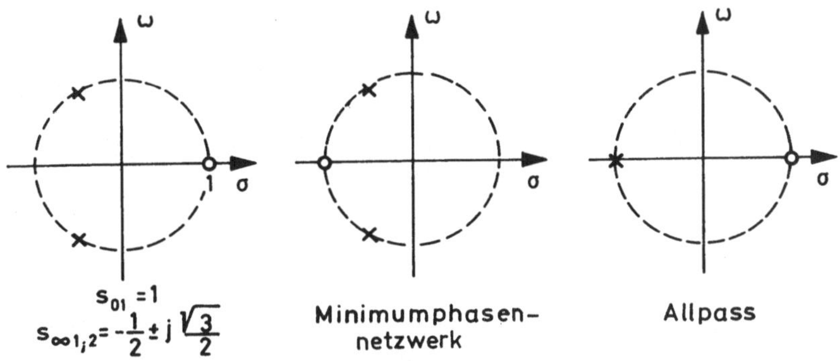

Es handelt sich nicht um ein Minimumphasennetzwerk, da eine Nullstelle in der rechten Halbebene auftritt. Die Zerlegung in eine Funktion minimaler Phase und eine Allpaßfunktion nach Gl.(12.18) lautet:

$$A(s) = \underbrace{\frac{s+1}{s^2 + s + 1}}_{\substack{\text{Minimumphasen-}\\ \text{Netzwerk}}} \cdot \underbrace{\frac{-s+1}{s+1}}_{\text{Allpaß}} \quad .$$

b) Die vollständige Schaltung des Netzwerks in Beispiel 10.1 war:

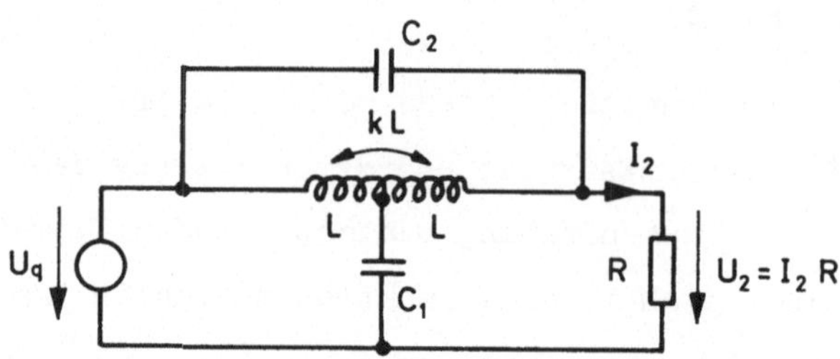

Durch geeignete Dimensionierung läßt sich hieraus ein reiner All-
paß herstellen (normierte Werte):

$$k = \frac{1}{3} \ ; \ C_1 = 2; \ C_2 = \frac{1}{4} \ ; \ L = \frac{3}{4} \ ; \ R = 1 \quad .$$

Dann wird:

$$\frac{U_2}{U_q} = R \cdot \frac{P_2(s)}{Q(s)} = A(s) = \frac{s^4 + 4}{s^4 + 4s^3 + 8s^2 + 8s + 4} \quad .$$

Nach Aufsuchen des größten gemeinsamen Teilers von Zähler und
Nenner (Euklidscher Algorithmus) und Kürzen folgt:

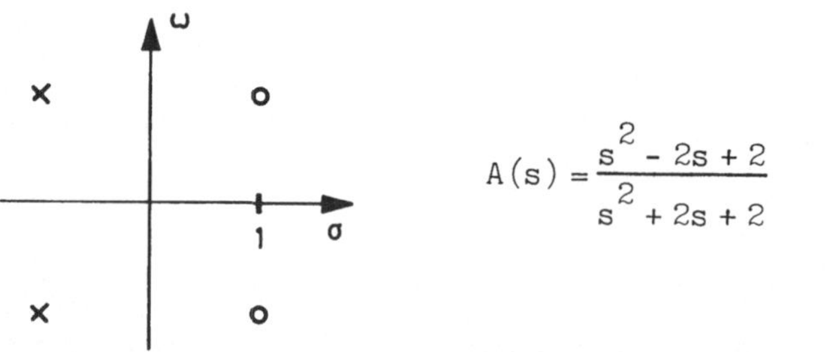

$$A(s) = \frac{s^2 - 2s + 2}{s^2 + 2s + 2} \quad .$$

Dies ist eine reine Allpaßfunktion. Mit $P_1(s)$ nach Beispiel 10.1
und der hier gültigen Dimensionierung findet man den Eingangs-
leitwert zu:

$$\frac{I_1}{U_q} = \frac{P_1(s)}{Q(s)} = 1 \quad .$$

Er ist demnach reell und frequenzunabhängig, wie das bei richtig
abgeschlossenen Allpässen aus passiven Bauelementen stets der Fall
ist. Solche Allpässe gehören in die Klasse der Netzwerke konstanten
Widerstandes [6, Kap.12; 13, S.352 ff.]. ■

Man nennt ein Minimumphasennetzwerk auch a l l p a ß f r e i e s Netzwerk gegenüber einem a l l p a ß h a l t i g e n Netzwerk mit Nullstellen
auch in der rechten Halbebene.

Sobald man eventuelle Allpaßfaktoren abgespalten hat, gibt es für
das allpaßfreie Netzwerk keine Wurzelfaktoren mehr, die nur die
Phase beeinflussen, ohne gleichzeitig auf die Dämpfung zu wirken.
Bei solchen Netzwerken sind also Dämpfungsverlauf und Phasenverlauf voneinander abhängig:

> Satz 12.2: Bei einem allpaßfreien oder Minimumphasennetzwerk
> sind Dämpfungs- und Phasenverlauf voneinander abhängig: liegt
> der Verlauf einer der beiden Größen im gesamten Frequenzbe-
> reich $0 \leq \omega \leq \infty$ fest, so ist damit auch der Verlauf der anderen
> bis auf eine additive Konstante gegeben.

Da viele praktische Netzwerke allpaßfrei sind, spielt diese Tatsache eine große Rolle: Man kann beim Entwurf entweder nur den
Dämpfungs- oder nur den Phasenverlauf vorschreiben. Entspricht bei
vorgeschriebener Dämpfung der Phasenverlauf nicht den Anforderungen,
so muß er durch Allpässe korrigiert werden (Phasenentzerrung).
Die Umrechnung zwischen Dämpfung und Phase bei allpaßfreien Netzwerken erfolgt über eine Integralbeziehung, die sog. Hilbert-
Transformation. Die Beziehungen sollen hier nicht weiter erörtert
werden. Man benötigt sie nur dann, wenn man ohne Kenntnis der
Systemfunktion aus der Dämpfung die Phase (oder umgekehrt) berechnen möchte [11, S.303 ff.; 23, S.177 ff.].

12.3. Zusammenfassung

Filter dienen in erster Linie zur Trennung von Frequenzbändern.
Man unterscheidet die Grundtypen Tiefpaß, Hochpaß, Bandpaß, Bandsperre, deren Dämpfungsverlauf in Tab.12.1 prinzipiell dargestellt ist. Die Systemfunktionen und Bauelemente eines Hochpasses,
Bandpasses oder einer Bandsperre gehen aus denen eines Tiefpasses
durch Frequenztransformation hervor (Tab.12.2, Beispiel Tab.12.3).
Diese Tatsache kann beim Entwurf von Filtern ausgenutzt werden,
da sich mit dem Tiefpaß am einfachsten rechnen läßt.

Bei der praktischen Realisierung von Filtern ergeben sich durch
die Notwendigkeit der Approximation charakteristische Frequenz-
gänge, die kurz beschrieben wurden. Approximation und Realisierung sind Aufgaben der Netzwerksynthese.

Der Zusammenhang zwischen Dämpfung und Phase eines allgemeinen
Netzwerkes ist nicht eindeutig, da es Netzwerke mit ausschließlich
phasendrehender Wirkung, nämlich Allpässe, gibt. Eindeutiger
Zusammenhang besteht lediglich bei allpaßfreien oder Minimumphasennetzwerken.

13. Passivität und absolute Stabilität

13.1. Passivität

Im Abschnitt 1.2.2. wurde eine allgemeine Definition der Passivität durch Gl.(1.8a) gegeben. Zur praktischen Anwendung dieser
Bedingung auf Netzwerke muß das Netzwerk in geeigneter Form beschrieben werden. Es wird dazu die Impedanzmatrix $\underline{Z}$ eines n-Tores,
d.h. eines Netzwerkes mit n von außen zugänglichen Klemmenpaaren
(Bild 13.1) verwendet, so daß mit den angegebenen Zählrichtungen

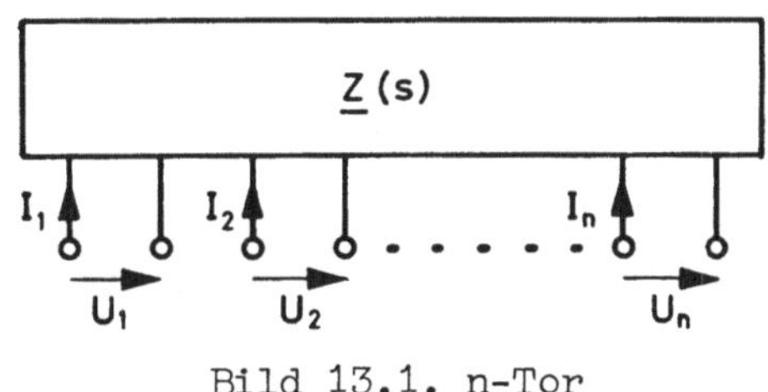

Bild 13.1. n-Tor

der Zusammenhang zwischen Spannungen und Strömen durch die Matrixgleichung

$$\underline{U} = \underline{Z}(s) \cdot \underline{I} \; ; \; s = \sigma + j\omega \tag{13.1}$$

gegeben ist. Das Netzwerk könnte ebensogut durch seine Admittanzmatrix beschrieben werden. Alle Ergebnisse gelten daher sinngemäß
auch für die Admittanzmatrix, ohne daß dieses jedesmal gesagt
wird. Voraussetzung ist ferner, daß die Matrizenelemente, wie
auch bisher angenommen, rationale und reelle Funktionen von s
sind. Gesucht sind die Bedingungen, die $\underline{Z}(s)$ für ein passives n-Tor e
erfüllen muß.

13.1.1. Allgemeine Passivitätsbedingung

Denkt man sich das Netzwerk Bild 13.1 zunächst mit stationären
sinusförmigen Spannungen und Strömen erregt $(\sigma = 0)$, so beträgt
die aufgenommene komplexe Leistung:

$$\underline{I}^{+} \cdot \underline{U} = (I_1^* \ I_2^* \ \dots) \begin{pmatrix} U_1 \\ U_2 \\ \vdots \end{pmatrix} = I_1^* \, U_1 + I_2^* \, U_2 + \dots \quad . \qquad (13.2)$$

Hier und im folgenden bedeutet $\underline{A}^{+} = \underline{A}^{T*}$ die transponierte und
konjugiert komplexe Matrix, auch adjungierte Matrix genannt. Soll
die insgesamt aufgenommene Energie des Netzwerks nach Gl.(1.8a)
zu jedem Zeitpunkt stets nichtnegativ sein, so muß der Realteil
der komplexen Leistung ebenfalls nichtnegativ sein. Mit Gl.(13.1)
und (13.2) ist dann zunächst für $\sigma = 0$ eine notwendige Passivitäts-
bedingung :

$$\operatorname{Re}\left[\underline{I}^{+} \underline{U}\right] = \operatorname{Re}\left[\underline{I}^{+} \cdot \underline{Z}(j\omega) \cdot \underline{I}\right] \geq 0 \ ; \ \sigma = 0 \quad . \qquad (13.3)$$

Nun denke man sich das Netzwerk in Bild 13.1 so verändert, daß
jede Spule und jeder Kondensator nach Bild 13.2 durch Widerstände
gedämpft sei [13, S.301]. Dabei werde stets die Bedingung

$$\frac{R_i}{L_i} = \frac{G_i}{C_i} = \sigma \geq 0 \qquad (13.4)$$

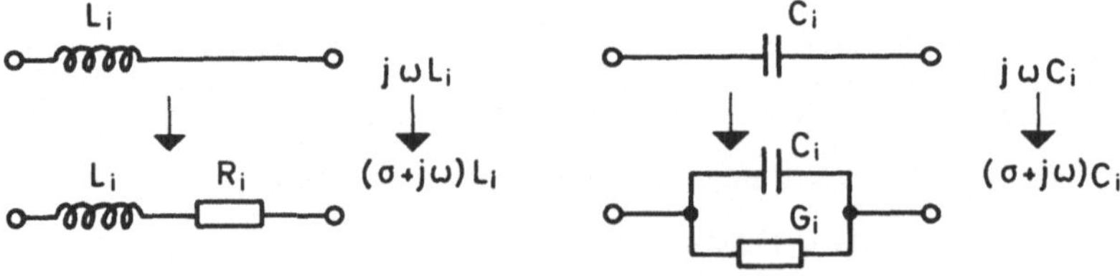

Bild 13.2. Dämpfung der Spulen und Kondensatoren

eingehalten. Das neue Netzwerk hat dann bei stationärer Erregung
eine Impedanzmatrix :

$$\underline{Z}'(j\omega) = \underline{Z}(\sigma + j\omega) = \underline{Z}(s) \quad ; \quad \sigma \geq 0 \quad . \tag{13.5}$$

Wenn aber das Netzwerk $\underline{Z}$ passiv ist, dann ist es das Netzwerk $\underline{Z}'$
erst recht. Gl.(13.3) muß also auch für $\underline{Z}'$ erfüllt sein. Mit
Gl. (13.5) folgt demnach als notwendige und, wie man zeigen
kann, auch hinreichende Bedingung für Passivität:

$$\mathrm{Re}\left[\underline{I}^{+}\,\underline{Z}(s)\underline{I}\right] \geq 0 \text{ für } \mathrm{Re}\ s \geq 0 \quad . \tag{13.6}$$

Damit diese Forderung für beliebige Stromvektoren $\underline{I}$ erfüllt wird,
muß $\underline{Z}(s)$ eine p o s i t i v   r e e l l e   M a t r i x sein [17, S.96; 25]:

> Satz 13.1: Ein Netzwerk ist dann und nur dann passiv, wenn
> seine Impedanz- oder Admittanzmatrix eine positiv reelle
> Matrix ist.

Der Realteil des Ausdruckes in Gl.(13.6) ergibt sich durch Addition der konjugiert komplexen Werte. Dabei kann ein Ausdruck der
Form $\underline{I}^{+}\underline{Z}\,\underline{I}$ beliebig transponiert werden, da er ja nach Gl.(13.2)
ein Skalar ist. Es folgt :

$$\mathrm{Re}\left[\underline{I}^{+}\underline{Z}\,\underline{I}\right] = \frac{1}{2}\left[(\underline{I}^{+}\underline{Z}\,\underline{I}) + (\underline{I}^{+}\underline{Z}\,\underline{I})^{*}\right] = \frac{1}{2}(\underline{I}^{+}\underline{Z}\,\underline{I} + \underline{I}^{+}\underline{Z}^{+}\underline{I})$$

$$= \underline{I}^{+} \cdot \frac{\underline{Z} + \underline{Z}^{+}}{2} \cdot \underline{I} = \underline{I}^{+}\underline{Z}_{H}(s)\underline{I} \geq 0 \text{ für } \mathrm{Re}\ s \geq 0 \quad , \tag{13.7}$$

wobei $\underline{Z}_{H}(s) = \frac{1}{2}\left[\underline{Z}(s) + \underline{Z}^{+}(s)\right]$ \hfill (13.8)

der sog. h e r m i t e s c h e   T e i l der Matrix $\underline{Z}(s)$ ist. Eine hermitesche Matrix ist selbstadjungiert, d.h. es ist $\underline{Z}_{H} = \underline{Z}_{H}^{+}$. Einen
Ausdruck $\underline{I}^{+}\underline{Z}_{H}\underline{I}$ nach Gl.(13.7) nennt man eine h e r m i t e s c h e
F o r m . Bei reellen Matrixelementen fallen die Begriffe hermitesche
und symmetrische Matrix zusammen; die hermitesche Form wird zur
quadratischen Form [18, S.171 ff.; 19, S.270 ff.].

Eine hermitesche Form nach Gl.(13.7) ist vollständig durch ihre
Matrix $\underline{Z}_H(s)$ beschrieben, da die Variablen $\underline{I}$ beliebige endliche
Werte annehmen können. Sie stellt eine reelle Größe dar. Soll
diese Größe stets nichtnegativ sein, so muß ihre Matrix p o s i t i v
s e m i d e f i n i t sein (im folgenden mit dem Zeichen ≥ 0 ausgedrückt).

Satz 13.2: Eine Matrix $\underline{Z}(s)$, deren Elemente rationale
Funktionen einer komplexen Veränderlichen s sind, ist eine
p o s i t i v   r e e l l e Matrix, wenn und nur wenn sie eine reelle Matrix

$$\underline{Z}(s) \text{ reell für s reell}$$

ist und wenn zusätzlich

$$\underline{Z}_H(s) = \frac{1}{2}\left[\underline{Z}(s) + \underline{Z}^+(s)\right] \geq 0 \text{ für Re } s \geq 0$$

erfüllt ist, d.h. wenn ihr hermitescher Teil $\underline{Z}_H(s)$ positiv
semidefinit ist. Impedanzmatrizen passiver Netzwerke aus
linearen konzentrierten Bauelementen sind positiv reell.
Die Inverse einer positiv reellen Matrix ist ebenfalls positiv reell [17, S.126].

Während die erste Bedingung bei den hier betrachteten Netzwerken
stets erfüllt ist, läßt sich die zweite Bedingung sehr schwer
nachprüfen, da sie die ganze rechte Halbebene umfaßt. Ersatzweise
gilt, daß eine reelle Matrix positiv reell ist, wenn [17, S.116
ff.]:

a) die Elemente von $\underline{Z}(s)$ keine Pole in der rechten s-Halbebene
haben. Pole auf der imaginären Achse müssen einfach sein, und
die Matrizen $\underline{K}_i$ aus den Residuen der Elemente an diesen Polen
müssen hermitesch und positiv semidefinit sein.

$$(13.9)$$

b) $\underline{Z}_H(j\omega) \geq 0$ (positiv semidefinit) für $0 \leq \omega \leq \infty$.

Die Untersuchung des hermiteschen Teils ist damit auf die imaginäre Achse beschränkt und läßt sich leichter vornehmen.

Zur praktischen Prüfung, ob eine Matrix positiv semidefinit ist, kann man folgende Regeln verwenden:

a) Eine hermitesche Matrix $\underline{A}$ der Ordnung n und vom Rang $r \leq n$ ist positiv definit (semidefinit), wenn alle ihre Hauptminoren positiv (nichtnegativ) sind. Es existiert dann mindestens ein positiver Hauptminor der Ordnung r. Kennt man diesen, so genügt es, dessen Hauptabschnittsdeterminanten zu untersuchen, die alle positiv sein müssen [8, S.257 ff.].

Hauptminoren sind die durch Streichen von p $(p = 0 \ldots n)$ gleichnamigen Zeilen und Spalten entstehenden Unterdeterminanten, wobei die Streichungen in allen möglichen Kombinationen auftreten. Hauptabschnittsdeterminanten ergeben sich, beginnend mit dem Element A_{11}, durch Hinzufügen von jeweils der angrenzenden Teilzeile und Teilspalte bis zur vollen Determinante.

Aus der Regel folgt eine rasch überprüfbare notwendige Bedingung: Alle Elemente der Hauptdiagonale müssen, da sie Hauptminoren sind, positiv (nichtnegativ) und reell sein.

b) Eine hermitesche Matrix $\underline{A}$ der Ordnung n ist positiv definit (semidefinit), wenn sie n reelle und positive (nichtnegative) Eigenwerte λ_i besitzt. Die Eigenwerte ergeben sich dabei als Wurzeln der charakteristischen Gleichung (Säkulargleichung) n-ten Grades in λ:

$$|\underline{A} - \lambda\underline{E}| = 0 \qquad . \qquad\qquad\qquad (13.10)$$

Hierbei ist $\underline{E}$ die Einheitsmatrix. Die Zahl der von Null verschiedenen Eigenwerte ist gleich dem Rang r der Matrix, wobei $r = n$ bei der positiv definiten und $r < n$ bei der positiv semidefiniten Matrix ist [17, S.358].

Die Prüfung nach diesen Kriterien kann bei großem n sehr zeitraubend sein, läßt sich jedoch bei Vierpolen leicht anwenden.

13.1.2. Anwendung auf Vier- und Zweipole

In den meisten Fällen wird man Vierpole auf Passivität zu untersuchen haben. Hierfür lassen sich die Bedingungen Gl.(13.9) aufgrund der genannten Kriterien für positiv semidefinite Matrizen in expliziter Form angeben. Die Angabe ≥ 0 bei einem Skalar bedeutet dabei stets, daß der Skalar auch reell ist.

Bei gegebener Vierpolmatrix $\underline{Z}(s)$ sei $Z_{ik}(j\omega) = R_{ik} + jX_{ik}$ die Aufspaltung des einzelnen Elementes in Real- und Imaginärteil für $s = j\omega$. Dann lauten die Passivitätsbedingungen (vgl. auch [3, Kap.6]):

a) Die Elemente $Z_{ik}(s)$ dürfen keine Pole in der rechten Halbebene haben. Pole auf der imaginären Achse müssen einfach sein, und für die Residuen der Elemente in diesen Polen muß gelten:

$$\left.\begin{array}{l} K_{11} \geq 0 \\ K_{22} \geq 0 \\ K_{21} = K_{12}^* \end{array}\right\} \quad \text{und } K_{11}K_{22} - K_{12}K_{21} \geq 0. \qquad (13.11a)$$

b) Für $s = j\omega$ müssen die Matrixelemente im Bereich $0 \leq \omega \leq \infty$ folgenden Bedingungen genügen:*

$$\left.\begin{array}{l} R_{11} \geq 0 \quad ; \quad R_{22} \geq 0 \\[2mm] 2R_{11}R_{22} - \mathrm{Re}(Z_{12}Z_{21}) - \frac{1}{2}\left(|Z_{12}|^2 + |Z_{21}|^2\right) \geq 0 \\[2mm] \text{bzw. für umkehrbare Vierpole } (Z_{21} = Z_{12}): \\[2mm] R_{11}R_{22} - R_{12}^2 \geq 0 \quad . \end{array}\right\} \qquad (13.11b)$$

Bei Zweipolen existiert nur ein Matrixelement $Z_{11} = Z$, alle übrigen verschwinden. Unter dieser Annahme führen die Bedingungen

---

* Bei Frequenzabhängigkeiten ist der ungünstigste Fall zu betrachten.

Gl.(13.11) auf die schon im Abschnitt 10.6.2.1. angegebenen Bedingungen (10.54) für p o s i t i v   r e e l l e   F u n k t i o n e n, denen ein passiver Zweipol genügen muß.

Beispiel 13.1

a) Gegeben sei der Vierpol

$$\underline{Z}(s) = \begin{pmatrix} \dfrac{s-1}{s-2} & \dfrac{s}{s-2} \\[2ex] \dfrac{s}{s-2} & \dfrac{s-1}{s-2} \end{pmatrix}$$

zur Untersuchung auf Passivität. Bedingung (13.11a) ist nicht erfüllt, da die Elemente einen Pol bei $s = 2$ haben. Bedingung (13.11b) ergibt mit

$$R_{11} = R_{22} = \frac{2 - s^2}{4 - s^2} \Bigg|_{s = j\omega} = \frac{2 + \omega^2}{4 + \omega^2} \geq 0$$

$$R_{12} = R_{21} = \frac{- s^2}{4 - s^2} \Bigg|_{s = j\omega} = \frac{\omega^2}{4 + \omega^2} \geq 0$$

in der vereinfachten Form für umkehrbare Vierpole:

$$R_{11} \geq 0 \quad ; \quad R_{22} \geq 0$$

$$R_{11} R_{22} - R_{12}^2 = \frac{4 + 4\omega^2}{(4 + \omega^2)^2} \geq 0 \quad .$$

Obwohl also Gl.(13.11b) erfüllt ist, handelt es sich nicht um einen passiven Vierpol, da Gl.(13.11a) verletzt wird. Die Prüfung nach Gl.(13.11b) reicht also nicht aus, wie oft fälschlicherweise angenommen wird.

b) Gegeben sei der Vierpol:

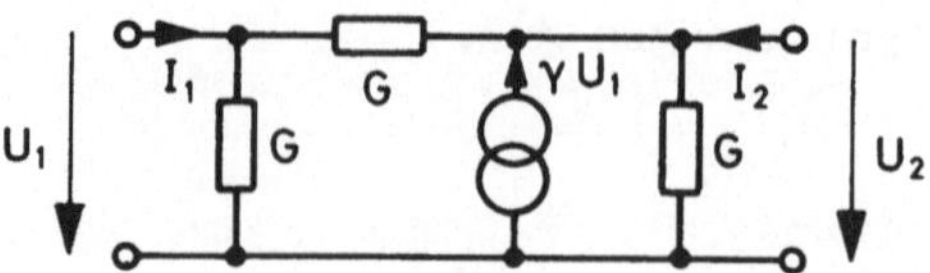

Seine Admittanzmatrix lautet:

$$\underline{Y} = \begin{pmatrix} 2G & -G \\ -\gamma-G & 2G \end{pmatrix} \quad .$$

Hier entfällt die Prüfung nach Gl.(13.11a), da die Elemente reell
sind. Der erste Teil der Bedingung Gl.(13.11b) ist erfüllt, da
die Elemente der Hauptdiagonale positiv sind. Der zweite Teil
ergibt in Leitwerten geschrieben :

$$2G_{11}G_{22} - \mathrm{Re}(Y_{12}Y_{21}) - \frac{1}{2}\left(\left|Y_{12}\right|^2 + \left|Y_{21}\right|^2\right) \geq 0 \quad .$$

Setzt man die Werte ein, so folgt :

$$8G^2 - G(\gamma + G) - \frac{1}{2}\left[G^2 + (\gamma + G)^2\right] \geq 0$$

$$16G^2 - (\gamma + 2G)^2 \geq 0$$

$$\left|\gamma + 2G\right| \leq 4G \quad ,$$

d.h. der Vierpol ist passiv für

$$-6 \leq \frac{\gamma}{G} \leq 2 \quad .$$

c) Ein Vierpol sei durch die Gleichungen

$$U_1 = -\frac{1}{g}I_2$$

$$I_1 = gU_2$$

beschrieben, wobei g eine reelle Konstante ist. Nach Tab.11.1
hat er demnach die Admittanzmatrix:

$$\underline{Y} = \begin{pmatrix} 0 & g \\ -g & 0 \end{pmatrix} \quad .$$

Der Vierpol ist zwar symmetrisch, da $Y_{22} = Y_{11}$ erfüllt ist, jedoch
nicht umkehrbar, da die Bedingung $Y_{21} = Y_{12}$ verletzt wird. Zur
Untersuchung auf Passivität braucht nur Gl.(13.11b) nachgeprüft zu
werden, da die Matrixelemente keine Pole haben. Wendet man diese
Gleichung wie im vorhergehenden Beispiel in Leitwertform an, so
ist deren erster Teil mit $G_{11} = G_{22} = 0$ erfüllt. Für den zweiten
Teil folgt mit Re $(Y_{12}Y_{21}) = - g^2$ und $|Y_{12}| = |Y_{21}| = g$:

$$g^2 - \frac{1}{2}(g^2 + g^2) = 0 \quad .$$

Die Bedingung ist damit ebenfalls erfüllt, d.h. der Vierpol ist
passiv, obwohl nicht umkehrbar. Es handelt sich um einen idealen
Gyrator (vgl. auch Schluß des Abschnittes 1.2.3), wobei g der
sog. Gyrationsleitwert ist.

d) Der Vierpol

$$\underline{Z}(s) = \begin{pmatrix} \dfrac{s^2 - 1}{s} & s \\ s & \dfrac{s^2 - 1}{s} \end{pmatrix}$$

ist verlustfrei und umkehrbar, erfüllt also Bedingung (13.11b)
automatisch. Es sind auch keine Pole in der rechten Halbebene
vorhanden. Jedoch ist je ein einfacher Pol bei $s = \infty$ und bei $s = 0$
vorhanden.

Die Residuenmatrix für den Pol bei $s = \infty$ besteht aus den Koeffizienten der Glieder höchsten Grades:

$$\underline{K}_\infty = \begin{pmatrix} 1 & 1 \\ 1 & 1 \end{pmatrix} .$$

Sie erfüllt die Bedingungen. Für den Pol bei $s = 0$ folgt:

$$\underline{K}_0 = \begin{pmatrix} -1 & 0 \\ 0 & -1 \end{pmatrix} .$$

Hier ist $K_{11} = K_{22} < 0$. Der Vierpol ist nicht passiv, da Gl. (13.11a) nicht erfüllt ist. ∎

13.2. Absolute Stabilität

Im Abschnitt 10.5. wurden Kriterien für die Beurteilung der Stabilität eines Netzwerkes angegeben. Das Netzwerk befand sich dabei in einem definierten Betriebszustand, d.h. seine Beschaltung war fest vorgegeben.

In vielen Fällen interessiert man sich jedoch dafür, ob ein Übertragungsnetzwerk, z.B. ein Vierpol, bei b e l i e b i g e r Be-
s c h a l t u n g m i t b e l i e b i g e n p a s s i v e n Z w e i p o l e n
an allen seinen Klemmenpaaren stabil bleibt. Ist dies der Fall,
so ist das Netzwerk a b s o l u t s t a b i l (unbedingt stabil).
Andernfalls ist es p o t e n t i e l l i n s t a b i l . Die Bedingungen
der absoluten Stabilität werden nur für Zwei- und Vierpole genannt, da sie sich allgemein nicht geschlossen angeben lassen.

Bei einem Z w e i p o l sind die Bedingungen für absolute Stabilität und Passivität identisch. Sobald nämlich ein Zweipol aktiv ist, muß er bei irgend einer Frequenz s_i mit $\mathrm{Re}\ s_i > 0$ einen negativen Realteil besitzen: $Z(s_i) = -|R| + jX$. Es läßt sich dann stets ein passiver Zweipol $Z_p(s_i) = -Z(s_i) = |R| - jX$ in Reihe schalten, so

daß die Summe $Z_{ges} = Z + Z_p$ bei s_i eine Nullstelle, der Kehrwert
also einen Pol in der rechten Halbebene hat und damit unstabil
ist. Es folgt also:

> Satz 13.3: Ein Zweipol ist dann und nur dann absolut stabil,
> wenn er auch passiv ist. Aktive Zweipole sind stets poten-
> tiell instabil.

Bei V i e r p o l e n ist die Untersuchung schwieriger. Hier muß für
absolute Stabilität gewährleistet sein, daß alle Transfer- und
Zweipolfunktionen (vgl. Abschnitt 10.6.) des Vierpols bei Betrieb
zwischen passiven, sonst aber beliebigen Beschaltungen stabil
sind.

Die Kriterien für absolute Stabilität von Vierpolen werden in
der Literatur z.T. unvollständig oder nicht ganz korrekt angegeben, weswegen sie hier zunächst genannt und an Beispielen erläutert und anschließend kurz bewiesen werden sollen.

Bezeichnet man wieder mit $Z_{ik}(j\omega) = R_{ik} + jX_{ik}$ die Aufspaltung der
einzelnen Elemente der Matrix $\underline{Z}(s)$ für $s = j\omega$, so muß die Impedanzmatrix eines absolut stabilen Vierpols folgende Bedingungen
erfüllen:

a) Die Elemente $Z_{ik}(s)$ dürfen keine Pole in der rechten Halbebene
haben. Pole auf der imaginären Achse müssen einfach sein, und
für die Residuen der Elemente an diesen Polen muß gelten:

$$\left.\begin{array}{l} K_{11} \geq 0 \\ K_{22} \geq 0 \end{array}\right\} \quad \text{und } K_{11}K_{22} - K_{12}K_{21} \geq 0 \qquad . \qquad\qquad (13.12a)$$

b) Für $s = j\omega$ müssen die Matrixelemente im Bereich $0 \leq \omega < \infty$ folgenden Bedingungen genügen: *

---

* siehe Fußnote S.248.

$$R_{11} \geq 0 \quad ; \quad R_{22} \geq 0$$

$$2R_{11}R_{22} - \mathrm{Re}\,(Z_{12} \cdot Z_{21}) - |Z_{12}Z_{21}| \geq 0$$

bzw. für umkehrbare Vierpole $(Z_{12} = Z_{21})$:

$$R_{11}R_{22} - R_{12}^{\,2} \geq 0 \quad .$$

$$(13.12b)$$

Die Bedingungen unterscheiden sich von denen für Passivität in zwei Punkten: 1) Die Residuenmatrix muß hier nicht hermitesch, sondern es muß lediglich $K_{12}K_{21}$ reell sein. 2) Der zweite Teil der Prüfung entlang der imaginären Achse verläuft anders. Für umkehrbare Vierpole dagegen fallen die Bedingungen für absolute Stabilität und Passivität zusammen (vgl. auch Tab.13.1). Das heißt, daß jeder aktive umkehrbare Vierpol potentiell instabil ist.

Beispiel 13.2

a) Der Vierpol aus Beispiel 13.1a ist potentiell instabil, da er aktiv und umkehrbar ist. Ebenso der Vierpol aus Beispiel 13.1d.

b) Für den Vierpol aus Beispiel 13.1b liefert die in Leitwerten geschriebene Gl.(13.12b) als Bedingung für absolute Stabilität zunächst im Bereich $\gamma \geq -G$:

$$8G^2 - G(\gamma + G) - G(\gamma + G) \geq 0$$

$$6G^2 - 2\gamma G \geq 0$$

$$3G - \gamma \geq 0 \quad .$$

Im Bereich $\gamma < -G$ ist Gl.(13.12b) stets erfüllt. Damit ist der Vierpol absolut stabil für

$$-\infty \leq \frac{\gamma}{G} \leq 3 \quad ,$$

während sein Passivitätsbereich $-6 \leq \dfrac{Y}{G} \leq 2$ betrug.   ■

Der B e w e i s der Gl.(13.12) folgt aus der Forderung, daß die Transimpedanzen Z_{12} und Z_{21} stabil sein müssen und daß die Eingangsimpedanz $Z_1(s)$ am Tor 1 [Gl.(11.7)]

$$Z_1 = Z_{11} - \frac{Z_{12}Z_{21}}{Z_{22} + Z_1} \qquad (13.13)$$

positiv reell sein muß, sofern die Lastimpedanz Z_1 auch positiv reell ist. Entsprechendes gilt bei Umkehrung, d.h. bei Vertauschen der beiden Tore und damit der Indizes in Gl.(13.13). Die Untersuchung erfolgt nach Gl.(10.54a und b), die auf Z_1 angewendet hier als Bedingung $\alpha)$ und $\beta)$ angeführt ist:

$\alpha)$ $Z_1(s)$ darf keine Pole in der rechten s-Halbebene haben. Pole auf der imaginären Achse müssen einfach und die Residuen von $Z_1(s)$ an diesen Polen müssen reell und positiv sein,

$\beta)$ Für $s = j\omega$ muß Re $Z_1(j\omega) \geq 0$ für $0 \leq \omega \leq \infty$ sein.

Für die Untersuchung wird die Zerlegung der Matrixelemente $Z_{ik} = R_{ik} + jX_{ik}$ benutzt sowie die Tatsache, daß sich eine Systemfunktion in der unmittelbaren Umgebung eines e i n f a c h e n Poles s_i ganz allgemein durch

$$A(s) = \frac{K}{s - s_i} \qquad (13.14)$$

darstellen läßt, da in Polnähe die übrigen Glieder vernachlässigbar sind. K ist dabei das Residuum von $A(s)$ im Pol $s = s_i$.

Bedingung $\alpha)$: Setzt man in Gl.(13.13) $Z_1 = \infty$, so folgt zunächst, daß Z_{11} und (wegen Umkehrung) auch Z_{22} p.r. sein müssen. Z_{11} und Z_{22} dürfen keine Pole in der rechten Halbebene haben, und bei einfachen Polen auf der imaginären Achse muß für die Residuen gelten:

$$K_{11} \geq 0 \quad ; \quad K_{22} \geq 0 \quad . \tag{13.15a}$$

Für endliches Z_1 entstehen die Pole von Z_1 durch die Pole der Z_{ik} oder durch Nullstellen von $Z_{22} + Z_1$. Zunächst sei der erste Fall betrachtet: die Z_{ik} dürfen demnach keine Pole in der rechten Halbebene haben. Für einfache, allen Z_{ik} gemeinsame Pole $s_i = j\omega_i$ auf der imaginären Achse gilt mit der Darstellung nach Gl.(13.14) in Polnähe:

$$Z_1 \approx \frac{K_{11}}{s - j\omega_i} - \frac{K_{12}K_{21}}{(s - j\omega_i)^2} \cdot \frac{s - j\omega_i}{K_{22}} = \frac{K_{11} - \dfrac{K_{12}K_{21}}{K_{22}}}{s - j\omega_i} \quad .$$

Da das Residuum von Z_1 in solchen Polen nichtnegativ sein muß, folgt mit $K_{22} > 0$:

$$K_{11}K_{22} - K_{12}K_{21} \geq 0. \tag{13.15b}$$

Falls Z_1 an dieser Stelle auch einen Pol hat, ist die Gleichung erst recht erfüllt, da Z_1 p.r. ist.

Mit Gl.(13.15a und b) ist Gl.(13.12a) als notwendig bewiesen. Allerdings muß noch der Fall $K_{22} = 0$ sowie der Fall, daß $Z_{22} + Z_1$ Nullstellen hat, untersucht werden.

Falls $K_{22} = 0$ ist, d.h. Z_{22} den Pol $s_i = j\omega_i$ nicht hat, erhält Z_1 einen verbotenen doppelten Pol, da dann in Polnähe

$$Z_1 \approx \frac{K_{11}}{s - j\omega_i} - \frac{K_{12}K_{21}}{(s - j\omega_i)^2} \frac{1}{Z_{22}(j\omega_i) + Z_1(j\omega_i)}$$

ist. Gl.(13.15b) verlangt aber für $K_{22} = 0$ lediglich $K_{12}K_{21} = -\left|K_{12}K_{21}\right| < 0$, schließt also diesen verbotenen Pol nicht aus. Mit diesen Residuen wird jedoch auf der imaginären Achse $(s = j\omega)$ in Polnähe:

$$Z_{12}(j\omega) \cdot Z_{21}(j\omega) \approx - \frac{\left|K_{12}K_{21}\right|}{(j\omega - j\omega_i)^2} = \frac{\left|K_{12}K_{21}\right|}{(\omega - \omega_i)^2} \quad .$$

Es ist also $\mathrm{Re}\,(Z_{12}Z_{21}) = \left|Z_{12}Z_{21}\right|$, was auf einen Widerspruch in Gl.(13.12b) führt, da $R_{11}R_{22}$ in Polnähe stets endlich bleibt.

Falls $K_{22} = 0$ u n d $K_{21} = 0$ ist, ergibt sich in Polnähe:

$$Z_1 \approx \frac{K_{11}}{s - j\omega_i} - \frac{K_{12}}{s - j\omega_i} \frac{Z_{21}(j\omega_i)}{Z_{22}(j\omega_i) + Z_1(j\omega_i)} \quad .$$

Hier kann das Residuum von Z_1 unmöglich die gestellten Bedingungen erfüllen, da Z_1 ja beliebig p.r. ist. Gl.(13.15b) ist aber mit $K_{22} = 0$ und $K_{21} = 0$ identisch erfüllt, schließt also diesen Fall nicht aus. Jedoch ergibt sich auf der imaginären Achse $(s = j\omega)$ in Polnähe:

$$Z_{12}(j\omega)Z_{21}(j\omega) \approx - j \frac{K_{12} \cdot Z_{21}(j\omega_i)}{\omega - \omega_i} \quad .$$

Dies führt ebenfalls auf einen Widerspruch in Gl.(13.12b), da $\mathrm{Re}\,(Z_{12}Z_{21})$ im Gegensatz zu $\left|Z_{12}Z_{21}\right|$ bei Überschreiten des Poles das Zeichen wechselt und $R_{11}R_{22}$ in Polnähe endlich bleibt.

Schließlich ist noch der Fall zu untersuchen, daß Z_1 Pole auf der imaginären Achse dadurch erhält, daß $Z_{22} + Z_1$ hier Nullstellen $s_i = j\omega_i$ hat. Eine Nullstelle kann nur für $R_{22} = 0$ auftreten, da Z_1 p.r. ist und daher keinen negativen Realteil haben kann. In diesem Fall wird in Polnähe, wenn man $Z_{22} + Z_1 \approx c(s - j\omega_i)$ durch

das erste Glied einer Taylorreihe ersetzt (c ist eine reelle
und positive Konstante, da $Z_{22} + Z_1$ eine p.r. Funktion ist):

$$Z_1 \approx - \frac{Z_{12}(j\omega_i)\, Z_{21}(j\omega_i)}{c\,(s - j\omega_i)} \quad .$$

Für das Residuum von Z_1 gilt also (bis auf die Konstante c):

$$- Z_{12}Z_{21} \geq 0 \text{ reell} \quad .$$

Da aber bei einer reellen Größe Realteil und Betrag bis auf das
Vorzeichen übereinstimmen, bedeutet dies auch:

$$- \mathrm{Re}(Z_{12}Z_{21}) = \left| Z_{12}Z_{21} \right| \quad .$$

Diese Bedingung wird aber für $R_{22} = 0$ durch Gl.(13.12b) erzwungen,
wobei dort nur das Gleichheitszeichen in Betracht kommt, da der
Realteil dem Betrage nach niemals größer sein kann als der Betrag
selbst.

Damit ist gezeigt, daß Gl.(13.12a) für die Bedingung α) notwendig,
in Sonderfällen aber nicht hinreichend ist. Die Sonderfälle werden jedoch vollständig durch die noch zu beweisende Gl.(13.12b)
abgedeckt.

Bedingung β): Da Z_{11} und Z_{22} p.r. sein müssen, folgt zunächst
sofort:

$$R_{11} \geq 0 \quad ; \quad R_{22} \geq 0 \quad . \tag{13.16a}$$

Zur Bildung des Realteils von Z_1 nach Gl.(13.13) auf der imaginären Achse $(s = j\omega)$ wird zur Abkürzung gesetzt:

$$Z_{12} \cdot Z_{21} = W = U + jV \quad ,$$

d.h. also $\mathrm{Re}(Z_{12}Z_{21}) = U$, $\mathrm{Im}(Z_{12}Z_{21}) = V$ und $|Z_{21}Z_{12}|^2 = |W|^2 = U^2 + V^2$. Damit ergibt sich:

$$\mathrm{Re}\ Z_1(j\omega) = R_{11} - \frac{U(R_{22} + R_1) + V(X_{22} + X_1)}{(R_{22} + R_1)^2 + (X_{22} + X_1)^2} \geq 0 \quad .$$

Die Bedingung muß für beliebige $R_1 \geq 0$ und beliebige X_1 erfüllt sein. Führt man als Variable

$$R_{22} + R_1 = x \quad ; \quad X_{22} + X_1 = y$$

ein, so ergibt sich

$$R_{11}x^2 + R_{11}y^2 - Ux - Vy \geq 0$$

oder nach quadratischer Ergänzung:

$$\left(x - \frac{U}{2R_{11}}\right)^2 + \left(y - \frac{V}{2R_{11}}\right)^2 \geq \frac{|W|^2}{4R_{11}^2} \quad .$$

Mit dem Gleichheitszeichen entspricht dies einem Kreis nach Bild 13.3 mit den angegebenen Mittelpunktskoordinaten und dem an-

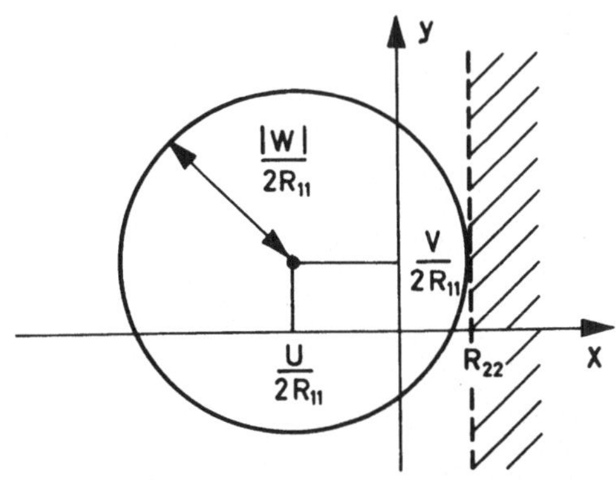

Bild 13.3. Zum Beweis der Realteilbedingung

gegebenen Radius. Die Realteilbedingung wird für alle Werte außerhalb dieses Kreises erfüllt. Da nur Werte $R_1 \geq 0$, d.h. $x \geq R_{22}$ vorkommen können, muß dafür gesorgt werden, daß der Kreis stets links
von der Geraden $x = R_{22}$ liegt und sie höchstens berührt. Daraus
folgt, daß der Abstand des Kreismittelpunktes von dieser Geraden
größer oder gleich dem Kreisradius sein muß:

$$R_{22} - \frac{U}{2R_{11}} \geq \frac{|W|}{2R_{11}}$$

oder mit $R_{11} \geq 0$ und den Werten für U und $|W|$

$$2R_{11}R_{22} - \mathrm{Re}(Z_{12}Z_{21}) - |Z_{12}Z_{21}| \geq 0 \quad . \qquad\qquad (13.16b)$$

Mit Gl.(13.16a und b) ist aber Gl.(13.12b) bewiesen. Damit ist die
gesamte Gl.(13.12) notwendig und hinreichend zur Erfüllung der
Bedingungen α) und β) für die absolute Stabilität eines Vierpols.

13.3. Zusammenfassung

Neben der allgemeinen Definition für Passivität eines Netzwerkes
bedarf es eines praktisch anwendbaren Kriteriums zur Untersuchung
vorgegebener Netzwerke. Es ergibt sich, daß die Impedanzmatrix
eines passiven Netzwerkes mit n Toren eine positiv reelle Matrix
sein muß, deren Eigenschaften in Satz 13.2 angegeben sind. Die Bedingung läßt sich bei Vierpolen anhand der Gl.(13.11) nachprüfen.
Bei Zweipolen führt sie auf die bereits aus Abschnitt 10.6.2.1.
bekannte Forderung, daß die Impedanz eines passiven Zweipols eine
positiv reelle Funktion sein muß. Der Begriff der positiv reellen
Matrix stellt also eine Erweiterung des Begriffs der positiv
reellen Funktion dar. Die Betrachtungen gelten sinngemäß auch
für die Admittanzmatrix.

Unter absoluter Stabilität versteht man Stabilität eines Netzwerkes bei beliebigen passiven Abschlüssen an seinen Toren. Bei

Zweipolen ist leicht zu erkennen, daß absolute Stabilität mit
Passivität identisch ist. Bei Vierpolen ergeben sich die Bedingungen Gl.(13.12), die sich nur in zwei Punkten von denen der
Passivität unterscheiden. Bei umkehrbaren Vierpolen ist absolute
Stabilität mit Passivität ebenfalls identisch. Die Betrachtungen
gelten sinngemäß auch für die Admittanzmatrix. In Tab.13.1 sind
die Verhältnisse kurz zusammengefaßt. Es ergibt sich eine anschauliche Darstellung der Bereiche für Passivität/Aktivität einerseits
und absoluter Stabilität/potentieller Instabilität andererseits
[24]. Die Grenzen zwischen diesen Bereichen sind nur dann gegen-
einander verschoben, wenn mindestens die Beträge der Elemente Z_{21}
und Z_{12} voneinander verschieden sind. Andernfalls fallen sie zusammen. Absolut stabile aktive Vierpole müssen also zwingend
nichtumkehrbar sein. Dies ist wichtig für die beidseitige Leistungs-
anpassung aktiver Vierpole, die nur bei absoluter Stabilität
möglich ist.

Tabelle 13.1. Passivität und absolute Stabilität

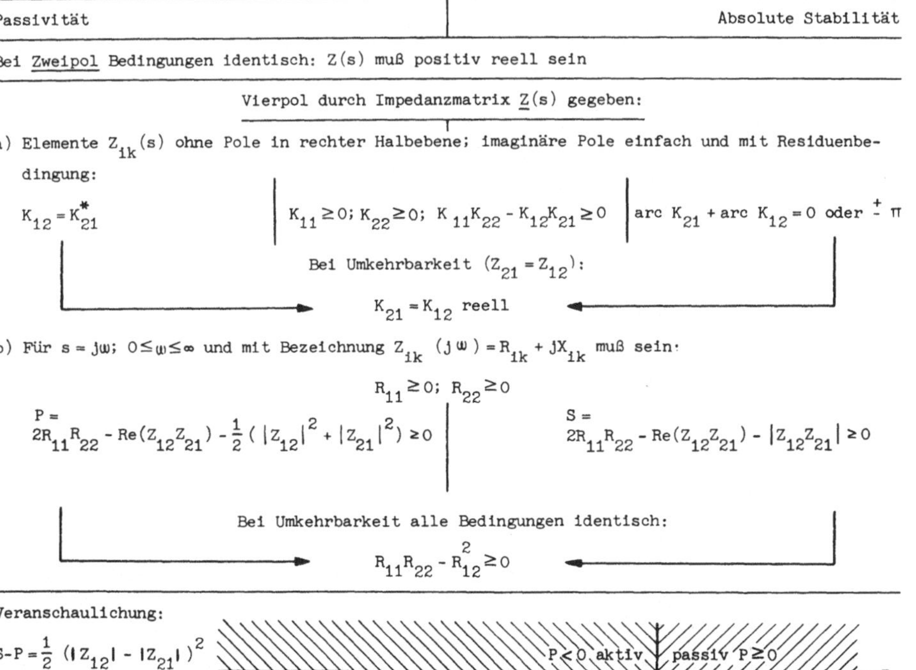

Passivität	Absolute Stabilität
Bei <u>Zweipol</u> Bedingungen identisch: Z(s) muß positiv reell sein	

Vierpol durch Impedanzmatrix $\underline{Z}(s)$ gegeben:

a) Elemente $Z_{ik}(s)$ ohne Pole in rechter Halbebene; imaginäre Pole einfach und mit Residuenbe-
dingung:

$$K_{12} = K_{21}^{*} \qquad K_{11} \geq 0;\ K_{22} \geq 0;\ K_{11}K_{22} - K_{12}K_{21} \geq 0 \qquad arc\ K_{21} + arc\ K_{12} = 0\ oder\ \pm\ \pi$$

Bei Umkehrbarkeit $(Z_{21} = Z_{12})$:

$$K_{21} = K_{12}\ reell$$

b) Für $s = j\omega$; $0 \leq \omega \leq \infty$ und mit Bezeichnung $Z_{ik}(j\omega) = R_{ik} + jX_{ik}$ muß sein·

$$R_{11} \geq 0;\ R_{22} \geq 0$$

$$P = 2R_{11}R_{22} - Re(Z_{12}Z_{21}) - \frac{1}{2}(\,|Z_{12}|^2 + |Z_{21}|^2) \geq 0 \qquad S = 2R_{11}R_{22} - Re(Z_{12}Z_{21}) - |Z_{12}Z_{21}| \geq 0$$

Bei Umkehrbarkeit alle Bedingungen identisch:

$$R_{11}R_{22} - R_{12}^{2} \geq 0$$

Veranschaulichung:

$$S-P = \frac{1}{2}(\,|Z_{12}| - |Z_{21}|)^2$$
$$S \geq P$$

Literaturverzeichnis

1 Schwarz, R.J., Friedland, B.: Linear Systems. New York: McGraw-Hill 1965.

2 Bronstein, I.N., Semendjajew, K.A.: Taschenbuch der Mathematik. Leipzig: Teubner 1958.

3 De Pian, L.: Linear Active Network Theory. Englewood Cliffs, N.J.: Prentice Hall 1962.

4 Doetsch, G.: Anleitung zum praktischen Gebrauch der Laplace-Transformation und der Z-Transformation. München: Oldenbourg 1967, 3. Aufl.

5 Van Valkenburg, M.E.: Network Analysis. Englewood Cliffs, N.J.: Prentice Hall 1964, 2. Aufl.

6 Van Valkenburg, M.E.: Introduction to Modern Network Synthesis. New York: Wiley and Sons 1964.

7 Guillemin, E.A.: Introductory Circuit Theory. New York: Wiley and Sons 1960.

8 Weinberg, L.: Network Analysis and Synthesis. New York: McGraw-Hill 1962.

9 Ayres, F.: Matrices. Schaum's Outline Series. New York: McGraw-Hill 1962.

10 Desoer, C.A., Kuh, E.S.: Basic Circuit Theory. New York: McGraw-Hill 1969.

11 Bode, H.W.: Network Analysis and Feedback Amplifier Design. Princeton N.J.: Van Nostrand 1957, 12. Aufl.

12 Klein, W.: Grundlagen der Theorie elektrischer Schaltungen. Berlin: Akademie-Verlag 1961.

13 K u o, F.F.: Network Analysis and Synthesis. New York: Wiley
    and Sons 1966, 2. Aufl.

14 F e l d t k e l l e r, R.: Einführung in die Vierpoltheorie der
    elektrischen Nachrichtentechnik. Stuttgart: Hirzel 1962,
    8. Aufl.

15 F e l d t k e l l e r, R.: Einführung in die Siebschaltungstheorie
    der elektrischen Nachrichtentechnik. Stuttgart: Hirzel.

16 H ü t t e: des Ingenieurs Taschenbuch, Band IVb, Fernmeldetech-
    nik. Berlin/München: Wilhelm Ernst und Sohn 1962, 28. Aufl.

17 N e w c o m b, R.W.: Linear Multiport Synthesis. New York:
    McGraw-Hill 1966.

18 Z u r m ü h l, R.: Matrizen. Berlin/Göttingen/Heidelberg: Sprin-
    ger 1950.

19 G a n t m a c h e r, F.R.: Matrizenrechnung I. Berlin: VEB Deut-
    scher Verlag der Wissenschaften 1965.

20 S a a l, R.: Der Entwurf von Filtern mit Hilfe des Kataloges
    normierter Tiefpässe. Hrsg. Telefunken G.m.b.H., Geschäfts-
    bereich Anlagen Weitverkehr u. Kabeltechnik, Backnang 1961.

21 C h r i s t i a n, E., E i s e n m a n n, E.: Filter Design Tables
    and Graphs. New York: Wiley and Sons 1966.

22 Z v e r e v, A.I.: Handbook of Filter Synthesis. New York: Wiley
    and Sons 1967.

23 U n b e h a u e n, R.: Systemtheorie, eine Einführung für Inge-
    nieure. München: Oldenbourg 1969.

24 S c h w a r z, A.F.: Activity and Stability of Linear Two-Ports.
    IEEE Trans. Education E-10 (1967) S.225.

25 R u p p r e c h t, W., W o l f, H.: Brunesche und "Tellegensche"
    Energiefunktionen. Archiv f. Elektronik u. Übertragungstech-
    nik 25 (1971), 489-492.

Sachverzeichnis